2012—2013

电气工程
学科发展报告

REPORT ON ADVANCES IN
ELECTRICAL ENGINEERING

中国科学技术协会　主编
中国电工技术学会　编著

U0393374

中国科学技术出版社
·北　京·

图书在版编目（CIP）数据

2012—2013 电气工程学科发展报告／中国科学技术协会主编；中国电工技术学会编著 . —北京：中国科学技术出版社，2014.2
（中国科协学科发展研究系列报告）
ISBN 978-7-5046-6534-8

Ⅰ. ①2… Ⅱ. ①中… ②中… Ⅲ. ①电气工程-学科发展-研究报告-中国-2012—2013 Ⅳ. ① TM-12

中国版本图书馆 CIP 数据核字（2014）第 003719 号

策划编辑	吕建华　赵　晖
责任编辑	夏凤金
责任校对	刘洪岩
责任印制	王　沛
装帧设计	中文天地

出　　版	中国科学技术出版社
发　　行	科学普及出版社发行部
地　　址	北京市海淀区中关村南大街 16 号
邮　　编	100081
发行电话	010-62103354
传　　真	010-62179148
网　　址	http://www.cspbooks.com.cn

开　　本	787mm×1092mm　1/16
字　　数	353 千字
印　　张	15.75
版　　次	2014 年 4 月第 1 版
印　　次	2014 年 4 月第 1 次印刷
印　　刷	北京市凯鑫彩色印刷有限公司
书　　号	ISBN 978-7-5046-6534-8/TM·33
定　　价	55.00 元

2012—2013

电气工程学科发展报告

REPORT ON ADVANCES IN ELECTRICAL ENGINEERING

首席科学家　顾国彪

专 家 组

　　组 长　杨庆新

　　副组长　肖立业　赵争鸣　裴相精

　　成 员　（按姓氏笔画排序）

丁立健	马衍伟	王 东	王又珑	王凤翔
王志峰	王秋良	王善铭	毛承雄	方 志
曲荣海	刘国强	齐智平	汲胜昌	孙玉田
花 为	严 萍	李 鹏	李立毅	李伟力
李兴文	李志刚	李建英	李盛涛	李崇坚
吴 锴	何瑞华	余占清	汪友华	沈建新
宋 涛	张 波	张 静	张凤阁	张国强
陆海峰	陈海生	邵 涛	林 莘	林良真
郑琼林	赵 峰	荣命哲	贾宏杰	徐 曼
徐桂芝	郭 宏	唐 炬	崔 翔	康 勇
康重庆	章 程	寇宝泉	彭 燕	曾 嵘
温旭辉	潘东华	霍小林	戴少涛	戴银明

学 术 秘 书　高 巍

序

科技自主创新不仅是我国经济社会发展的核心支撑，也是实现中国梦的动力源泉。要在科技自主创新中赢得先机，科学选择科技发展的重点领域和方向、夯实科学发展的学科基础至关重要。

中国科协立足科学共同体自身优势，动员组织所属全国学会持续开展学科发展研究，自 2006 年至 2012 年，共有 104 个全国学会开展了 188 次学科发展研究，编辑出版系列学科发展报告 155 卷，力图集成全国科技界的智慧，通过把握我国相关学科在研究规模、发展态势、学术影响、代表性成果、国际合作等方面的最新进展和发展趋势，为有关决策部门正确安排科技创新战略布局、制定科技创新路线图提供参考。同时因涉及学科众多、内容丰富、信息权威，系列学科发展报告不仅得到我国科技界的关注，得到有关政府部门的重视，也逐步被世界科学界和主要研究机构所关注，显现出持久的学术影响力。

2012 年，中国科协组织 30 个全国学会，分别就本学科或研究领域的发展状况进行系统研究，编写了 30 卷系列学科发展报告（2012—2013）以及 1 卷学科发展报告综合卷。从本次出版的学科发展报告可以看出，当前的学科发展更加重视基础理论研究进展和高新技术、创新技术在产业中的应用，更加关注科研体制创新、管理方式创新以及学科人才队伍建设、基础条件建设。学科发展对于提升自主创新能力、营造科技创新环境、激发科技创新活力正在发挥出越来越重要的作用。

此次学科发展研究顺利完成，得益于有关全国学会的高度重视和精心组织，得益于首席科学家的潜心谋划、亲力亲为，得益于各学科研究团队的认真研究、群策群力。在此次学科发展报告付梓之际，我谨向所有参与工作的专家学者表示衷心感谢，对他们严谨的科学态度和甘于奉献的敬业精神致以崇高的敬意！

　　是为序。

2014 年 2 月 5 日

前　言

　　电气工程学科是一门历史悠久、积淀深厚且依然充满活力的学科，是现代社会举足轻重的核心学科之一，其发展程度真实代表着一个国家科技发展和社会进步的水平，是一个国家高端装备制造的支柱学科。近年来，电子技术、信息技术、计算机技术及材料技术飞速发展，能源危机与环境恶化问题日益深重，压力与挑战、动力与机遇进一步促进了电气工程学科与其他学科的交叉融合发展，新理论、新技术、新成果不断涌现，学科外延不断扩展和深化，尤其在可再生能源发电、电气节能、新能源汽车、电力牵引、智能电网、高端装备制造等节能与环保兼顾的领域，营造出广阔的创新发展空间。

　　近年来，我国电气工程领域科技发展不断取得新的重大成就，攻克了诸多关键技术难题，成绩斐然，很多方面迈入世界先进行列，甚至是发挥引领作用。然而，我们也清醒地看到，我国距离国际先进水平依然存在较大差距，无论是基础研究还是产业化成果均存在相当大的提升空间。必须依靠科技创新，才能有力推动产业向价值链中高端跃进，提升经济的整体质量。"学而不思则罔，思而不学则殆"，变革与转型发展的时代要求，促使我们有必要总结自身的成绩和经验，了解发达国家最新先进技术和研究热点，比较评析国内外学科发展动态，找出我们的差距和不足，知己知彼，启发思路，借鉴方法，跟踪前沿，培养创新，力争使我国电气工程学科能够更加合理、高效地正面回应社会需求，明确未来发展趋势及攻关策略，有的放矢地引领并推动学科更加健康有序地发展。

　　服务行业发展进步是中国电工技术学会的天职，责无旁贷。针对近年来尚未有最新《电气工程学科发展报告》（以下简称《报告》）发布这一现实，为满足当前我国社会和经济发展的迫切需求，学会在中国科协的领导和支持下，充分利用自身得天独厚的信息、技术和专家资源优势，邀请了以顾国彪院士为首席科学家的60余位业内专家学者组成了《报告》编写组，编撰《电气工程学科发展报告》。本书包括1个综合报告和10个根据国家科技发展及现实技术需求确定的专题报告，即新型与智能电气设备、现代电机及其控制技术、电动汽车电气驱动技术、分布式发电与微电网、电工新材料、电力储能技术、超导电力技术、纳秒脉冲高压放电等离子体、生物电磁技术和电磁环境与电磁兼容。

　　编写《电气工程学科发展报告》是一件有益社会发展和人才培养的公益事业，完全仰赖各位专家学者的无私支持和奉献。电气工程学科是国家一级学科，渗透面极为广泛，编写整个学科的发展报告是一项浩大的工程，专家们需要在完成自身繁重的教学、科研及管理工作的前提下，额外花费大量的时间和精力阅览技术文献，搜寻报告素材并进行梳理、总结和提炼。他们认真、负责、严谨、不求回报的高尚境界和社会责任感令我们非常感动！在此特向参与《报告》编撰的所有专家、学者致以深深的敬意和由衷的感谢！

为了尽可能准确地把握中国科协学科发展研究项目的定位，我们多次诚请中国科协领导为我们详尽阐述项目的实施内涵，细致诠释《报告》撰写时需要注意的内容侧重和格式要求，并对《报告》初稿存在问题及不妥之处提出修改和完善建议。在此，真诚感谢中国科协领导对我们的耐心指导和帮助！

实现经济、社会和环境之间的协调可持续发展，是中国的自身需要和必然选择。我国正处于建设创新型国家的决定性阶段，已经到了必须更多依靠科技创新引领、支撑经济发展和社会进步的新阶段。人才是科技创新最关键的因素，可以预见，在未来相当长的一段时期内，我国对电气工程领域科技人才的需求量不仅呈上升态势，而且是要求业务素质越来越高的"复合型"高级工程技术人才。相应地，电气工程学科的教育和科研在高校和科研机构中必将可持续地占据十分重要的地位。本书的定位是电气工程学科高层次科学传播读物，目的是为电气工程专业的在校大学生和研究生、电气工程领域的从业者以及所有对电气工程学科感兴趣，欲了解本学科国内外发展现状以及我国未来发展趋势和策略的读者，提供一部极具参考价值的厚重的参考书。如果您通过阅读本书，加深了对电气工程学科国内外发展现状的了解，丰富了您的信息储备，便是对我们所有辛苦付出的最大肯定。

尽管我们竭尽全力想把我国以及发达国家电气工程学科近年来的发展全貌呈现给各位读者，但受篇幅所限以及所掌握的信息及资料的局限性，错误与疏漏在所难免。由于本书由多家单位的多位专家学者参与完成，各部分写作风格亦不尽相同，诸多不妥之处还望读者体谅并提出宝贵意见和建议，为我们后续不断完善报告内容提供不竭动力。

科技肩负重托，创新成就未来，让我们共同携手，实现电气工程学科蓬勃发展的中国梦！

中国电工技术学会

2014 年 1 月

目　录

序 ·· 韩启德

前言 ·· 中国电工技术学会

综合报告

电气工程学科发展现状与趋势 ·· 3

  一、引言 ··· 3

  二、电气工程学科最新研究进展 ··· 4

  三、电气工程学科国内外研究进展比较 ·································· 47

  四、电气工程学科发展趋势及展望 ······································ 61

  五、电气工程学科发展建议 ·· 74

  参考文献 ··· 75

专题报告

新型与智能电气设备 ·· 79

现代电机及其控制技术 ·· 91

电动汽车电气驱动技术 ··· 113

分布式发电与微电网 ··· 131

电工新材料 ··· 144

电力储能技术 ··· 160

超导电力技术 ··· 171

纳秒脉冲气体放电等离子体 ··· 184

生物电磁技术 ··· 200

电磁环境与电磁兼容 ··· 216

ABSTRACTS IN ENGLISH

Comprehensive Report

Report on Advances in Electrical Engineering ··231

Reports on Special Topics

New and Intelligent Electrical Equipment ··233

Modern and Electrical Machine Control Technology ··233

Electric Drive Technology of Electric Vehicle ··234

Distributed Generation and Micro-grid ··235

New Material of Electrician ··236

The Storage Technology of Electrical Energy ··236

Superconductivity Power Technology ··237

The Pulse Power and Discharge Plasma ··238

The Electromagnetic Technology of Biology ··238

The Electromagnetic Compatibility and Electromagnetic Environment ································239

索引 ··240

综合报告

电气工程学科发展现状与趋势

一、引言

　　电气工程学科是研究电磁场及其变化规律、电磁能量转换与控制、电磁场与物质及生命相互作用的学科，与信息科学、系统工程、自动控制与智能科学、材料科学、生命科学、新能源应用等领域结合紧密，是一门历史悠久、积淀深厚的科学。作为国家一级学科，电气工程是现代科技领域的核心基础学科之一，更是当今高新技术领域中不可或缺的关键学科。在美国工程院与30多家美国专业工程协会历时半年共同评出的20世纪对人类社会生活影响最大的20项最伟大的工程技术中，"电气化"位列首位。没有电气化，一切科技成果和经济成就皆无从谈起。

　　从学科自身发展情况看，人类利用电、磁能量和信息技术的实践有力地推动了电气工程学科的发展，学科研究和行业发展力度并未随着时间推移而弱化，而是不断拓展和深化。随着全球逐步形成以环境、能源、材料、生物和信息为中心的主导领域，电气工程学科发展体现的主要特征是一次能源多元化、能量变换灵活化、功率传输控制信息化、系统与设备小型化。本学科通过与计算机、信息通信、信号处理、材料等新兴技术紧密结合，全面开拓能源、环境、国防、医疗、材料等应用领域。电气工程学科发展到今天，已经成为扎根于数学、物理、化学等基础学科，交融于材料、信息、生命、环保等其他学科的一个含有众多分支的学科。电气工程学科及其技术已日益广泛地应用或渗透到能源、环境、装备制造和交通运输领域，特别是与国家安全和国防有关的许多重要领域。

　　近年来，我国电气工程学科领域的科研工作者积极适应学科布局、科研体制和行业发展方面的新变化，努力探索电气工程学科与其他学科交叉融合的发展之路，在高速铁路、特高压输电、可再生能源综合利用、电工新材料、电磁新技术、节能新技术等方面攻克了诸多关键核心技术，取得了一大批重要乃至具有战略性意义的科研成果，在能源电气、交通电气、医诊疗电气、国防电气、通信电气、家庭电气等方面正在形成分支学科。

　　纵观我国电气工程学科近年来的发展进步，尽管我们取得了卓有成效的研究成果，服务经济社会发展的能力不断增强，但与国际一流水平相比，特别在技术方面，还存在明显差距，在应对新的能源革命和科技革命方面还没有足够的技术储备。我们的原始创新能力和核心技术突破不足，跟踪模仿较多，引领性的创新贡献偏少；多学科交叉研究和基础前瞻性研究布局不够；在国际上有重大影响的尖端人才和研究团队偏少；先进的试验研究平台缺少，科学仪器自主创新研发能力薄弱，还缺乏对某些盲从性跟踪的判断力。

本报告即从电气工程学科下设的五个二级学科，即电机与电器、电力系统及其自动化、高电压与绝缘技术、电力电子与电力传动、电工理论与新技术等五个方面，简要总结了我国电气工程领域近五年的新观点、新理论、新方法、新技术、新成果，以及国际上电气工程学科最新研究热点、前沿和趋势，对国内外学科的发展状态进行了比较评析，并据此提出未来5年我国电气工程学科的战略需求、发展趋势及发展策略。

二、电气工程学科最新研究进展

（一）电机与电器

电机与电器学科的发展历史非常悠久，属于传统学科。近20年来，随着计算机技术、电力电子技术及控制技术的发展，其学科内涵与外延都发生了很大的变化。电机与电器的研究和发展逐渐从传统电机和电器转变为以电机电器为核心，包括电力电子、数字控制和一些特殊关键应用在内的电机与电器系统，乃至机电能量与信息变换的集成系统，电机与电器学科已与电力电子技术、电子信息技术和计算机技术交叉融合，密不可分。

1. 电机

电机是一种通过电磁感应原理来实现能量转换的电气设备，是现代生产生活不可或缺的核心和基础，是国民经济的重要一环，为此本书编写组专家特别撰写了专题报告《现代电机及其控制技术》。

电机学科是一个传统学科，近年来新技术、新成果亮点频出。本节仅就近几年电机学科新技术、新成果、电机及系统节能技术以及电机关键材料做简要梳理总结，其他有关我国电机学科最新研究进展、国内外研究进展比较以及发展趋势与展望等内容，本书专题报告《现代电机及其控制技术》有详细总结和评析。

（1）新技术、新成果

1）电气设备蒸发冷却技术。

蒸发冷却技术是一种经济高效的新型冷却技术，涉及电机工程、工程热物理、流体力学、测试技术以及电化学等多学科领域，其基本原理是将高绝缘性、沸点适中的冷却介质与电气设备的发热部件接触，吸收热量发生沸腾，利用汽化潜热把发热部件的热量经过冷凝器传递给外界环境，从而实现发热部件的冷却，具有功率密度高、冷却效果好、安全可靠、维护量低的优点，能有效降低设备的材料消耗，提高性能和可靠性。

大型电气设备蒸发冷却技术是我国科研人员原始创新，具有自主知识产权的一项核心技术。中国科学院电工研究所顾国彪院士带领的科研团队，经过几十年潜心研究，开创了具有我国自主知识产权的发电机蒸发冷却技术，形成了完整的知识产权体系，在蒸发冷却技术的冷却原理、工程设计和材料工艺等各个方面，拥有包括国际专利在内的40余项发明专利。我国蒸发冷却技术的优势已得到国际大电机领域的认可，目前没有任何一家国外公司掌握或拥有该项技术。

"发电设备蒸发冷却技术"项目由中国科学院电工研究所牵头，联合中国长江三峡集团公司、东方电气集团公司及上海电气集团公司等单位共同承担，采取产学研用相结合的组织模式，以优势技术为牵引，集成我国发电设备制造、电站建设和电力运营领域的核心企业协力攻关，旨在攻克我国发电设备蒸发冷却关键技术和系统集成，研制出大容量发电机设备并投入运行。2012年，安装在三峡地下电站的最后一台机组，即第二台840MV·A蒸发冷却水轮发电机（27号机组）正式交付中国长江电力股份有限公司并网发电。这是我国自主创新蒸发冷却技术首次成功应用于世界最大容量等级的大型水轮发电机，标志着我国在大型电力装备自主研发领域的自主创新能力无论是技术、安全可靠性、生命周期经济性，还是从装备容量上都超越了西门子和阿尔斯通等跨国公司。"发电设备蒸发冷却技术"项目取得重大技术突破，使我国大型发电设备——水轮发电机和汽轮发电机的开发水平和研制成果达到或超过国际先进水平，并已形成大工程的研发能力。作为一项我国自主创新的新型冷却技术，蒸发冷却技术于2004年被列入"中国科学院建院55周年为国民经济做出重大贡献的四项自主创新技术"之一。2004年，胡锦涛总书记考察中国科学院知识创新工程科技成果展时，亲自过问该项技术近50年的发展历程，表示要加大力度推广和应用蒸发冷却技术，并作为自主创新案例，推动创新体系建设。

除了发电设备，蒸发冷却技术还在电气驱动、低压电器和电子设备等领域得以应用和拓展，包括除铁器、电磁过滤器、电力电子器件、变频器、变压器、超级计算机和大功率LED路灯等。蒸发冷却的电磁除铁器已经产业化，电磁过滤器即将产业化，蒸发冷却变频器和变压器已经在现场运行了近四年，超级计算机蒸发冷却系统研究在中国科学院原院长路甬祥院士建议下以及中国科学院重大科研装备项目的支持下，已经完成了多种形式的样机，目前中科院计算中心的两台蒸发冷却超级计算机正在安装过程中，即将投入使用。

2）复杂约束下高效能电机智能化综合设计关键技术。

电机系统节能降耗是国家重大需求，被国家列为《节能中长期专项规划》"十大重点节能工程"之一。高效能电机优化设计需要统筹运行效率、转矩特性、制造成本等关键指标，同时需兼顾高性能机电装备复杂约束条件。由天津大学、天津百利机电控股集团有限公司、浙江大学、天津理工大学和天津工业大学联合完成的"复杂约束下高效能电机智能化综合设计关键技术及其应用"项目，提出了一套具有自主知识产权的高效能电机智能化综合设计技术，解决了电机效能提升的关键技术难题，在关键技术和推广应用方面取得了实质性创新和重大突破，获2011年度国家科学技术进步奖二等奖。该项目针对高效能电机综合设计方法与技术进行了系统深入的研究，在保证全局搜索能力和局部搜索能力平衡的同时提高了求解精度，统筹考虑了用户和电机生产厂家等各方的不同侧重点，测算了加工装配中各参数扰动对电机性能指标的影响，解决了非劣解集求解、最佳方案甄别、产品质量控制等关键技术难题，形成了自主创新的高效能电机智能化综合设计技术，对于推动我国机电装备向节能、降耗、环保、高效方向发展具有重要意义。

3）巨型全空冷水轮发电机组关键技术。

哈尔滨电机厂有限责任公司自行研发的三峡全空冷巨型水轮发电机组，解决了水轮机水力稳定性和转轮叶片铸造工艺方法、全空冷发电机通风系统、发电机主绝缘及定转子温度场等诸多技术难点，特别是在水轮机转轮稳定性和全空冷发电机冷却两大关键技术上取得了重大突破，开发出了具有自主知识产权的、世界最大等级的全空冷水轮发电机组。

具有自主知识产权的三峡右岸 840MV·A 全空冷水轮发电机组，不仅多项技术指标优于国外先进水平，而且创造了全空冷水轮发电机单机额定容量最大、连续运行容量最大的世界纪录。应用实践表明：机组性能优异，安全可靠，设计制造技术都达到了国际领先水平，改变了国内公司长期以来在水力性能方面落后于世界先进水平的局面。

三峡全空冷发电机改变了目前世界上容量为 600MW 及以上的大型水轮发电机组采用半水冷方式占多数的格局，打破了国内外有关巨型水轮发电机只能应用水冷的设计理念，突破了原有机组容量对全空冷技术使用的限制，开辟了巨型水轮发电机组全空冷技术应用的广阔前景。"三峡全空冷巨型水轮发电机组研制"获 2011 年度国家科学技术进步奖二等奖，"巨型全空冷水轮发电机组关键技术突破及工程应用"获 2009 年度国家科学技术进步奖二等奖。

4）兆瓦级变速恒频风电机组技术。

沈阳工业大学、沈阳华创风能有限公司和东方电气集团东方汽轮机有限公司合作研制的兆瓦级变速恒频风电机组，开发出 1.0MW、1.5MW、3.0MW 等适于我国地域特征和气候环境的变速恒频风电机组，实现了我国兆瓦级变速恒频风电机组总体设计核心技术从无到有的突破。该科研成果提出变速变距柔性协调控制策略，解决了兆瓦级变速恒频风电机组最大风能捕获、最优功率输出、轮毂塔架载荷控制等技术难点；研制出双馈变速恒频风力发电系统，解决了机组运行从亚同步速到超同步速宽范围内高质量电能输出问题，实现了机组有功、无功快速动态调节，提升了机组的电网支撑能力；建立了风电机组健康监测、故障诊断的技术体系，实现了机组在线故障预警，提高了机组可利用率水平。"兆瓦级变速恒频风电机组"项目获 2010 年度国家科学技术进步奖二等奖。

兆瓦级变速恒频风电机组的研制成功，解决了大容量风机整机系统设计过程中的多项关键技术，使我国兆瓦级风力发电机组容量首次达到国外市场主流机型，极大缩短了与发达国家的差距，大大提升了我国风机整机设计、研发水平，大幅度提升了我国风电行业的技术创新水平，加快了我国风电行业整体技术进步的进程，该成果的整体技术水平达到了同类产品的国际先进水平。

兆瓦级变速恒频风电机组自主知识产权的取得，打破了国外技术垄断，推动了我国风电行业的技术进步。据行业协会统计数据，进口机组价格三年内降低约 25%；已对 16 家企业实施技术转让，约占国内整机企业的 23%；其中 12 家完成样机试制，6 家实现了批量生产；兆瓦级变速恒频风电机组技术成果的推广及产业化发展，带动了叶片、齿轮箱、发电机、控制系统等部件的技术创新，促进了我国风电装备产业链的发展和完善；兆瓦级变速恒频风电机组为国产变流器、偏航及变桨轴承等关键部件提供挂机试验，成为首个直接服务于中国风电企业的公共实验平台。

5）交流电机系统的多回路分析技术。

大型发电机定子绕组内部故障是电机中常见的破坏性很强的故障，内部故障时很大的短路电流会产生破坏性严重的电磁力，会产生过热烧毁绕组和铁心。故障若不及时处理可能影响电力系统的安全稳定，造成大面积停电事故，给社会经济造成极大危害和巨大损失。因此，大型电机内部故障的分析及保护具有重要意义。清华大学王祥珩教授带领的科研团队发明的交流电机系统的多回路分析技术，提出了基于电机实际电路的全面通用的多回路分析模型，把电机看作由若干相互运动的回路组成的电路，发明了一套完整的、以单个线圈为基本单元的电机多回路参数计算技术，解决了电机时变参数的计算问题。发明了基于电机内部物理概念的、内部故障稳态过程的求解技术，物理概念清晰，求解速度快。

该技术发明将多回路分析技术应用于交流电机内部故障保护，与电力系统继电保护学科相结合，发明了大型发电机主保护配置方案的定量化设计技术，彻底改变了国内外以往凭概念和经验的定性设计理念，开辟了我国自主保护设计的新局面。成功地将多回路分析技术应用于含有电力电子装置的交直流混合供电发电机系统和多相高速整流异步发电机系统的性能分析中，充分考虑电力电子装置的非线性、电机气隙几何形状、磁路饱和、齿槽效应等复杂因素的影响，为设计和研制提供了依据。该技术突破了传统电机理论的限制，形成了电机理论新的体系，开拓了电机研究的新领域。全面考虑了气隙谐波磁场、不均匀气隙、绕组空间分布与联接方式、阻尼绕组结构和磁路非线性等多种因素，具有普遍适用性。该技术整体上处于国际领先水平，是电机分析及继电保护学科的重大科技进展，对于电力安全和国防安全有重要意义，得到国内外专家的高度评价。"交流电机系统的多回路分析技术及应用"获 2012 年度国家技术发明奖二等奖。

6）轴向—轴向磁通复合结构电机。

哈尔滨工业大学研制成功了国际上首台轴向—轴向磁通复合结构电机。轴向磁通电机具有高功率密度的优势，在电动汽车领域具有很强的竞争潜力。还研制成功大功率导弹电动机并列装批产，使"全电导弹"成为可能，解决了传统主轴功率密度低、损耗大的问题，使高速主轴电机大范围应用；完善了磁阻电机齿层比磁导方法并成功应用；完善了直线电机端部补偿方法，提出并解决了初级分段永磁直线电机驱控问题，揭示了直线电机的推力和定位力相似性规律。提出并开展轴—径向磁通高温全超导同步电机研究，揭示了超导带材交流载流特性及与磁场的作用规律。"基于定转子齿槽效应转矩机理的电动机"获得 2006 年度国家技术发明奖二等奖。

7）开关磁阻电机系统新技术。

开关磁阻调速电机系统是一种新型的机电一体化无级调速电机系统，由电机本体和控制器两部分组成。它兼有交流调速系统电机结构坚固和直流调速系统调速性能好的优点。由于具有启动电流小、启动转矩大、易做成防爆水冷结构、可以频繁重载启动、维修工作量小等优势，因此完全适用于恶劣的工作环境，具有广阔的应用前景。

北京交通大学研制的新一代高性能开关磁阻电机调速系统，解决了开关磁阻电机噪声高、转矩脉动大的问题。电机本体设计和制造采用自主知识产权的专利技术（专利号：201210421429.9，20121041430.1 和 201320789110.10），控制系统采用独有的"模糊逻辑自适应直接转矩控制"。目前，北京交通大学的两项发明专利（专利号：200710119643.8 和 200710119644.2）在贵州毕节添钰科技股份有限公司已经成功实现科技成果转化，TM 纯电动汽车搭载的开关磁阻电机系统转矩平滑、噪声小、耗电低，实现了一次充满 33.6 度电，续驶里程达到 338km。该科技转化成果经过科技部专家组实地考察和评估，对电动汽车用磁阻电机调速系统给予了充分肯定和高度评价。

中国矿业大学开关磁阻电机课题组，在开关磁阻调速电机系统设计理论、双开关磁阻调速电动机并联传动技术、开关磁阻多电机传动技术及煤矿井下传动系统应用方面，取得了多项具有自主知识产权的创新成果，发明了开关磁阻电机系统新技术，抑制了传导性电磁干扰噪声，平滑了输出转矩/电磁力，实现了无转子位置传感器运行和双电机转速同步负载均衡分配控制，为克服产业化发展的主要障碍提供了关键技术支撑。

该技术特点包括：电机结构坚固、制造成本低；适用于频繁重载启动及正反向运行；启动力矩大、启动电流小。对电网冲击小，启力矩平滑、可控；速度连续可调，被控设备可以选择速度，能降低对设备的冲击；可工作于堵转状态下，而不烧电机；电动机各相独立工作，即使任意一相有故障仍然可以工作而不会烧电机，因而电机的可靠性高；系统效率高；能实现再生制动，节约电能；功率电路简单可靠；可控参数多，调速性能好；具有无刷结构，适合在高粉尘、高速、易燃易爆等恶劣环境下运行。

8）发电机—变速箱一体化技术。

华中科技大学提出并开发成功 MW 级发电机—变速箱一体化超紧凑型永磁风力发电机组和高速永磁发电机，首次实现将变速箱和永磁发电机集成的一体化设计，缩短了机组轴向长度，提高了机组效率，降低了成本，是中高速风电机组的重要发展方向。提出并研制成功一种具有高容错能力的新型航空永磁发电机，该发电机被集成在涡轮发电机的后部，具有高速、高功率密度、耐高温和高可靠性的特点。提出一种用于海底油气开采的 2～5MW 大功率新型海底永磁电机拓扑结构，解决了传统海底电机功率因数低、机械损耗过大从而限制单机功率等级的问题，为提高开采效率，特别是向更深海底开发创造了条件，通过材料优选和结构优化满足了在严酷环境下抗腐蚀、耐高压、耐高温和高可靠性等特殊要求。相关关键技术申请了美国等国的发明专利。发明了粉末冶金软磁复合材料新型爪级感应电机，该电机定子采用软磁复合材料制成，绕组采用了两相预先绕制圆形绕组结构，没有端部绕组。采用裂相结构，具有自启动能力，不需要变频器供电。与传统感应电机相比，其材料成本相当，但效率高、功率密度高、空间谐波含量低、结构简单、生产成本低、可靠性高。

（2）电机及系统节能技术

当今世界，节能减排已是无法回避的话题，影响着世界经济发展。节能减排重点在工业领域，工业领域重点在电机。电机系统节能工程技术研究已成为发达国家和地区高度关注和重点研究的领域，也是我国节能能减排既定国策所重点关注的领域。

1）我国电机及系统能耗现状。

电机是用电量最大的电气设备。工业领域电机的主要应用场合是泵类、风机、空气压缩机、制冷等等。据统计测算，2011 年，我国电机保有量约 17 亿千瓦，总耗电量约 3 万亿千瓦时，占全社会总用电量的 64%，其中工业领域电机总用电量为 2.6 万亿千瓦时，约占工业用电的 75%，遍及冶金、石化、化工、煤炭、建材、公用设施、家用电器等多个行业和领域。

电机系统包括电动机、被拖动装置、传动系统、控制（调速）系统以及管网负荷等，是通过电动机将电能转化为机械能，再通过被拖动装置（如风机、水泵、压缩机、传送带等）做功，实现各种所需的功能。电机系统节能工程技术是在首先满足负载要求功能的前提下，设计、制造和选用合适的系统部件，并将它们合理组合匹配，以使系统综合节能效果和系统性价比达到最佳或较佳的综合性工程技术。

电机效率是指电机输出的机械能与电源所提供的电能之比，高效率意味着在从电能向机械能转化过程中伴随着更少的能量损失。我国电机效率平均比国外先进水平低 3% ~ 5%。我国电机产业年产能近 3 亿千瓦，高效电机产量仅占 3% 左右，且绝大多数产品用于出口。

据测算，工业领域电机能效每提高 1%，可年节约用电 260 亿千瓦时左右。通过能效提升，可整体提升电机系统效率 5% ~ 8%，年可实现节电 1300 亿 ~ 2300 亿千瓦时，相当于 2 ~ 3 个三峡电站的发电量，实现减排 1 亿 ~ 1.8 亿吨二氧化碳、300 万 ~ 580 万吨二氧化硫。因此，攻克工业领域的电机及系统节能关键技术、提高我国电动机能效指标是电机产业转型升级的迫切要求。

2）电机系统节能改造工程主要措施。

工业领域电机及系统节能潜力非常大，由于涉及不同行业，各种复杂工况，不同负载特性，千差万别的工艺过程，各种各样的电机系统等，电机系统节能工程是一项综合考虑电动机本体、拖动设备、电动机控制系统、管网系统以及各子系统、部件间最佳或较佳匹配等多种因素的复杂的系统工程。随着电力电子、电机及控制技术高度一体化，电机已不再单独地作为一个孤立的对象来进行设计、分析和应用，而是把电机研究置于整个系统之中。电机系统研究着重于电力电子、电机及其控制系统的集成特性，使三者在设计、制造、运行方面都更为紧密地融为一体，从而摆脱了传统的单一电机或单一控制器的研究模式。随着电力电子与电机控制一体化的发展，系统建模和集成方法成为重要问题。主要节能措施有：

① 深入研究电机及系统节能技术，研发高效节能电机，高效风机、泵、压缩机系统，高效传动系统，电机系统的合理匹配，电机系统节能的系统集成方案，系统集成产品等。

② 推广高效节能电机，稀土永磁电机，高效风机、泵、压缩机，高效传动系统等。

③ 推广变频调速、永磁调速等先进电机调速技术，改善风机、泵类电机系统调节方式，合理匹配电机系统，消除"大马拉小车"的现象。

④ 以先进的电力电子技术传动方式改造传统的机械传动方式。

⑤ 推广软启动，无功补偿装置，通过过程控制合理匹配能量，优化电机系统的运行和控制。

3）电机系统节能匹配关键技术。

电机定、转子铜/铝损占全部损耗的绝大部分，其次为铁损及其他损耗。提高电机效率的重点是减小定、转子铜/铝损耗。降低定子铜耗的措施有：使用更高质量等级的铜线、采用紧凑的端部设计和较高的槽满率、实施优异的浸漆工艺或适当增加铁心长度以降低电流密度。降低转子铜/铝耗的措施有：实施优异的转子压铸工艺、改进转子绝缘、采用高压冲模铸铝转子和较好的转子动平衡。

电机及系统节能技术的发展趋势是产品高效化、绿色化和系统专用化，提升电机能效关键技术有：低效电机永磁化再制造优化设计技术、定子不变条件下电机与控制协同设计技术（以不改变原有定子为约束条件，实现高效能量转换，同时提高凸极率，以更有利于获取转子位置信息，为无传感器控制创造有利条件）、低效电机永磁化再制造工艺技术、永磁化后的在线效率优化控制技术和全速域无传感器控制技术（包括低速及零速无传感器控制技术、复合无传感器控制切换技术和鲁棒性及动态品质提升技术）等。根据电机负载特性及不同工况，实现电机系统能源最优利用率的主要节能匹配技术有：高效电机匹配节能技术、永磁同步电动机匹配节能技术、变频调速节能技术、变极调速节能技术、调压节能技术、无刷双馈调速异步电动机技术、电机减容或增容增效改造、风机水泵专用电机匹配节能技术和功率因数补偿技术。

电机系统是一个综合的复杂系统，单独优化某个环节未必是最佳解决方案，节能方案应根据电机负载特性及不同工况全面考虑，提出相应匹配节能技术，实现系统能源最优利用率。无论是对已有系统节能改造，还是对新系统选型配置，目前采用的主要节能匹配关键技术有：

① 电机匹配节能技术。高效电机具有突出的节能潜力，若按年运行时间3000小时计，能耗费用在总费用中所占比重超过96%，而设备投资和安装费用仅约占总费用的3%。高效电机匹配节能技术适用于负载率较高（50%以上）、年运行时间较长的恒转矩负载，运行效率提高3%～5%。永磁同步电动机匹配节能技术适合在负荷变化较频繁、经常运行于空载、轻载状态的负载，在车床、冲床、化纤、纺织、拉丝类设备上应用，有较好的节能效果，平均节电率高达10%以上。

② 变频调速节能技术。通过改变交流异步电动机的供电电源频率，对电动机进行调速。该技术可用于高压、低压电机系统改造，主要适用于负荷变化较大、需频繁调节转速的场所，对于转矩随转速二次方变化的风机、水泵负载，有较好的节能效果，综合节电率为10%～50%。

③ 变极调速节能技术。主要用于高压电机系统改造，通过改变定子绕组的接线方式，

达到改变电机的极数，实现改变电机转速的目的。适用于需要定量调节、但不需要频繁调节流量的场所，如某些风机、水泵类负载，由于环境条件（如季节、温度等）发生变化要求对流量进行调节，其调速精度要求不高，综合节电率为 10%～30%。

④ 调压节能技术。该技术可用于高压、低压电机系统改造，通过检测电动机电压与电流相位差，并实时调节电压，使电机输出功率与实时负载精确匹配，以有效降低电机的损耗。主要适用于负荷率较低、功率因数较低、负载变化较大且速度恒定的场所，如机床、输送带等，综合节电率为 2%～5%。

⑤ 无刷双馈调速异步电动机技术。主要应用于高压大功率绕线转子异步电动机，用于有速度变化要求但调速范围较小的场所，比安装高压变频还多节能 3%，成本和体积却大大减小，特别适合于大功率球磨机、粉碎机等设备的改造，综合节电率可达到 10%～40%。特点是起动力矩大，可在 1.3～2.1 倍中任意设计；起动电流小，仅为 3.2～5.7 倍，无需软起动；功率因数高，4～10 极电机功率因数都为 0.9 以上，不需功率因数补偿；效率高，160～3000kW、4～10 极型电动机效率为 95.4%～97.3%；转差率小，转速比传统电机快 1% 左右；温升低，损耗小。

⑥ 电机减容或增容增效改造。按实际运行工况、容量需求，重新设计制造，减小或增加电动机容量，使之按需输出，达到节能目的；对于连续运行、负荷基本恒定、不调速、不频繁启动情况下，综合节电率可达 15% 左右。

⑦ 风机、水泵专用电机匹配节能技术。适用于风机、水泵等负载场合，解决因二次选型增容、电机功率等级限制等造成的机组效率较低、"大马拉小车"的状况。对于低负荷运行的风机、水泵系统，综合节电率为 5%～20%。

⑧ 功率因数补偿技术。适用于负荷功率因数低、负载功率变化大，变化速度快、有谐波源且谐波污染大的电机集群，如钢厂、化工厂、机械加工厂等，综合节电率为 4% 左右。

⑨ 电机与拖动设备的高效匹配技术。高效水泵、风机、压缩机机组及其他高效机械装备不仅要求电机及其所拖动设备各自本体高效，还要求组合在一起的机组高效，这就要求各自的负载区和高效区能合理匹配直驱式泵机组和直驱式压缩机机组。直驱式机组取消了电机与水泵、压缩机之间的联轴器或皮带轮，机组无传动损耗，同时可取消泵叶轮转子轴承和压缩机电机转子轴承，降低机械损耗。在高效叶轮和高效螺杆线型的基础上，匹配电机的功率、转矩、转速，从性能和结构上做到真正的一体化设计。由于直驱式机组结构紧凑、体积小、重量轻，且成本低、运行效率高。

⑩ 电机与拖动设备、运行工况匹配技术。解决电机额定功率与拖动设备运行功率不匹配问题，适用于高压、低压电机系统"大马拉小车"的改造，如风机、水泵、车床等，节电率为 3%～5%。解决重载或大惯量设备要求启动转矩大、运行效率低的问题，适用于高启动转矩且常处于空载、轻载的场合，如冲床、搅拌机、磨机、抽油机、注塑机等，节电率为 5%～15%。解决拖动设备效率低或输出与需求不匹配造成系统效率低的问题，适于压力过大、扬程过高或流量过大的场所，如风机、水泵、压缩机等，节电率为 10%～30%。

4）电机高效再制造技术。

电机的高效再制造，即将低效电机通过重新设计、更换零部件等方法再制造成高效率电机或适用于特定负载和工况的系统节能电机，如变极电机、变频电机、永磁电机等。再制造电机优势是价格更为低廉，与新制造电机相比价格低 20% 以上；节能效果更好，电机的高效再制造结合了负载设备系统功率匹配和能效提升，比直接采用高效电机节能效果更好；解决特殊安装，再制造保留原安装尺寸，不存在更新电机可能产生的接口安装尺寸不符等更换困难。

（3）电机关键材料

1）永磁材料。通过技术引进并消化吸收，我国已掌握了烧结钕铁硼磁体的冶炼与铸锭技术、破碎与制粉技术、磁场取向与压型技术、烧结与回火技术、机加工与表面处理、控氧技术等全流程制造工艺。我国钕铁硼永磁产业凭借资源、成本优势及质量的不断提升，国际市场份额不断扩大，如今已占据全球近 80% 的市场份额，成为世界烧结钕铁硼磁体的产业中心。综合烧结钕铁硼永磁体的优点与不足来看，其未来将向高磁能积、高矫顽力、耐腐蚀且具有良好力学性能的方向发展。添加微量元素或替代金属元素和改善制备工艺过程，是提高磁体综合性能的有效途径。国内高性能永磁材料研发团队应该进一步优化磁体成分，降低原材料成本，降低稀土金属总量；提高控氧技术水平，提高产品一致性与重复性；通过技术创新实施"三化"控制技术，即量化控制、智能控制、自动控制，以提高成品率，提高效率；应用边界强化技术等新技术，高效率利用重稀土，提升产品档次；跟踪研究细化晶粒尺寸技术、无压力成型技术等新技术，保证我国在该领域的持续竞争力。

2）软磁材料。虽然硅钢片是软磁材料中诞生时间较早的一类，但依赖其低廉的价格和各方面均衡的性能，至今仍是电工行业应用最为广泛的软磁材料，各国也仍在加大对此材料的研发力度。硅钢片研发呈现两个明显趋势，第一是薄带化，第二是取向化。随着硅钢片厚度的降低，材料比损耗逐渐降低，由该种材料制成的电机成品效率不断提升。工业用途的硅钢片大多为 0.5mm 厚度，电动车常用硅钢片厚度为 0.35mm 左右。在电动车辆驱动电机中，已经开始逐步采用 0.27mm 厚度的硅钢片。薄带硅钢片在电机中的应用主要是制造工艺问题，如冲制和叠压等关键技术，直接沿用厚度更高的硅钢片制造工艺会导致冲模损耗快、叠片成品率低等问题。硅钢的取向化是另一种提升材料磁性能的方法。通过取向处理，在取向方向上的磁感应强度得到明显提升，比损耗明显降低。但这种技术的问题是在非取向方向，磁性能甚至不如无取向硅钢片。取向硅钢片在变压器中已得到了大量应用，效果也十分明显，在电机中的应用则还需要深入研究。

3）绝缘材料。耐电晕漆包线漆方面，研究发现通过在聚合物中填充无机填料可提高耐电晕性能。近年来，国内在变频电机用耐电晕漆包线漆的研制方面开展了大量工作，有些成果正在向企业转化，并有小规模生产。尽管使漆包线的耐电晕性能得到一定程度的提高，但耐电晕性能分散性大，其根本原因在于纳米粒子在聚合物中没有得到有效分散，大多仍以团聚体形式存在，因此生产工艺还有待改进。

耐电晕薄膜方面，聚酰亚胺薄膜以其优异的耐热、机械、电气性能在高性能电机中有广泛应用。经过近几年的探索，国内耐电晕聚酰亚胺薄膜的制备技术也已走出实验室，向产业化阶段迈进。目前市场上已出现国产耐电晕聚酰亚胺薄膜，但产品质量不稳定，仍有待提高。

有机硅浸渍漆方面，国内企业选择导热系数高、耐电晕性能较好的有机硅树脂作为基体，通过向其中填充高导热的无机填料，制备出导热系数很高的浸渍漆，但还未产业化。

2. 变压器

（1）变压器技术发展

变压器是利用电磁感应原理，把电压和电流转变成另一种（或几种）同频率、不同电压和电流的一种静止电机，承担着改变电压、传输和分配电能的任务，在发电、输电、配电、电能转换和电能消耗等各个环节发挥着至关重要的作用，同时亦是比较昂贵的电气设备之一，其安全运行对于保证电网安全意义重大。发电机发出的电能，需要升高电压才能高效地送至远方用户，而用户则需要把电压降成低压才能使用。升压和降压环节均需要变压器完成，因此电力变压器在国民经济中具有非常重要的地位。

变压器技术的发展方向体现在两个方面：一是为满足特高压电网建设及超超临界发电机组等需要，向特高压、超大容量方向发展；二是向节能、环保、高效、可靠，即低损耗、低噪声、低局放、高抗短路能力及智能化方向发展。

特高压、超大容量电力变压器符合我国能源格局及电网建设的需要，我国的特高压、超大容量电力变压器在近五年一直在世界变压器行业处于引领地位。在交流特高压方面，保定天威保变电气股份有限公司、特变电工沈阳变压器有限公司等于 2008 年研制成功单相 1000MV·A/1000kV 变压器。2012 年，保定天威保变电气股份有限公司又研制成功单相 1500MV·A/1000kV 变压器。在直流特高压方面，2009 年上述企业研制成功 ±800kV 换流变压器（引进技术），目前国内企业已开展 ±1100kV 换流变压器的研发。在超大容量方面，与 1000MW 超超临界发电机组配套的三相 1200MV·A/500kV 发电机变压器、与 1750MW 核电机组配套的单相 700MV·A/500kV 发电机变压器相继研制成功，代表了电力变压器在超大容量方面的最高水平。

变压器的另一个重要发展方向是低损耗、低噪声、节能环保及智能化，符合我国建设环境友好型、资源节约型社会的要求。2006 年和 2009 年，国家分别颁布实施了两个强制性标准，GB 20052——《三相配电变压器能效限定值及能效等级》和 GB 24790——《电力变压器能效限定值及能效等级》，分别对配电变压器和电力变压器的损耗值进行了强制性规定，并提出了变压器的节能评价值。同时，国家标准 GB/T 6451《油浸式电力变压器技术参数和要求》也于 2013 年主要针对空载损耗和负载损耗的标准值进行了重新修订，其中 6-220kV 级变压器的空载损耗和负载损耗分别平均下降约 20% 和 5%，330kV、500kV 级变压器的空载损耗和负载损耗分别平均下降约 15% 和 5%，大幅提高了变压器的转换效率。

为实现上述两个发展方向的突破，我国主要在变压器设计分析技术、制造试验技术、主要材料性能研究等方面加大科研投入，取得了一批科研成果，支撑了国内变压器技术的升级。变压器设计分析技术方面，引入全新的全域理念，在主纵绝缘设计和漏磁控制等变压器关键技术全面推广应用，即采用二维及三维的电磁场计算软件对变压器进行全场域分析，由过去的针对点、局部的分析，发展为全域的扫描分析，目前常用的电磁场计算软件的前后处理更为实用直观，计算中能够根据需要设置不同的计算精度，对设定的场域进行计算，避免出现计算遗漏。该技术的推广大大提高了设计精度和可靠性。在绝缘设计方面，不再以绝缘是否击穿为设计依据，而是采用局部放电起始值为绝缘结构的设计标准。虽然国家标准 GB 1094.3——《电力变压器 第 3 部分 绝缘水平、绝缘试验和外绝缘空气间隙》规定了局部放电测量值不超过 500pC，但大多数厂家在设计时均采用零局部放电的理念，特别对于特高压变压器，巨大的能量可能使局部放电迅速发展为绝缘击穿，引起绝缘故障，因此应从设计阶段严格控制局部放电的起始。国内研制的 1000kV 交流特高压变压器的局部放电测量值仅为 30pC，排除背景噪声的影响，基本实现了从设计到制造的零局部放电。近年来国内 500kV 变压器类产品的局部放电量试验值稳定在 50 pC 左右，运行中的绝缘故障也大幅度降低，变压器的绝缘技术取得了关键性突破。

随着变压器容量的不断增大，计算机技术的进步，另一项变压器设计关键技术——漏磁控制技术也实现了突破，基于采用大型二维及三维计算软件对漏磁场的详细计算，准确分析变压器的抗短路能力、结构件中磁场及损耗分布、绕组及结构件温度分布，保证了变压器运行的可靠性。

（2）新型变压器产品

随着技术的进步和电力工业的发展，变压器在更多领域发挥着越来越多的作用。近年来，我国陆续研制成功多种类型应用于特殊领域、特殊用途的变压器产品。

大容量调相变压器是一种应用于电网系统，电源侧和负载侧的电压相等，但相角差在一定范围内连续可调的电力变压器，通过相角调节控制并联电力系统各支路电流，进行电能的调节与分配，主要应用于北美市场。2003 年，保定天威保变电气股份有限公司研制成功我国首台 300MV·A/ 230kV 调相变压器，出口到美国市场，经过 10 年发展，形成了系列调相变压器的核心技术。

平波电抗器也称直流电抗器，是应用于直流输电系统的重要设备，串接在换流器与直流线路之间，在直流系统发生扰动或事故时抑制直流电流的上升速度，防止事故扩大。当逆变器发生故障时，避免引发换相失败。近年随着材料及绝缘技术的发展，干式平波电抗器以其无油环保、没有辅助运行系统、基本免维护等优势，正在逐渐成为直流输电网络发展的一个方向。2008 年，北京电力设备总厂研制成功了 ±800kV 特高压干式平波电抗器。2013 年，西安西电变压器有限公司研制成功 PKDGKL-800-5000-50 干式平波电抗器，也是国内额定直流电流最大的同类产品。

融冰整流变压器应用于输电线路的覆冰清除工程。中国是世界上输电线路覆冰最严重的国家之一，采用有效的融冰措施可降低工程成本，消除覆冰事故隐患。2013 年，保定天威集团特变电气有限公司研制成功了国内首台 220kV 融冰整流变压器，采用外延三角形移相结构，实现单机 24 脉波输出，具有低压 2.1kV 和 2.8kV 两档电压输出，体积小、损耗低。

气体绝缘变压器采用不燃的、防灾性与安全性都很好的 SF6 气体作为绝缘介质，适用于地下变电站和人口密集、场地狭窄的市区变电所，以三菱、东芝为代表的日本变压器企业是气体绝缘变压器的主要供货商。我国通过技术引进、校企合作等方式，逐步形成了供货能力。目前，国内常州东芝、保定保菱等公司具备设计制造 110kV 气体绝缘变压器的能力和运行业绩。

非晶合金牵引整流变压器是以非晶合金铁心为导磁材料的新型变压器，因非晶合金带材的高饱和磁感应强度、低损耗、低矫顽力和低激磁电流等特点，使其成为一种高效、低碳、节能、环保产品。2013 年，由卧龙电气集团北京华泰变压器有限公司自主研发的国内首套非晶合金牵引整流变压器设备，在北京地铁昌八联络线挂网运行。

35kV 风电用组合式变压器是风力发电系统中的关键设备，我国的风电装机容量居全球第一。风力发电具有间歇性和季节性，功率输出存在很大的波动性，因此，风电专用组合式变压器具有空载时间长、过载时间少、运行环境恶劣等特点。广州广高高压电器有限公司等企业研制的风力发电用组合式变压器符合以上要求，具有成套性强、便于安装、施工周期短、运行费用低等优点，完全适用于自然条件比较恶劣的海滩、草原、沙漠等环境。

立体卷铁心变压器采用三个几何尺寸相同的卷绕式铁心单框拼合成的三角形立体布置的铁心，使三相磁路完全对称，具有损耗低、节电效果显著、噪声低、结构紧凑、体积小等优点，主要应用于配电网。2010 年，我国发布了《三相油浸式立体卷铁心配电变压器技术参数和要求》的标准。广东海鸿变压器有限公司是目前全球最大的立体卷铁心变压器制造企业，其产品涵盖 10 ～ 35kV 电压等级、20000kV·A 及以下容量的配电变压器，2012 年研制成功具有国际发明专利权的世界首台非晶合金立体卷铁心变压器，克服了非晶合金变压器噪声高的缺点，实现了立体卷铁心和非晶合金变压器技术的融合。

总之，中国电力工业的快速发展和国家调整经济发展结构的产业政策，有力推动了我国变压器行业的技术升级，也带动了变压器相关产业的技术进步。无论从变压器的电压等级，还是单台容量，以及技术性能的先进性，近年国内变压器制造企业屡创新高，完成了过去需要几十年才能完成的工作，也填补了多项国际空白。同时，在变压器的基础研究、节能环保、安全可靠性、智能化水平以及主要原材料等方面，依靠自主创新，取得了长足进步，多项关键技术和产品处于国际领先水平，中国也正在从变压器需求大国走向变压器制造强国。

3. 电器

电器是电能输送和使用的重要电气设备，电器学科的发展和我国电力系统及用户配电控制使用紧密相关，传统的电器向着节能、小型、高可靠性方面不断发展。智能电网是一个相对完整的体系，涵盖发电、输电、变电、配电、用电、调度等各个环节，电网建设以及用电总体水平的提高，需要智能电器和先进的传感技术支持，必将有力推进智能电器的技术发展和应用，同时也带来了巨大挑战，困难与机遇并存，电器学科必然围绕智能电网建设不断研究发展。近几年电器学科主要研究内容有：开关电弧、电接触、退化机理和寿命分析、电器运行控制和状态信息融合等方面，研究主要以高校和科研院所为主。

（1）低压电器

1）低压电器发展现状。近几年，我国低压电器行业进入了一个较快的发展期，根据国外万能式断路器发展动向，陆续开发了我国新一代低压电器产品，主要有：智能化万能式断路器，高性能、小型化塑壳断路器，小型化、电子化控制与保护开关电器，新型带选择性保护小型断路器。低压电器产品具有高性能、小体积、高可靠性、绿色环保等特点，性能和功能明显提升[1]。主要特征如下：

① 低压断路器触头灭弧系统采用全新结构的双断点触头系统，大电流分断技术及短路性能取得较大进展；万能式断路器实现了全电流范围选择性保护；塑壳断路器具有限流选择性保护功能；万能式断路器、塑壳断路器均采用选择性区域联锁技术；开发具有短延时保护功能小型断路器；在低压配电系统中实现了全范围、全电流选择性保护。该技术从根本上消除了低压配电系统越级跳闸或上、下级断路器同时跳闸的风险，并大幅缩短配电系统实现选择性保护的时间，降低电器设备动、热稳定要求，有利于节材、节能和产品小型化，具有很好的经济效益与社会效益。

② 小型化技术有新的发展。产品小型化既是低压电器设计技术的综合体现，也是成套设备和系统小型化的需要。对推进电器产品节材、节能具有重要意义。低压电器小型化主要借助于新技术、新工艺以及产品结构上创新，新一代产品与上一代产品相比体积缩小20% ~ 50%。

③ 低压电器模块化水平提高。模块化水平既是低压电器设计与制造能力的体现，也是实现产品多功能、提高产品使用与维护性能的需要。低压电器零部件、附件模块化水平一定程度上反映了一个国家低压电器研究、设计与制造水平。模块化水平包括功能附件模块种类、模块标准化程度、制造工艺性、维护方便性、模块小型化及工作可靠性等。

④ 普遍采用现代设计技术和现代测试技术。在新产品研发设计过程中除了电弧分断过程外，其他设计绝大部分采用了数字化仿真技术，包括操作机构运动受力分析、导电回路发热分布、电动力计算、磁系统设计等。采用这一技术大大提高了设计科学性、准确性，减少因设计盲目性带来的不必要反复，缩短了新产品试制周期，使我国塑壳断路器产品性能达到国际先进，部分性能处于国际领先水平。现代测试技术主要包括大电流电弧运动分析、区域联锁与级联试验、可通信一致性试验、浪涌过电压试验、设计可靠性试验、光伏发电与风电控制系统测试等。该技术不仅使研发人员获得了试验结果，又掌握了影响性能的原因，为产品改进设计提供了科学依据。现代设计技术和现代测试技术的应用，使我国低压电器产品设计开始进入自主创新设计阶段。

⑤ 低压电器产品性能有了较大提高。大幅提高了万能式断路器短时耐受电流，为实现万能式断路器全电流选择性保护创造了条件。大幅提高塑壳断路器运行短路分断能力，

为塑壳断路器实现限流选择性保护创造了条件，也为低压配电系统上、下级电器特性配合及配电系统安全运行提供了保障。大幅度提高低压断路器机、电寿命，达到低压断路器当代国际先进水平，提高低压断路器市场竞争能力。万能式断路器采用内置式通信适配器，内部附件采用内部总线，智能化功能更完善。电量测试精度达到准计量级要求，产品可靠性进一步提高。新一代万能式断路器、塑壳断路器均具有选择性区域联锁功能，它是实现全电流选择性保护必备条件。

2）低压电器新技术。我国低压电器产品的研发和设计已基本摆脱了以仿为主的模式，开始了我国低压电器自主创新设计阶段。经检测，我国新一代低压电器总体技术水平达到了当前国际先进水平，部分技术与产品指标达到国际领先水平。

① 低压电器智能化技术。智能化低压电器的基本含义是保护与控制功能齐全兼有参数（包括三相电流、电压、功率因数、有功功率、无功功率、谐波分量等）测量与显示、外部故障检测与显示（或报警）、电器内部故障自诊断与报警、系统运行状态及电网质量监控、电能使用管理等功能。主要研究内容有：低压电器根据其在低压配电与控制系统中地位和作用应具备的智能化功能；智能化低压电器集成技术研究；多种智能化电器集成时，对不同智能化功能的舍取；多种智能化功能重叠时，相互的协调与配合研究；智能化低压电器可靠性及电磁兼容技术研究；各类智能化低压电器标准研究与制订；低压电器智能化功能测试技术与测试设备研究。

② 低压电器可通信技术。智能化低压电器强大功能的充分发挥，必须依赖于低压配电与控制系统网络化以及可通信。随着低压电器智能化功能的进一步完善，以及现场总线技术的发展与应用，低压电器逐步向可通信和网络化发展，近几年基本实现了低压电器部分主要产品可通信，为我国低压配电系统网络化奠定了基础。先后研制出了可通信智能化万能式断路器、可通信智能化塑壳断路器、可通信智能化自动转换开关、可通信交流接触器、可通信电动机保护器、可通信软起动器、可通信控制与保护开关电器等产品[2-3]。

③ 智能配电与控制系统。主要功能包括：信息管理功能、参数配置功能、保护与控制功能、故障诊断与记录、电网质量监控与能量管理。该系统具有如下特点：开放性，支持多总线，允许多主站、多总线配置；支持多厂商设备，方便用户选择；专用（配电与控制系统）工控组态软件，组态方便、快捷、正确；第三方设备接入方便；构成系统的配套件、附件齐全。

（2）高压电器

随着基础理论、材料技术、生产设备和加工工艺的不断进步，高压电器设备的技术水平有了长足进步，并在许多方面突破了以往传统电器的概念。在产品种类、结构形式、材料介质以及综合技术水平方面都有了很大提升，特别是特高压工程建设，带动了高压电器行业研发各要素整体水平的发展和进步。目前，随着绿色环保的需求，高压电器正向着高压大容量、自能化、小型化、结合化和高可靠性方向发展。多年来，我国科研人员围绕高压断路器的许多问题，如灭弧方式、灭弧室结构、灭弧介质、开断性能及绝缘性能和操动机构等做了大量工作，已成功开发研制出了 550kV、63kA 单断口断路器，1100kV 双断口断路器已在电力系统中得到应用。

1）高压电器新产品。目前，国内电器产品形成了以真空开关为主导的中压产品体系，在高压、超特高压领域形成了以 SF_6 产品为主导的高压电器产品体系。电器产品设计水平与产品质量显著提高，自主创新与制造能力普遍增强，涌现出一批专业化、规模化生产企业，产品国产化率明显提高，行业主导产品的性能与技术水平已接近或达到世界先进水平，部分产品与技术位居领先水平，总结如下：

① 具有国际先进水平的高压电器新产品不断开发出来。中压电器方面，近年来，中压电器产品研发工作遵循小型化、集成化、智能化、高可靠、少（免）维护、环境友好的原则，以采用高技术含量的核心器件和新技术、新工艺、新材料为主线进行发展，取得了可喜成果。在不断完善和提高原有产品技术水平的基础上，研发出了复合绝缘真空断路器、固封极柱真空断路器等新型电器元器件和中压 C-GIS 充气柜、固体绝缘开关柜及各种新型预装式变电站等成套产品。同时，为满足特殊技术领域和使用场合的需要，研发出了新型发电机保护断路器、电气化铁道用电器设备、直流系统用电器设备、故障电流限流器、新能源发电系统用电器设备等专用产品，很好地满足了电力工业的发展需要，主要产品的技术指标和性能接近或达到国际先进水平。

高压电器方面，国产高压电器产品的总体技术水平达到了国际先进水平，在特高压领域达到了国际领先水平。72.5 ~ 1100kV 级国产 SF_6 GIS 产品、126 ~ 550kV 紧凑型成套电器产品被广泛使用，在 126 ~ 363kV 级为单断口产品，550kV 单断口产品及 800 ~ 1100kV 级产品也已研制出来并投入使用。灭弧室结构从 SF_6 双压式到单压式，并进一步发展到自能式，从而减少了操作功，使得在 126 ~ 252kV 级产品上广泛应用了弹簧操动机构，在 252kV 及以上等级产品中，普遍使用了大功率液压弹簧操动机构，实现了产品的小型化和高可靠性。

② 国产电器产品的质量及可靠性得到大幅提升。根据国家电力监管委员会可靠性管理中心发表的《2010 年全国 220kV 及以上电压等级断路器可靠性分析报告》，国产断路器可靠性指标呈逐年上升趋势。近年来，国产高压断路器产品的强迫停运率大幅下降，2010年达到最低值，2010 年 330kV 和 500kV 电压等级国产产品的强迫停运率已低于进口产品。国产产品的可用系数已逐步接近进口产品，220kV 电压等级产品已超过进口产品。

西安西电开关电气有限公司研发的新型 550kV 气体绝缘金属封闭组合电器（HGIS），与传统敞开式开关设备（AIS）以及气体绝缘金属封闭开关设备（GIS）相比，具有高可靠性和高性价比，是值得在 550kV（330kV）电站中广泛应用的开关设备。

③ 国产高压电器产品市场竞争力显著增强。800kV 封闭式组合电器实现全部国内制造，550kV 封闭式组合电器国内制造比例由 2005 年的 9% 提高到 23%，国产真空开关约占中压电器市场的 90%，世界上第一条 1100kV 特高压输电线路使用的就是国产 GIS 产品，国产高压电器产品已出口到世界上许多国家和地区。随着国产产品市场竞争力的显著增强，迫使国外公司不得不进一步向国内转移先进产品技术，大幅度降低其产品售价，国产高压电器产品基本具备了与国外同类产品同台竞争的资格和能力。

2）设计及试验验证手段。全面提高国产电器产品的技术水平是一项综合性系统工程，依赖于与此相关的各种要素的共同发展和进步，缺一不可。近年来，高压电器行业在产品设计手段、试验验证手段、标准体系建设、工艺装备保障等方面都取得了显著的进步和提高。

① 产品设计手段。目前，高压电器各个技术领域推广采用（CAD）三维设计，通过建立虚拟样机，在产品设计阶段就能把握产品的立体形象，很容易进行结构解析和运动分析，通过模拟来提高设计精度，实现动态仿真并优化设计，大大提高了设计效率。利用计算机辅助分析（CAE）软件对电磁场、温度场及应力等多种物理场进行分析，可定量计算产品在不同结构及不同状态下的绝缘水平、开断性能及温升等参数，并可根据计算结果优化其结构，以达到最满意的技术经济指标。这样既可以在设计阶段提前预知产品整体性能指标，又可大大缩短设计周期，减少制作样机的反复过程，降低设计成本，使产品设计工作由以往靠经验定性设计进入到依靠定量数值计算及分析进行精确设计阶段，大大提高了设计效率和成功率，为一系列小型化、紧凑型产品的开发提供了可能。该技术已被广泛应用于高压电器产品的设计过程中，其准确、可靠的分析计算结果已获得试验及运行实践的验证。

② 试验验证手段。由于理论及技术手段的限制，高压电器产品性能的验证工作目前还无法由理论计算解决，只能通过样机的型式试验进行，因此试验手段是否先进就成为衡量一个国家高压电器发展水平的重要指标。为适应我国电力工业高速发展对高压电器产品性能提出的更高要求，近年来通过技术改造及加大资金投入，高压电器试验检测能力获得了显著的提高，国家高压电器质量监督检验中心成功完成了 1100kV GIS 的全套型式试验，试验参数达国际最高水平；采用双边加压的切长线方法对特高压断路器实施了开合试验；采用三回路电流引入法成功实施了特高压断路器的 T100s 开断试验；成功完成国际最高参数的特高压断路器的整极开断试验；成功完成试验电流达 2A 的 1100kV GIS 用隔离开关开合母线充电电流试验；成功完成试验电流达 1A 的 1100kV GIS 用隔离开关开合感性小电流试验；成功完成 100kA、120ms 特高压电流互感器的暂态误差试验；成功进行了国内首次直流换流阀运行试验，国家高压电器质量监督检验中心已具备交流 1100kV、直流 ±1100kV 及以下交、直流设备高电压、大容量的试验能力，为我国交、直流超特高压电器设备的自主研发提供了良好的条件。

③ 标准体系建设。经过数十年发展，我国已基本建成体系完整并与国际接轨的高压电器标准体系，目前使用的高压电器方面的国家标准基本上为等同采用或修改采用相关国际标准。该体系覆盖了电器产品的设计、生产制造、所用原材料、试验验证及使用维护的各个方面，对引领新产品的研发及保证产品性能和质量发挥了巨大的作用。我国特高压产品的成功开发，就是在我国自主制定的相关特高压标准的指导下完成的，而我国目前正在进行的智能化电器产品的开发工作也将在相关标准及技术规范的引领下开展。我国积极参与了国际标准的制修订工作，使我国的一些主张在相关国际标准中得到体现，并对某些领域国际标准的制修订工作起到了主导作用。如特高压领域一些国际标准的制修订工作，就

是根据我国提供的相关研究成果为依据进行的。在未来智能电器相关国际标准的制订过程中，我国也会凭借在该领域进行的开创性工作而主导其制订工作。

随着我国电器工业的发展壮大，我国在相关领域的国际影响力越来越大，一些国际标准组织的负责人历史性地首次由中国专家担任。国际电工委员会（TC28）绝缘配合技术委员会秘书处首次设立在中国，该委员会秘书长及国际电工委员会（TC22F）输配电系统用电力电子分技术委员会主席均由中国专家担任，我国标准体系将会在更深层次上与国际接轨。

④ 工艺装备保障。先进的制造工艺装备均达到了当代国际先进水平，其广泛使用对提高国产高压电器产品的技术性能和质量起到了极大的作用，促进了一大批高技术电器产品的产生。近年来，高压电器行业在采用先进制造技术提高产品技术水平方面取得了长足的进步：a. 钣金加工：数控加工设备已成为柜体生产企业的必备装备，钣金柔性生产线也被越来越多地使用；b. 机械加工：各种高精度、高效率的加工中心被广泛使用，激光切割机等高技术设备在某些领域被大量使用，柔性加工单元也在一些企业得到应用；c. 焊接：各种自动气体保护焊机、激光焊机得到了普遍使用，使得焊接质量和效率得到了极大地提高，促进了 GIS 和充气柜等产品整体技术水平的提高。焊接机器手（人）也在一些企业得到了使用；d. 绝缘工艺：新一代的环氧浇注工艺、APG 工艺及中压固封极柱技术得到广泛应用，使得电器设备的绝缘性能得到显著提高，为一系列小型化、紧凑型电器产品的开发创造了条件；e. 装配制造：中压断路器已普遍采用小车式、滚筒式流水装配线，中压电器柜已有一些企业采用流水线装配，极大地提高了生产效率和更好地保证了产品的一致性。在高压 SF_6 产品的装配生产中，超声波清洗设备、SF_6 气站及铠装式变频谐振或串联谐振试验系统得到普遍采用，使得生产过程更加环保，产品的品质更加有保证。

（二）电力系统及其自动化

电力是现代社会不可替代的能源利用方式，作为能源产业链的重要环节，电力系统已成为国家能源体系的重要组成部分。随着社会经济发展与科技水平地不断提高，电力系统的规模、作用和地位都发生了持久而深刻的变化，已经成为现代国民经济和社会发展的重要基础和保障，是国家能源安全的重要组成部分。面对世界范围内节能减排、环境保护和可持续发展的迫切要求，电力系统将担负起愈来愈重要的责任。

1. 我国发电资源及电网总体现状

作为重要的二次能源，电能由一次能源转化而来。能够产生电能的一次能源主要包括化石燃料、水能、风能、太阳能、核能、生物质能以及其他可再生能源如地热能、潮汐能、波浪能等。化石能源方面，我国煤炭资源储量比较丰富，但石油和天然气人均资源量仅为世界平均水平的 1/16 左右，在可再生能源方面，我国的水能、风能和太阳能资源均十分丰富，其他可再生能源如地热能、潮汐能、波浪能等也有一定储量，如能广泛利用，对于改善我国以煤为主的能源结构具有十分重要的意义。

我国电力系统的发展经历了由小到大、由弱到强的过程。电网规模不断扩大的同时，电压等级不断提高，电网技术不断升级，网架结构不断优化，电网可靠性、灵活性和经济性得到显著提高。我国已经打造了世界最大规模的电力系统，截至 2012 年年底，全国发电装机超过 11 亿千瓦，超过全欧洲总和；全国年发电量约 5 万亿千瓦时，稳居世界首位。特高压输电线路从无到有，数千米的交直流特高压线路安全运行。可再生能源迅猛发展，风电装机、集中式光伏并网容量均为世界第一。智能电网研究与工程建设如火如荼，国家科技部设立"十二五"智能电网重点专项，累计设置课题数超过 50 项；2009 年 8 月，国家电网公司在智能电网"发输配变用及调度"六大环节开展了第一批试点工程，至今已经基本完成。

2. 可再生能源发展现状

当前，我国能源和电力系统面临两个基本现实：一是能源资源贫乏，难以支撑现在的社会经济发展模式，而且能源资源与用电需求地理分布极不均衡；二是气候变化催生的低碳社会经济发展模式对电力系统发展的压力迫在眉睫。可再生能源是我国重要的能源资源，在满足能源需求、改善能源结构、减少环境污染、促进经济发展等方面发挥了很大作用。为适应能源需求和气候变化的双重压力，各种新能源和可再生能源发电的发展目标是作为传统火力发电的替代电源而非补充电源，而集约化的发展模式带来的并网技术难题远远超越了世界上的其他国家和地区。当前，我国电力发展与能源结构调整所面临的挑战主要包括：电网支撑大范围优化资源配置能力亟待提高、现有电力系统难以适应清洁能源跨越式发展、大电网安全稳定运行面临巨大压力、用户多元化需求对现有电网提出新的挑战、能源供应结构还需完善，能源利用效率需要进一步提升、电网发展对关键技术和装备提出更高要求等诸多问题。

近年来，我国在光伏发电技术、产业和应用方面取得了全面进步。2012 年，太阳能电池产量 23GW，占世界总产量 61.8%，连续 6 年产量世界第一。商业化晶体硅光伏电池光电转换效率已接近 19%，硅基薄膜电池商业化最高效率达到 8% 以上，生产设备也已经从过去的全部引进到现在超过 70% 的国产化率。近年来，在光伏产品价格下滑及光伏上网电价、金太阳工程等政策激励下，我国光伏市场规模增长非常迅速，2012 年我国新增光伏装机容量达到 3.5GW，累积装机容量达到 7GW，已成为全球第二大光伏市场。同时，兆瓦级光伏并网逆变器等关键设备实现国产化，并网光伏系统开始商业化推广，光伏微网技术开发与国际基本同步。经过多年探索实践，光伏技术已培养并形成了近万人的多元化科研队伍。

在太阳能热发电方面，"十一五"期间，中科院电工所联合多家单位建设完成了亚洲首个具有完全自主知识产权的兆瓦级塔式热发电站，掌握了以水/蒸汽为工质的塔式电站的系统集成技术和单元关键部件的设计工艺，并积累了兆瓦级水/蒸汽塔式电站的运行经验。目前，我国已经编制并发布了第一部太阳能热发电的国家标准。我国在太阳能热发电领域发表的 SCI 文章总数已经跃居世界第二。在人才培养和重要研究团队方面，中国科学院电工研究所太阳能热发电技术团队被评选为科技部 2012 年重点领域创新团队。以中国科学院电工研究所为依托单位的太阳能光热产业技术创新战略联盟在科技部 2012 年度产业技术创新联盟评估中被评为 A 类，同时被认定为"国家太阳能光热产业技术创新战略联盟"。

海洋能发电技术得到了国家科技支撑计划以及国家海洋可再生能源专项资金的支持，重点突破波浪能、潮流能、温差能开发利用的关键技术，开展现场示范试验。在海洋能发电技术方面，潮汐能技术最为成熟，江夏潮汐电站已有 30 多年的运行经验，目前，正在规划建造万千瓦级潮汐电站。波浪能发电技术的研究主要集中在漂浮式装置，中国科学院广州能源研究所研建的 100kW 漂浮鸭式波浪能发电装置和 20kW 漂浮直驱式发电装置已在珠海万山岛进行了海试，中国科学院电工研究所提出的液态金属磁流体发电技术 10kW 样机即将进行实海况试验。潮流发电技术的研究重点是全尺寸单机和多机示范运行，哈尔滨工程大学正在开发的 300kW 漂浮式竖轴潮流发电装置将在浙江省岱山县进行海试，中国海洋大学研制了一种独特的帆翼式柔性水轮机，可以克服传统刚性叶片加工、运输的问题。海洋温差和盐差发电技术的研究目前仍处于实验室阶段，国家海洋局第一海洋研究所成功研制了 15kW 温差能发电实验室装置，其发电效率达到 5.1%，超过美国和日本。海洋能样机测试和试验的测试场正在建设中，海洋能发电设备的试验标准、技术标准和产品检测体系正在逐步建立。近 5 年来相关领域的专业人才队伍迅速壮大，一批有实力的企业和研究机构纷纷进入海洋能领域，东方电机厂、哈尔滨电机厂、中船重工、中海油等企业高度重视海洋能的开发利用，科研院所和大专院校，包括中国科学院、中国海洋大学、哈尔滨工程大学、哈尔滨工业大学、浙江大学、国家海洋研究所等单位逐渐培育出了该领域的重要研究团队。

国家重点基础研究发展计划（"973"计划）2009 年支持了"分布式发电供能系统相关基础研究"项目，针对微网运行特性及高渗透率下与大电网相互作用的机理，含微网的新型配电系统规划理论与方法，微网及含微网的配电系统保护与控制，分布式发电供能系统综合仿真与能量优化管理方法等几个方面的理论问题开展研究。2010 年，国家科技部又启动了先进能源技术领域"智能电网关键技术研发（一期）""863"重大项目，其中课题"高渗透率间歇性能源的区域电网关键技术研究和示范"、"高密度多接入点建筑光伏系统并网与配电网协调关键技术"和"含分布式电源的微电网关键技术研发"均是直接面向分布式能源发电与微网技术的研发与示范。

新能源革命正在引起电源结构的重大变化。一方面火电努力实现清洁化高效发电，另一方面大力发展可再生能源发电等安全、清洁替代能源。风电、光电等可变电源的大规模并网运行，对电气设备产生巨大影响，甚至引起了整个电力系统规划和运行的革命性变化。由于风能和太阳能发电具有随机性和间歇性的特点，现有电网尚不能满足接纳大规模风能和太阳能发电的技术要求，这已成为制约我国可再生能源大规模快速发展的主要瓶颈。另外，2011 年日本地震海啸，引发全球对核电质疑不断，国际上核电发展受到严重影响，对电力低碳发展长期战略也产生了重大影响。智能电网是实施新能源战略和优化能源资源配置的重要平台，但我国建设智能电网目前尚无国家战略，迫切需要建立能够融合智能电网、低碳化新型工业化道路等诸多理念的新型电力能源战略。

3. 电力系统关键技术

安全性、经济性和环境友好性是电力系统及其自动化学科发展的三大主题。所谓安全性，重点任务是如何保障我国电网在飞速发展的同时，避免大停电事故，保障电网安全运行，这既是国家发展的重大需求，也是国际学术前沿需要突破的重大科技问题。所谓经济性，在全新的智能电网理念下具有多方面的含义，既包括电源侧的节煤降耗和机组优化运行，也包括网损下降，同时还包括通过鼓励用户与系统的互动运行来优化配置资源从而实现能效的提升。而环境友好性，则包含了对电气设备节约土地资源、有效解决电磁环境问题的诸多要求。建设资源节约、环境友好的社会不仅成为从政府到民间的各方共识，也已成为科学研究、技术攻关的共同方向和目标。经济社会对电力的需求是电力系统发展的不竭动力，技术进步起到了关键的推动作用。

（1）安全保障关键技术

1）分布自治—集中协调的新一代电网能量管理系统关键技术。

我国已经形成电力和电量均居世界第一的巨型电网，风电接入容量和集中接入的光伏容量也居世界第一，并将形成世界上独一无二的特高压交直流输电网络。面对这一迄今所知最复杂的人造物理系统，保证其安全经济运行，必须借助电网控制中心的能量管理系统（EMS）。

这一现代巨型电网在电网规模（空间）、物理量变化过程（时间）和控制对象（目标）等方面表现其复杂性，需要在空间、时间、目标三个维度对电网进行协调控制。传统的EMS并没有解决巨型电网在空间、时间、目标三个维度的协调控制问题，无法满足现代电网运行控制的要求。另一方面，近年来发展智能电网已成为我国能源工业可持续发展的重大战略举措之一。我国智能电网发展面临三项重大挑战：第一，消纳大规模可再生能源发电；第二，支撑电动汽车的广泛随机接入；第三，保障智能电网安全可靠运行。EMS是智能电网"智慧"的核心，发展EMS是应对上述三项挑战的共性而迫切的重大需求，而面向传统电网发展出来的集中式EMS无法满足智能电网发展的需要。

面对我国电力行业发展的上述重大需求，清华大学国家重点实验室在国内外首次提出以"分布自治—集中协调"为主要特征的新一代电网能量管理系统EMS，其主要学术思想是兼顾分布自治和集中协调两方面的优势，通过分布自治，实现调度控制的可靠性和敏捷性；通过集中协调，实现调度控制的协调性和最优性。本成果通过系列关键技术问题的突破，将传统集中式EMS变革为"分布自治—集中协调"的新一代EMS，并实现了我国电网控制系统对美国的首例输出，为我国在电网调度自动化技术领域走在国际前列做出了重要贡献，引领了国内外技术发展潮流，在国内外学术界和工业界产生了重要影响。该技术成果各主要关键技术相继取得了突破，已在我国南方电网、华北、华中、华东、西北、东北等6个大区电网和京、沪等24个省级电网以及6大风电基地推广应用。2008年，"三维协调的新一代电网能量管理系统关键技术及应用"获国家技术发明奖二等奖。在上述成果的基础上，2012 年清华大学提出的"源－网－荷协同的智能电网能量管理与运行控制基础研究"获国家科技部"973"计划批准。

2）复杂不确定电力系统鲁棒控制与安全防御。

随着区域电网互联和大规模新能源发电的接入，我国的电网规模和新能源发电装机容量已跃居世界第一。电网规模的迅速扩张极大地增加了系统运行的复杂性，大规模新能源接入又为电网运行带来了更大程度的不确定性，如何在此新形势下保障电力系统安全稳定，防止大面积停电成为了电力行业普遍关心的重大问题。

清华大学电力系统国家重点实验室针对电力系统固有的、且越来越突出的复杂性与不确定性，分别从两条途径研究如何提高对复杂电力系统的认识水平，增强控制的适应性和鲁棒性，提升电力系统应对大规模灾变的能力：一是延续实验室传统的非线性鲁棒稳定与控制理论方面的研究并加以拓展，在建模时增加对不确定性的考虑，在控制器设计时有针对性的加强对不确定性干扰的抑制；二是尽量摆脱对模型和参数的依赖，直接从量测数据出发，研究基于在线量测的系统稳定分析和控制方法，通过更加及时的分析和控制来应对系统运行状态的不确定性变化。根据这一思路，实验室在复杂不确定电力系统稳定性分析与监测、不确定电力系统鲁棒与智能控制、广域电力系统协同控制、电力系统复杂性与大电网安全分析等四个方面开展了深入研究。

3）多时空高维复杂电力系统的安全运行理论与应用。电力系统是世界上规模最大、分布最广、动态特性最为复杂的人造电磁系统，电力系统安全维系国家安全。华中科技大学国家重点实验室瞄准电力系统安全这一国家重大需求，系统地开展了大电网保护与故障隔离、多时空尺度电力系统状态全景辨识监视与诊断、交直流混联电网振荡特性分析与抑制等重点方向的研究工作。提出了单相接地保护新原理和多判据信息融合保护技术，发明了非有效接地电网智能消弧技术，使永久性接地故障发生概率降低了 60%，系列产品在多个省级电网应用 3000 余套。发明了基于广域电压行波的故障精确定位技术，国内外首次实现无盲区行波检测，故障定位误差小于 150m，成本降低 70%，在多个省级电网投入使用 800 余台（套）。研制了首个被我国复杂电网广泛使用的继电保护整定计算软件，在 23 家大型电力调度部门以及 1000kV 特高压等重大电力工程中得到应用。与此同时，还在电力系统储能、强遮断能力新型结构断路器等新的研究方向上取得了创新性成果。研究成果为电力系统安全运行提供了强有力的技术支撑，获国家技术发明奖二等奖 1 项、国家科技进步奖二等奖 1 项。

4）电力系统可靠性评估、风险辨识及优化控制研究。

大停电事件表明，缺乏计及运行环境和设备健康状态等因素的可靠性评估方法，缺乏风险辨识技术和预警机制，缺乏基于可靠性的优化决策和预案，是发生电力系统大停电的重要原因。由于电力系统是复杂非线性系统，其可靠性研究面临由于新型复杂设备（如：±800kV 直流输电系统、储能设备等）、广域时间尺度、大规模复杂结构、复杂运行模式等因素，所引起的可靠性计算的复杂性问题，新能源接入、可靠性参数等引起的可靠性不确定性问题，风险变化规律及其跟踪辨识方法的局限性问题，以及测量、保护系统与主系统的相互作用的风险评估等问题。

重庆大学可靠性课题组结合智能电网等国家发展的重大需求，围绕 ±800kV 直流输电工程、白鹤滩巨型电站等国家重大项目，将电力系统理论与可靠性理论、现代数学方法等相结合，从电力系统可靠性建模、可靠性计算复杂性、薄弱环节辨识和可靠性优化控制 4 个方面着手，针对核心科学问题和关键技术开展应用基础研究。项目成果已在 10 ~ 500kV 交流电网、直流输电系统、电站、电厂用电系统等得到广泛应用。

5）新型混合多馈入直流输电弱化交直流相互影响的机理与方法研究。

我国交直流电网具有大容量、长距离、高电压、强耦合的特点，规模化新能源的接入与消纳更加剧了电源与电网、网与网之间的相互依赖和相互影响作用。可以预见，在相当长时间内，以晶闸管换相换流器构成的高电压大功率直流输电为骨干，以电压源型换流器构成的中小功率直流输电为辅的局面仍将持续。随着特高压超大容量直流输送馈入点的增多，受端短路容量与直流输电功率比值越来越小，换相失败问题愈加突出，系统的安全稳定受到威胁。基于以上重大需求，华北电力大学国家重点实验室提出了新型混合直流输电系统的网架拓扑结构，为弱化交直流电网之间的相互作用和影响提供了全新的理论和方法[16]。针对传统高压直流输电运行独立性差和多馈入直流输电紧密相互作用的特点，提炼出基础科学问题和关键技术难题，从交直流系统的相互作用机理、弱化电网相互作用和影响的新型网架拓扑结构、混合直流输电系统的运行原理等展开研究，取得了原创性的研究成果。

该科研成果将电网换相换流器高压直流输电（Line Commutated Converter Based HVDC，LCC-HVDC）与电压源换流器高压直流输电（Voltage Source Converter Based HVDC，VSC-HVDC）相结合，提出混合双馈入或多馈入直流输电系统的新型拓扑结构，弱化电网交直流系统之间的相互作用与影响；提出了混合多馈入直流输电系统中，LCC-HVDC、VSC-HVDC 和交流系统之间相互影响相互依赖关系的评估理论和方法；鉴于传统 LCC-HVDC 对交流电网依赖性强及不能实现无源逆变的特点，提出了改善 LCC-HVDC 运行独立性的混合多馈入直流输电系统的协调控制方法；为改变传统 LCC-HVDC 不能参与电网黑启动的现状，提出了混合多馈入直流输电系统改善电网故障防御能力和加快电网恢复进程的控制理论和方法；针对代表 VSC-HVDC 发展方向的新型模块化多电平换流器（MMC）拓扑，研究了其直流故障穿越特性，并基于电路等效原理和矩阵解耦原理，提出了一种高效解耦建模方法。

（2）新能源发电并网关键技术

针对建设"资源节约型、环境友好型社会"的基本国策，近年来我国大力发展风能、太阳能等新型可再生能源发电技术。在保证电网安全运行的前提下，实现新型可再生能源的高效规模化开发和有效销纳，是目前该领域关注的热点问题。

1）大规模集中式可再生能源发电接入技术。由于可再生能源具有间歇性随机性的特点，大规模可再生能源集中发电接入传统电网，给电网的规划设计、保护控制与运行管理带来了一系列新问题，传统电网难以适应大规模可再生能源发电的接入，因此，研究大规模集中式可再生能源发电接入技术具有重要意义。据统计，目前建成的大型风电场约30%的机组由于各种原因没有并网发电，提高电网对大规模新能源接入的适应性和安全保障能力，已成为日益紧迫的任务。

2）分布式发电并网接入技术。分布式发电是指利用各种可用的分散存在的能源，包括可再生能源（太阳能、生物质能、小型风能、小型水能、波浪能等）和本地可方便获取的化石类燃料（主要指天然气）进行发电供能，是分布式能源最清洁、最高效的利用方式。

目前，我国已经研制出光伏发电并网系统、风力发电并网系统等可再生能源发电系统的逆变控制装置。但这些逆变控制装置功能单一，只能适用于独立分布式发电系统的并网控制，与微网系统的控制要求还有较大的距离。微网由于是多种能源的组合，供电和负载节点在地域上具有分散性，电能的传输具有波动性和不确定性，因此，要求微网中的逆变电源能够适应这些条件的变化，具有强鲁棒性和快速性，且要求可实现电能的双向流动和灵活的潮流控制。现有的逆变产品和技术难以组成微网，难以满足微网系统稳定运行的需要。

（3）配用电技术

配电网直接面向用户，是保证供电质量与客户服务质量、提高电力系统经济效益的关键环节。但长期以来，我国电力系统存在"重发、轻供、不管用"的现象，配电网投资欠账多，造成配电网网架薄弱、自动化与智能化水平低，是目前制约供电质量、运行效率、客户服务水平提高的瓶颈。

当今经济社会的快速发展和科学技术的不断创新，给配电网带来了许多新的问题：高科技设备的大量应用对供电可靠性和电能质量提出了更高的要求；大功率冲击负荷、非线性负荷以及大量电动汽车充电站数量的增加，使未来电能质量控制难度更大；可再生能源发电、储能装置等分布式电源在电网中的渗透率日益提高，给配电网设计、保护控制、运行管理带来困难；城市中日益紧张的空间资源，促使配电网主设备的资产利用率需要得到较大提升；随着配电网智能化水平提高以及与用户交互程度的逐步深入，使配电网自动化与设计分析系统面临海量数据的处理、共享问题，而分布式电源、柔性配电设备等的加入，更增加了问题的复杂性。

近年来，随着电网规模不断扩大，短路容量也随之日益增加，尤其在经济较发达的重负荷地区，短路电流已经达到甚至超过了开关设备的遮断容量，成为影响电网安全可靠运行和制约电网发展的重要因素。我国目前研究较多的故障限流器，其中研究最多的是固态限流器和超导限流器。

（4）电力电子技术在电力系统中的应用

电力电子技术最开始引入电网是通过柔性交流输电系统（FACTS）和高压直流输电系统（HVDC）。FACTS技术能对交流输电系统的某个或某些参数进行控制，提高输电系统的可控性和传输容量。HVDC传输损耗低，没有无功引起的电压问题，非常适合远距离或通过电缆输电。近些年，电力电子设备在风力发电、光伏发电和电池储能系统的电网接入中起到了重要的作用，电力系统具备灵活和智能可控性必然需要通过电力电子设备实现。

电力系统柔性控制技术泛指利用先进电力电子技术和设备提高电力系统输电能力、改善电能质量的一类技术统称，主要包括柔性交流输电（FACTS）技术和柔性直流输电技术（Flexible HVDC or VSC-HVDC）。

1）柔性交流输电技术。

柔性交流输电技术是以电力电子设备为基础，结合现代控制技术来实现对原有交流输电系统参数及网络结构的快速灵活控制，从而达到大幅提高线路的输电能力和增强系统稳定性、可靠性的目的。柔性交流输电装置可以快速灵活地控制交流电力传输中的电压、功角和阻抗等参数，提高系统的暂态稳定性和电压稳定性、提高电网的传输容量、按需控制电网潮流、阻尼系统振荡、限制短路电流，防止连锁性（cascading）故障和大范围停电事故等。FACTS技术出现于20世纪70年代，随着电力电子器件和技术的发展得到不断发展。在智能电力系统的概念出现后，FACTS的这些功能也正与智能电力系统的可靠、安全、经济、高效、环境友好和使用安全等目标相符合，也体现了FACTS装置将作为智能电力系统控制的执行操作设备。

随着电力电子技术的快速发展，特别是高压大功率可控关断电力电子器件的不断涌现，FACTS器件已从原有的基于半控器件的静止无功补偿器（SVC）、可控串联补偿器（TCSC）发展到现在的基于可关断器件的静止同步并联补偿器（STATCOM）、统一潮流控制器（UPFC）等。近年来我国在基于大容量电压源变流器的FACTS装置的研究和应用方面也取得了显著的研究进展。2000年，清华大学研制成功基于GTO的20MVA新型静止无功发生器，使我国成为少数具有大容量STATCOM装置自主研发能力的国家之一。2006年，清华大学与上海电力公司和许继电气合作成功研制了上海西郊站±50Mvar链式STATCOM，并且在2010年成功研制35kV直挂式链式STATCOM，使我国成为链式多电平技术及其STATCOM技术的领先者。2011年，南方电网公司、荣信电力电子有限公司和清华大学等合作完成的±200Mvar链式STATCOM也在南方电网公司投入运行。

2）柔性直流输电技术。

目前虽然我国大力发展风力发电，但是风电的远距离输送能力已经成为发展的瓶颈，很多地方已经出现了"窝电"的现象，迫切需要更为灵活可控的先进大容量输电方式。直流输电技术具有输电线路造价低、损耗少、线路走廊较窄、输送容量和距离不受同步运行稳定性限制等优点。但是传统的高压直流输电方式采用的是晶闸管换流阀，必须借助受端电网电压换相，无法向小容量系统或无源负荷供电，还需要大量的无功补偿和滤波装置，一般只适用于远距离大容量输电、海底电缆输电和异步联网等场合。

近年来我国也在柔性直流输电技术方面开展了研究和示范工程。中国电力科学研究院和上海电力公司所研制的上海南汇风电场柔性直流输电工程在2011年正式投入运行，工程容量为20MVA，采用了MMC换流器技术，用于联结南汇风电厂和书柔换流站。2011年起，南方电网公司和清华大学等单位承担了国家"863"计划课题"大型风电场柔性直流输电接入技术研究与开发"项目的研究任务，并在南澳岛建设 200MW 的三端柔性直流输电系统。在这个示范工程中采用了 MMC 换流器拓扑结构。国家电网公司也在舟山开展了多端柔性直流输电工程。

（5）电力系统规模储能技术

可再生能源发电时，功率、电压和频率波动大，且会冲击电网，需要发展配套的储能技术。储能技术在输电、配电、用电等领域也可发挥重要作用：在输电环节，可以为电网安全稳定运行提供调频、调压以及功率控制等功能；在配电环节，可提供电能质量控制、动态无功支撑、黑启动、热备用等功能；在用电领域，可提供错峰用电、应急电源等功能。储能技术地广泛应用有望改变电能无法大量储存的现状，是未来电力系统调控发、输、配、用等环节的关键技术，是落实节能减排重大国策的重要途径之一。因此，储能技术的研发意义非常重大，而且非常迫切。

目前国外并网运行的电池储能电站大多侧重一种或相近的一两种功能模式。清华大学研究开发的电池储能系统高级应用控制软件包考虑了储能电站削峰填谷、孤岛检测、动态调频、动态调压、新能源接入、电能质量治理等多种功能模式的控制策略及其参数选取规律，实现了电池储能站多种高级应用功能的综合协调管理方案，有效解决了储能电站多种运行模式之间可能存在功率需求不一致的矛盾，已成功应用于南方电网深圳宝清电池储能站。

可用于规模储能的化学电源技术是以化学能为中介转换电能的器件构建及其相关技术，因化学电源具有能量转换效率高、系统设计灵活、充电／放电转换快、系统选址自由等诸多优势，已成为大规模蓄电领域的首选技术。有望用于规模储能的化学电源体系包括铅酸电池、液流电池、锂离子电池、金属氢化物镍电池、钠硫电池等，其性能各有优缺点。铅酸电池比能量较低、循环寿命短，但其安全性好、成本低，目前占有较大的市场份额。金属氢化物镍电池比铅酸电池高约 50%，100%DOD 可以循环 800 ~ 1000 次，但其正负电极材料成本居高不下，用于规模储能的性价比较低。锂离子电池能量密度较高，100%DOD 情况下循环寿命可达 1000 次以上，但其成本较高，安全性仍没有很好地解决。钠硫电池循环寿命较高，但需要在 300℃ 左右运行且不能停机，安全性也需要深度考验。液流电池循环寿命极长，虽然比能量稍低，但规模储能的性价比很高。综合来看，改进的铅酸电池（铅炭电池等）、金属氢化物镍电池、锂离子电池及液流电池是规模储能技术的发展方向，具有较强的应用基础、较高的性价比和较好的技术成熟度。用于规模储能时，化学电源须具有高安全性、高转换效率、长循环寿命、低成本，还要求组合成高电压、高功率应用体系时保持高安全性、高转换效率、长循环寿命、低成本，因此，化学电源技术还需要在机理、应用基础和产业化方面开展深入研发。

（6）智能电力系统技术

如何将各种信息新技术与传统电力系统有机结合，促使电力系统结构、保护与控制、运行与管理等各方面发生革命性变化，以满足社会经济发展需要，已成为当今电力技术研究的重大课题。只有在电力技术上实现新的变革，才能满足社会对电力系统建设及运行的新要求。在节能减排、低碳经济成为全球关注焦点的大背景下，智能电网建设意义重大，它将为我国向低碳、高效、数字化社会发展提供强有力的技术支撑。智能电网是建立在集成的、高速双向通信网络的基础上，通过先进的传感和测量技术、先进的设备、先进的控制方法以及先进的决策支持系统技术的应用，实现电网的可靠、安全、经济、高效、环境友好和使用安全等目标。智能电网涵盖技术领域很多，我国智能电网发展应重点关注智能电网安全保障关键技术、可再生能源发电并网关键技术、可靠优质高效的智能配电技术、配电与用电智能互动集成技术和智能电网中的量测和通信技术问题。

2011 年度国家"863"计划在先进能源技术领域的智能电网重大专项中，投入数亿元设立两个方向共 7 项课题来开展智能配用电关键技术的研发。其中，研究方向"支撑电动汽车发展的电网技术"中包含课题"电动汽车智能充放储一体化电站系统及工程示范"、"电动汽车充电对电网的影响及有序充电研究"和"电动汽车与电网互动技术研究"；研究方向"智能配电与用电技术"中包含课题"智能配电网自愈控制技术研究与开发"、"灵活互动的智能用电关键技术研究"、"智能配用电信息及通信支撑技术研究与开发"和"智能配用电园区技术集成研究"。这些课题均主要面向分布式电源、储能、电动汽车等新元素接入后有源配电系统与电源／负荷进行充分交互的相关技术，目的是提升配电网运行的可靠性、经济性、资产利用率和可再生能源接纳水平。

（三）高电压与绝缘技术

1. 高电压新技术

（1）特高压套管

近年来，我国特高压工程建设进入到快速发展期，到 2020 年，我国将建设"五纵五横一环网"特高压交流和 13 回 ±800kV、1 回 ±1100kV 特高压直流输电工程，对特高压变压器、电抗器、换流变和阀厅用特高压套管需求极大。特高压直流套管设计制造技术是本学科领域的世界难题，其电气绝缘结构中各种介质特性复杂，涉及材料配合、界面处理、树脂浸渍、均压屏蔽、电场、热场均匀化、局部放电量抑制和结构优化设计等关键技术问题，在材料性能、结构设计、制造工艺、试验技术等方面均极具挑战性和创新性。然而，特高压套管关键技术被国外 SIEMENS、ABB、NGK 等公司垄断，严格限制向中国转让，因此特高压套管已经成为制约我国特高压主设备研制的瓶颈。

我国科研人员在特高压套管环氧复合绝缘性能提高、复合界面性能改善和空间电荷抑制研究的基础上，深入研究了特高压套管材料、结构、工艺、设计、制造、试验等关键技术，形成了具有自主知识产权的技术体系，掌握了特高压套管的核心技术。攻克了特高压交、直流工程用大型套管的关键技术和特高压输电线路及电站设备的均压技术，攻克了材料配合、界面处理、树脂浸渍、均压屏蔽、电场、热场均匀化等多项技术难题。成功研制出了特高压 1100kV 交流套管和 ±800kV 直流套管，2011 年 10 月通过了国家科技部支撑计划项目验收，2012 年 12 月通过了国家能源局组织的技术成果鉴定，专家组认为该技术成果达到国际先进和领先水平，研制成功的特高压套管打破了国外垄断，产生了重大的社会效益和经济效益，实现了特高压套管产业化，成为代表国际领先水平的标志性成果。

针对我国特高压套管用环氧/纸、环氧/填料复合材料，开展了介电性能、理化性能、浸渍性能、固化性能和老化性能研究，以及环氧复合材料空间电荷特性和闪络、击穿特性研究。开发了系列具有自主知识产权的特高压套管用材料配方体系，得到了套管复合材料的热膨胀系数与温度的变化规律和击穿特性，解决了套管在实际运行中产生开裂，导致击穿的关键技术；建立了国内领先、世界一流的特高压套管研发平台和试制基地，研制了具有自主知识产权的特高压套管制造系统，突破了特高压套管大长径比制造系列关键技术，为特高压套管的研制和性能的进一步提升提供了重要的技术支撑。

（2）大容量电弧放电基础理论及应用研究

大容量电弧放电基础理论的研究对于提高特高压交直流输电系统的运行性能和可靠性具有重要意义。近年来，西安交通大学电力设备电气绝缘国家重点实验室围绕多场作用下的大容量电弧放电基础理论开展了大量研究工作，建立了综合考虑多种物理场相互作用的电弧放电磁流体动力学模型，通过非线性场的高效耦合计算，实现了电弧放电现象的仿真分析，结合实验测试获得了电弧放电物理过程的相关内在机理，并提出利用磁场、气流场以及结构和外部电路参数相配合对电弧放电进行调控的方法和策略[4]。指导研制的额定电压 12kV、额定电流 6300A 发电机保护真空断路器，提高开断能力 25% 以上，达到世界领先水平；指导开发了具有国际领先指标的 126kV、开断容量 40kA 高电压等级真空开关，额定电流达到 2500A，超过日本明电舍公司的产品（额定电流 1600A），达到世界领先水平；围绕未来全电舰船发展的需求，研制出 4kV/70kA 世界最大容量中压直流断路器，在空气介质直流开断领域达到世界领先水平。指导开发了我国第一台 1000kV 特高压断路器，已应用于特高压示范工程。

（3）暂态过电压抑制技术

为了提高我国交直流特高压输电工程建设的经济性和运行的可靠性，需要研究特高压输电的暂态过电压及接地系统。清华大学与南方电网科研院合作在实验室中首次观测到了导线和地线上逐步发展的上行先导，并确定了上行先导的发展速度，为上行先导模型的建立奠定了物理基础，提出了全波过程的电力系统雷电暂态分析方法，克服了传统的雷电过电压分析方法中简化模型带来的较大误差问题。实现了特高压 GIS 中 VFTO 的全时间过程（200ms）、宽频带（0.003Hz ~ 116MHz）和多空间测点（5 个测点同步）的测量，并提出了强化集肤效应抑制特快速暂态过电压的方法。清华大学研制成功了用于高电压瞬态强电场测量的光电集成电场传感器，为高电压学科提供了一种全新的研究手段，应用于国内顶尖高压实验室的科学研究，并以之为基础手段开展了特高压直流换流站阀厅空气间隙闪络机理及其净距计算模型与方法研究，将部分阀厅空气间隙尺寸从 8.4m 缩小到 7m，可有效降低工程造价[5]。

（4）过电压防护的雷电流测试关键技术

过电压防护是电力输配电、电子与通信、航空航天及国防建设安全运行的重要保障，雷电流测试设备是过电压防护的核心。对雷电的形成发展过程的研究有助于揭示雷击造成事故的原因。通过分形雷电通道几何性质物理过程的研究，揭示了长空气间隙先导放电微观物理过程的雷电屏蔽失效机理及影响因素，提出了采用雷电梯级先导的噪声调控来描述流注发展以及分形生长的基本理论，建立了雷电通道的分型模型以及雷击输电线路的三维分析模型，获取了复杂地理环境下雷电发展过程中空间及地面雷电电磁场的时空分布。

近年来，围绕过电压防护的雷电流测试技术开展了大量研究工作，提出了不同测试对象、不同波形雷电流测试回路参数的归一化设计方法，实现了雷电流测试回路参数的精确设计；提出并设计了真空触发开关初始等离子体的测量方法和测量系统，发明了基于高介沿面闪络的真空放电开关、大通流容量无感波形形成电阻及滑动式波形形成电感等雷电流测试回路的核心器件；发明了基于双电压传感器的差动输入的测量方法和雷电流多参数数字测量装置；解决了雷电流测试对象种类繁多、高性能以及测试设备长期稳定可靠运行所涉及的核心器件、控制技术与测量技术等关键技术难题。

（5）脉冲功率技术

脉冲功率技术是将存储的能量向特定负载快速释放，从而形成高功率脉冲输出的技术。利用该技术可以产生超强的力、热、光、辐射等极端物理条件，在惯性约束聚变、新概念武器、环境保护、医学等国防及民用高技术领域有广泛的应用和发展前景。在脉冲功率方面，超高脉冲功率、小型化和高可靠性等应用是脉冲功率技术的发展趋势。PTS（Primary Test Stand）装置是中国工程物理研究院自主研发、规模亚洲最大的超高功率强流脉冲实验装置，最大输出电流 10MA，脉冲上升时间约 90ns。该装置可开展 Z 箍缩物理、磁驱动超高压物态方程、内爆动力学、辐射输运、辐射特性等基础科学问题研究。华中科技大学对基于电容器和脉冲发电机两种类型的高能量脉冲功率技术，系统地开展了高密度储能、高功率开关等关键单元和紧凑化集成的研究工作[6]。其中储能密度为 2.0kJ/L 的干式高储能密度脉冲电容器已批量生产，并广泛用于电磁发射试验等国防领域和高压电能计量等民用领域中。气体开关通流能力达到 570kA，寿命达到 360kC，用于"神光 3"主机装置中。高频、高压大惯量感应子式脉冲发电机及车载电源系统，储能密度达到 30MJ/m³。西安交大针对采用 Z-pinch 技术面临功率脉冲传输与汇聚的电压、电流和功率密度达到甚至超越材料物理极限，以及真空沿面绝缘、电源与负载之间耦合关系等关键问题，在驱动源气体开关、功率脉冲的传输建模与优化设计以及汇聚中的真空沿面闪络等关键技术研究方面取得重要进展，为驱动源研究提供了重要支撑。中科院电工所近年来先后开展了气/液/固等电介质及真空沿面等条件下的纳秒脉冲击穿特性研究，提出气体击穿重频耐受时间和施加脉冲个数的测量新方法，获得重频纳秒脉冲下气体击穿相似性规律曲线，开展纳秒脉冲下真空沿面闪络技术特性实验，获得绝缘材料的电树枝老化特性数据，为脉冲功率技术应用等领域提供了重要的基础实验数据参考。

（6）放电等离子体技术

在放电等离子体技术方面，清华大学气体放电实验室通过实验研究提出了均匀放电的判断方法；根据流注形成条件和电子雪崩的数值模拟，提出了大气压均匀放电的产生条件和形成机理；通过放电数值模拟，发现并解释了倍周期分岔、混沌和多脉冲等大气压均匀放电中的一些新现象。发现介质阻挡放电结构下获得的大气压均匀放电是汤森放电，提出并实现了一种测量大气压下气体碰撞电离系数等重要物理参数的新方法，实验测量了大气压惰性气体、氮气、空气中的电离系数曲线。中科院电工所近年来开展大气压纳秒脉冲放电特性研究，建立了纳秒脉冲放电 X 射线能谱分布在线测量系统，测得纳秒脉冲下空气放电 X 射线辐射特性，研究了纳秒脉冲弥散放电及与逃逸电子和 X 射线辐射的关系；发现高压大电流的单极性纳秒介质阻挡放电特性，获得纳秒脉冲放电高速摄影时域发展过程；并将自主研发的小型化脉冲功率源推广到不同的应用领域。华中科技大学开发了长达 11cm 的室温等离子体射流装置，研制了安全的脉冲和直流高压驱动空气等离子体射流，研究了等离子体与癌细胞作用机理，并将等离子体用于牙齿根管治疗。

2. 绝缘材料与绝缘技术

（1）纳米电介质材料

未来智能电网将极大地促进直流输电技术的广泛应用，而直流电缆的制造则是一大难题。上世纪，直流高压电缆全部是油纸绝缘电缆，其缺点是制造工艺复杂、成本高、维护困难。传统的交流交联聚乙烯（XLPE）绝缘材料工作在交流电场下，但如果工作在高直流电场条件下就会面临新的问题：在高电场作用下，XLPE 绝缘材料中会积聚大量空间电荷，这些空间电荷的存在，会对电缆绝缘产生显著的破坏作用，从而严重影响电缆整体的服役特性。因此，如何抑制空间电荷以避免其引起的电场局部畸变，以及其导致的加速破坏作用，提高抗老化性，延长使用寿命，是发展新型直流高压聚合物绝缘电缆材料必须解决的难题。

现有研究结果充分显示，利用无机纳米颗粒与聚乙烯进行复合，构成聚乙烯纳米复合材料，能够使复合材料的整体性能满足直流电缆绝缘材料的特殊需要。在复合材料中，必须使无机相以纳米尺度分散在聚合物，因为无机相只有保持在纳米尺度，才能做到在不牺牲复合材料机械及加工性能的前提下，使材料的电学性能，尤其是空间电荷抑制特性获得显著提高。聚乙烯纳米复合绝缘材料能抑制空间电荷、提高复合材料的击穿强度与抗老化能力、延长寿命、提高运行安全可靠性。这为开发特/超高压直流电缆和特种电缆绝缘材料提供了一种新的选择，并在实际中得到初步应用。

在纳米电介质材料的电荷输运特性方面，建立了纳米电介质交互区势垒和电荷输运模型，成功解释了随着纳米颗粒添加量的增加，纳米电介质介电常数先降低后升高、电导率先减小后增大及击穿强度先升高后降低等实验现象，为纳米电介质电荷输运特性的改善和老化击穿性能的提高提供了理论依据。初步研究了纳米粒子的表面修饰对复合体系均匀分散及特性的影响，为大规模纳米复合材料的制备奠定了基础；应用纳米电介质交互区势垒和电荷输运模型，成功研制了具有空间电荷抑制功能的新型直流电缆绝缘料和具有抗内带电特性的新型空间介质材料；采用油酸对 Fe_3O_4 纳米粒子进行表面改性，制备了纳米植物绝缘油，发现了纳米粒子在电场中的充电时间远小于流注发展时间，建立了纳米植物绝缘油中的击穿模型。

（2）环境友好植物绝缘油

植物绝缘油是一种新型液体电介质，其应用价值体现在三个方面：一是植物绝缘油具有可再生、可降解、无毒害的特点，是环保型液体电介质，可解决变压器油泄漏造成环境污染的问题；二是植物绝缘油为难燃油，燃点高于300℃，可替代环氧树脂用于高燃点变压器的制造，解决废弃变压器中环氧树脂不易回收造成环境污染的难题；三是植物绝缘油原料来源广泛，为废弃食用油的回收利用提供了新途径，以"地沟油"为原料制取植物绝缘油，对于防止"地沟油"进入食品工业和餐饮业，具有较高的经济效益、环境效益与社会效益。

针对国际上植物绝缘油研究中面临的问题和自身研究中的难点问题，我国科研人员深入系统地研究了高稳定植物绝缘油的制备方法，对植物绝缘油及其油纸绝缘的介电性能、击穿特性、老化性能及相关模型进行了深入系统的理论与试验研究，开展了植物绝缘油在电力变压器中应用的研究工作。同时，拓展了植物绝缘油的研究工作，研究了纳米植物绝缘油的制备方法、介电性能与分散稳定性。以菜籽油和山茶籽油为原料，在国内首次成功研制出具有良好理化、电气和氧化安定性的植物绝缘油，工频击穿电压达到70kV，起始氧化温度达到190℃，凝点达到 −30℃，各项性能指标达到国外同类产品先进水平；提出并建立了植物油纸绝缘的幂函数和指数函数的电寿命模型，发现植物油浸纸比矿物油浸纸具有更高的电寿命。研制出具有延缓绝缘纸老化性能的混合绝缘油，探索出提高充油电力设备的安全可靠性、降低设备全寿命周期成本的新方法；分析结果表明，植物绝缘油中特征气体含量与矿物绝缘油中特征气体含量具有显著差异，已有的矿物绝缘油变压器油中溶解气体分析标准不适用于植物绝缘油变压器故障诊断。此外，由于不同类型的植物绝缘油中各成分含量具有一定的差异，导致植物绝缘油中特征气体的含量具有显著差异性。

（3）有机外绝缘和恶劣环境输电线路故障形成机理与防治方法

国际上，任何一个新电压等级的出现，在其运行初期往往伴随着诸多的故障和运行事故。特高压输电更是被视为挑战高压输电极限的工作。百万伏级交流特高压输电在国际上没有成功的稳定运行经验，±800kV级特高压直流输电在国际上更是没有任何可借鉴的运行经验。

通过对特高压工程所需的大吨位复合绝缘子进行了大量的短时破坏强度研究和长时间机械性能（蠕变性能）的研究，提出的复合绝缘子的试验标准和接收判据研究结果直接指导了我国1000kV交流和 ±800kV直流特高压工程的设计，我国成为第一个在交直流特高压输电工程中实现以有机绝缘为主的国家。开展了复合绝缘子多因素老化试验方法研究，发现了复合绝缘子的憎水性、耐漏电起痕性和爬电比距是影响复合绝缘子运行性能劣化的关键因素。制定了基于抽样状态判断的长期运行维护策略，以确保复合绝缘子的可靠运行。交直流特高压工程安全运行至今，避免了国际上新电压等级运行之初频繁故障的局面，说明了以有机外绝缘为主的技术路线的成功。

在高海拔污秽影响下，输电线路外绝缘放电基础理论方面，分析了高海拔污秽绝缘子放电过程，提出海拔越高气压越低，放电过程中局部电弧飘弧现象越严重；发现放电过程中局部电弧由沿面电弧和空气间隙电弧两部分组成；根据其电弧特性差异与得到的电弧特性常数，建立了以沿面电弧和空气间隙电弧串联为特征的高海拔污秽绝缘子放电的物理数学模型，揭示了沿面放电的本质规律，提出污秽程度影响特征指数值为常数。提出影响高海拔污秽绝缘子闪络电压的根本因素是污秽程度、所处海拔高度的气压和环境温度，从理论上证明高海拔污秽绝缘子闪络电压与表征海拔高度对外绝缘影响的气压之间满足幂函数规律，提出了高海拔污秽绝缘子 50% 放电电压校正方法。

分别对绝缘子串覆冰和导线覆冰的外绝缘特性进行了研究，研究分为两部分。在对绝缘子串覆冰的研究中发现，覆冰量作为表征绝缘子覆冰程度的特征参量最合理，绝缘子串电弧距离的 2/3 被冰凌桥接则覆冰饱和，冰闪电压最低且与电弧距离呈线性关系，而冰凌未桥接伞裙时冰闪电压与串长呈非线性；揭示了电场对绝缘子覆冰影响的规律和绝缘子不带电覆冰闪络电压低的原因，即与实验室不带电覆冰相比，运行中带电覆冰的密度较低，覆冰松散，导致冰闪电压高。发现导致绝缘子冰闪的根本原因是污秽和覆冰的综合作用，即覆冰过程中染污和覆冰前污染，覆冰、污秽和海拔是影响恶劣环境中电气外绝缘特性的基本因素；由于绝缘子人工覆冰的形态难以控制，而自然覆冰绝缘子形态多样，导致试验和运行中无法表征污秽和覆冰的综合影响，首次提出了污冰参数（ISP）的概念，即采用覆冰水电导率与单位电弧距离覆冰量的积（ISP）为特征参量表征覆冰与污秽综合作用对冰闪电压影响的特征参量，从而提出恶劣环境绝缘子放电电压预测模型与计算方法。揭示了绝缘子串布置方式对冰闪电压的影响规律，发现布置方式对冰闪电压影响显著；水平布置冰闪电压最高，垂直布置最易闪络。

在输电线路覆冰、融冰和脱冰机理以及覆冰防治方法方面，通过重庆大学雪峰山自然覆冰试验基地持续五年的试验研究，发现电网装备覆冰是由温度、湿度、冷暖空气对流、环流以及风等因素决定的综合物理现象[7]；提出电网装备覆冰必要条件和不同覆冰类型形成条件。由于覆冰恶劣环境条件下气象和覆冰参数的不可测性，以及现有覆冰监测装置不能满足工程应用要求，首次提出基于多导体的覆冰量和覆冰厚度计算方法。通过大量的实验室和现场试验，提出导线融冰包含导线冰层融化、冰层旋转和冰层脱落三个阶段，因此建立了各种环境参数条件下导线融冰时间、电流的计算方法。首次提出了分裂导线传输电流智能循环的防冰方法。发明了采用智能控制方式的分裂导线输电线路负荷电流转移的融冰方法，达到正常供电实现自动融冰防冰的目的，解决了采用短路融冰存在的中断供电、无目的性和装置高成本、大型笨重装置技术难题。该方法可应用于 2 ~ 12 及以上分裂导线输电线路，可应用于输电线路的任意局部覆冰的耐张线段。

（四）电力电子技术与电力传动

电力电子与电力传动学科是一门交叉学科，涉及电力、电子与控制等多学科领域，主要研究新型电力电子器件、电能的变换与控制、高性能功率电源、电力传动及其自动化等理论技术和应用，是综合了电能变换、电磁学、自动控制、微电子及电子信息、计算机等技术的新成就而迅速发展起来的交叉学科，对电气工程学科发展和社会进步具有广泛的影响和巨大的推动作用。

电力电子技术涉及电磁能量的变换、控制、输送和存储，通过半导体功率开关器件对电能进行高效率变换，获得所希望的高品质电能。电力电子技术产业涉及上、中、下三个层面的产业链：电力电子元器件（上游）、元器件构成的电力电子装置（中游）、以装置为基础的电力电子技术在各行业的应用（下游）。该技术产业覆盖了几乎所有关系国民经济发展和国家长久安全的国家关键技术领域，如材料、制造业、信息通信、航空和运输、能源和环境。在《国家中长期科学和技术发展规划纲要》中，电力电子装置将被广泛地应用和渗透到所规定的"重点领域及其优先主题"中的能源、环境、装备制造业、交通运输、国防；"前沿技术"中的先进能源技术、激光技术、航空航天技术及"重大专项"中的核心电子器件、高档数控机床与基础制造技术等许多重要领域。所以说，电力电子技术已经成为社会发展和国民经济建设中的关键基础性技术之一。

近5年来，由于国家产业政策的扶持推动、经济发展的持续增长、节能减排的需求驱动、安全战略的纵深谋虑、信息化社会对电能品质的不断提高，推动着我国电力电子学科及其技术快速发展。电力电子学科在基础研究、技术水平、产业规模、产业链条完善和标准体系建立等方面都取得了斐然的成就，相应的电力电子技术在元器件研制和生产、装置拓扑和结构以及在其主要的应用领域，如电机变频调速、工业供电电源、新能源发电、电力牵引、电力输配电和绿色照明等方面，都取得了飞跃发展[8]。

1. 电力电子器件

我国电力电子器件及其产业已形成晶闸管类器件、装置、应用的成熟产业，达到国际先进水平。近5年来，IGBT/IGCT等新型电力电子器件及其应用得到迅速发展，已研制出自主产权的IGBT和IGCT器件，正在积极开展碳化硅、氮化镓等新型电力电子器件的研究。

（1）晶闸管类器件产业成熟，种类齐全，质量可靠，技术水平居世界前列

晶闸管和普通整流二极管是传统的电力电子器件，在许多关键领域仍具有不可替代的作用，尤其是随着变流装置容量的不断增大，对高压、大电流的高端传统型器件的需求巨大。通过技术上不断探索与追求和引进消化国外技术，使我国晶闸管的研发能力和制造产品质量达到世界先进水平。西安电力电子技术研究所通过对ABB技术的消化—吸收—再创新，已实现了5英寸7200V/3000A电控晶闸管的产业化，并反向ABB提供芯片研制成功5英寸7500V/3125A光控晶闸管，6英寸8500V/4000A～4750A电控晶闸管，成功应用于±800kV直流输电线路，其应用成果于2011年获得国家科技进步奖一等奖。株洲南车时代电气公司研制成功6英寸晶闸管，应用于高压直流输电工程，获得2010年国家科技进步奖二等奖；在国产GTO器件的基础上，研制成功4500V/4000A高压集成门极可关断晶闸管IGCT，获得2012年中国电工技术学会科学技术奖一等奖，这些都为国产大功率变流器的研制奠定了基础。

（2）研制成功高频场控器件IGBT/MOS并形成产业化

国家发改委2007年和2010年分别发布了《关于组织实施新型电力电子器件产业化专项有关问题的通知》，在科技部2009年国家科技支撑计划重点项目"电力电子关键器

件及重大装备研制"和工信部 2007 ~ 2010 年四年连续发布的电子发展基金中，重点支持 IGBT 芯片、模块及 FRED、MOSFET 等芯片、封装的研发和产业化，为自主开发 IGBT 芯片和器件打下了良好基础[9-10]。

国内已开起或正在建设 IGBT 芯片和模块加工生产线，200V/100A 的 MOSFET 和 1200V/100A 的 FRD、1200V/100A 的 IGBT 芯片、600 ~ 1700V/100 ~ 1200A 的 IGBT 模块已可以批量生产。通过控股国外半导体公司获得 IGBT 器件的制造技术，已可以生产 600 ~ 3300V/100 ~ 2400A 的 IGBT 器件，并且进一步建立的 6 英寸 IGBT 芯片生产线已扩大生产规模。采用国产 IGBT 器件所制造的装置，已在动车组的变频器、风力发电的逆变器、高压风机水泵的变频器、UPS、SVC、高频电焊机等中得到广泛的应用，替代进口。

（3）开始宽禁带半导体材料和器件的研制

宽禁带半导体材料，如碳化硅 SiC、氮化镓 GaN 等化合物半导体材料，具有优越的材料性能，制成的功率半导体器件的性能比传统的硅功率半导体器件有很大的提升，其优越的理论预计特性正引起业界的广泛关注。碳化硅材料优越的特性可以让碳化硅高压器件（600V 及以上）拥有远胜于现有的硅器件特性。氮化镓拥有独特的异质结二维电子气结构且能在大尺寸硅基片上生长，具有很大发展潜力。

在"863"计划支持下，在前期工作的基础上我国已经着手研制产品级的 SiC 和 GaN 器件，如正在研制的碳化硅器件容量等级为 1200V/20A 和 1200V/50A 两种型号的二极管芯片和场效应管单芯片，研制的氮化镓器件容量等级为 200V/25A 和 600V/10A 两种型号的二极管芯片和场效应模块，1200V/5A 场效应单管芯片等。

2. 电力电子装置与应用

（1）电力电子技术基础理论和设计方法取得重要突破

电力电子学科是半导体器件、电子电路及其控制等多门学科的结合，长期以来，"理想开关、集中参数和信号 PWM 调制"一直是其主要的设计、分析和控制方法，实际应用中存在"器件模型理想化、拓扑结构线性化、瞬态过程不清、分析方法欠缺、失效机理模糊"等基础理论问题。近 5 年来，人们对电力电子学科的基础理论问题予以了很大的关注，国家自然科学基金、"863"计划及国家支撑项目都给予了极大的支持，在电力电子学科的基础理论研究方面取得了有意义的进展。

2008 年以来，由清华大学、浙江大学等单位共同承担的国家自然科学基金中的重点项目"大容量特种高性能电力电子系统理论与关键技术研究"就从电磁能量变换、瞬态换流回路以及系统可靠性的新视角提出了一整套大容量电力电子变换系统电磁瞬态分析方法；深入研究了大功率器件开关瞬态建模与应用特性、分布杂散参数的提取及影响、不同时间尺度的电磁脉冲过渡过程、系统瞬态能量平衡关系等问题；建立了器件与装置、集中参数与分布参数以及控制与主回路之间的定量关系，开创了大容量电力电子变换系统设计、分析和控制的新思路。采用该理论研究成果先后研制了 650 ~ 5000kW/6kV 高压大容量多电平变换频器、15 ~ 315kW/400V 系列低压高性能牵引变换器，以及 3 ~ 500kW/400V

系列高性能光伏并网逆变器，并走向了国内外市场，取得了很好的经济效益和社会效益。相应的应用成果分别获得了 2008 年和 2012 年中国电工技术学会科学技术奖一等奖。该研究成果对大容量电力电子变换系统的研究具有重要的理论意义和实用价值。

（2）国产变频器制造技术水平与发达国家的距离在进一步缩小

近年来我国变频器行业发展迅速，涌现了上百家企业，已掌握中小功率变频器的集成组装和制造技术，2009 年低压变频器总产值达到 120 亿元；高压变频器是电机节能热点，国产 IGBT 级联形高压变频器已占市场 60%，2009 年总产值超过 20 亿元。国产厂商在中小功率的风机水泵节能应用中大显身手，在大功率应用中也已经取得突破，在南水北调、西气东输等 8000kW 以上的超大功率场合，虽然外资厂商占据垄断地位，自主品牌的国产高压变频器也开始发力。如在 2011 年我国西气东输二线工程和 2013 年三线工程中，国产品牌分别获得 7 套 25MV·A 大功率变频系统和 6 套 25MV·A 大功率变频系统国产化合同。

在国家科技攻关项目的支持下，经过多年的艰苦努力，我国大功率交流调速技术研究已取得长足的进步，特别是以晶闸管器件为核心的国产交—交变频调速系统研制成功，并形成产业化，自主创新的国产交—交变频在钢铁和煤炭行业的重大装备中广泛推广应用，全面扭转了大功率交流变频传动装备长期依赖进口的局面。使我国在大功率交流调速理论研究、装备制造、工程设计与调试方面进入世界先进行列。

随着大功率电力电子器件的发展，采用 IGCT、IGBT 等新型电力电子器件的大功率变频器已成为趋势。清华大学研制成功的基于 IGCT 高压三电平变频调速系统已经产业化。冷轧机、机车牵引、电动机节能等重大装备需要高速运转、电网污染小的大功率交—直—交变频器。冶金自动化设计研究院研制成功的 7.5MW 大功率 IGCT 交—直—交变频调速系统，应用于国产高速磁悬浮试验线，成功牵引磁悬浮列车。

（3）高速铁路建设和运行快速提升我国电力电子装置的产业化水平

在我国实施的大规模铁路牵引装备技术引进工作中，中国北车集团承担了 CRH3 和 CRH5 等高速动车组，HXD2 和 HXD3 等大功率电力机车的吸收消化再创新工作，牵引变流器、牵引电机技术，牵引辅助变流器、充电机、功率模块、牵引电机技术，中国南车集团承担了 CRH2 等高速动车组，HXD1 等大功率电力机车的吸收消化再创新工作。到 2012 年年底，高速动车和电力机车的电力电子装置，如牵引变流器功率模块和牵引控制器、辅助变流器功率模块和辅助控制模块、充电机等，都已经具备设计、制造、试验能力。其中，以电力电子技术为核心内容之一的"时速 350 千米高速动车组"和"和谐型八轴大功率交流传动电力机车"获得了 2009 年的铁道技术学会的特等奖，"六轴 7200kW 大功率交流传动电力机车的研发及应用"获 2010 年国家科技进步奖一等奖。

（4）电力电子为高压直流输电和现代电网的建设奠定基础

电力电子与电力传动技术在输、配电中的应用是电力电子应用技术最具有潜在市场的领域，从用电角度，利用电力电子与电力传动技术可以进行节能改造，提高用电效率；从输、配电角度来说，必须利用电力电子技术提高输配电质量。电力电子技术在电能的发、输、配、用全过程都得到了广泛而重要的应用，如表 1 所示。

表 1　电力电子技术在电力系统中的主要应用

分类	应用装置举例
发电	发电机交、直流励磁装置，电厂用电故障监测及保护装置，串补装置，风力发电用永磁发电机变频调速装置，超大功率逆变并网系统等
输电	高压直流输电系统（包括：海上风力发电用岸上轻型高压直流输电装置等），灵活交流输电系统（包括：静止无功补偿器，静止无功发生器，潮流调节器等）
配电	有源电力滤波器、静止无功发生器，动态电压补偿器，电力调节器、电子短路限流保护器等
用电	大功率牵引、变频调速装置，核物理研究、磁悬浮配用大功率电源等

近年来，随着电力电子器件和变流技术的飞速发展，高压大功率电力电子装置的诸多优良特性决定了它在输、配电应用中具有强大的生命力。高压直流输电是现今世界上先进的输变电技术，目前国内直流输电市场主要以 ±500kV 超高压直流输电工程和 ±800kV 特高压直流输电工程为主，直流输电的核心设备——晶闸管换流阀也以用于这两种工程的产品为主。

目前国内有多条 ±500kV 直流输电工程运行情况良好，对国家西电东送和各大电网联网起到了重要作用。±500kV 及以下电压等级直流输电换流阀在设计、制造、试验和运行方面技术成熟，产品质量优良，同国外同行业先进企业的产品水平接近，同时，产品国产化率大幅度提高到接近 100%。

依托国家工程建设项目，西电集团开展了 ±800kV 直流输电工程换流阀的研究，完成了"云—广特高压直流输电工程光控晶闸管换流阀"和"向家坝特高压直流输电工程电控晶闸管换流阀"的设计、研发、生产和现场调试。云—广特高压直流输电工程已于 2009 年 12 月投产送电，向家坝特高压直流输电工程于 2010 年 7 月双极投运。用于这两项特高压直流输电工程的光控晶闸管换流阀和电控晶闸管换流阀均属于世界领先技术水平。

2011 年 12 月 16 日，由我国自主研发、设计、制造和建设的，目前世界上运行电压最高、输电能力最强、技术水平最先进的交流输电工程——1000kV 晋东南—南阳—荆门特高压交流试验示范工程扩建工程正式投入运行。扩建后，晋东南、南阳、荆门三站均装设两组容量 300 万 kV·A 的特高压变压器，线路装设 40% 的特高压串联补偿装置，具备稳定输送 500 万千瓦电力的能力。在此基础上，由清华大学联合南方电网、荣信公司联合研制的链式 35kV 直挂式 ±200MV·A STATCOM 装置于 2011 年在广州电网东莞 500kV 变电站投入运行，在容量电压等级、动态响应性能等方面都达到了世界领先水平，标志着我国 STATCOM 的技术水平已经进入国际前列。

（5）电力电子技术支撑了我国新能源产业的蓬勃发展

当前，国家启动了发展新能源的战略规划，将太阳能、热泵、水电与风电、生物质能、交通可替代能源、绿色建筑、新能源装备制造业、对外投资新能源发电等列为我国新能源发展的重点领域。我国将重点打造"十大新能源工程"。所有新能源发出的电，都必须通过电力电子技术变换才能达到使用的要求，其中发电系统成本的 1/3 ~ 1/2 是电力电子变换装置。

近年来，全球风电机组容量年增长达到35%。在"可再生能源发展规划"中明确提出2010年全国装机容量达到500万千瓦、2020年达到3000万千瓦的目标。据风电行业世界权威咨询机构BTM发布的《世界风能发展》数据，2009年，中国成为第一大风电装机市场。2012年我国新增装机容量为1296万千瓦，到2012年年底累计达到75324.42万千瓦。

双馈式变速恒频风电机组是目前国内外风电机组的主流机型。华锐风电科技于2010年10月宣布已经研制成功单机容量5MW的双馈风机。采用直驱变频器的发电机组有可能在以后的风电市场占据主导地位。国外直驱式风电并网变流器产品已趋成熟，但价格偏高。国内中压直驱式风电并网变流器产品正在研制之中。截至2012年底，我国集中式光伏发电并网电站的发电容量达到2000万千瓦，为世界第一。国产光伏并网逆变器已经成为主流。

（6）电动汽车的研究与发展，推动我国电力电子技术的发展

作为新能源汽车产业之一的电动汽车，采用蓄电池或其他二次电能存储装置，并只以电机提供驱动力，具有零排放、动力系统结构简单、效率较高、续航里程短等特点。电动汽车的电气驱动技术涉及电机学、电力电子技术、变流技术、自动控制理论等不同的学科领域。随着2009年11月首座电动汽车充电站——上海漕溪电动汽车充电站通过验收，国家电网、南方电网、中海油、中石油等都相继在13个试点城市启动了电动汽车充电站计划。2010年的上海世博会上使用了300辆国产示范运行电动车，并且全部采用国产的MOSFET电源模块，同时已有汽车专用的国产IGBT模块。2008年，由北理工大学牵头完成的"纯电动客车关键技术及在公交系统的应用"项目获国家科学技术进步奖二等奖，2012年度由中国科学院电工研究所牵头完成的"电动汽车用高性能永磁电机和驱动系统关键技术及其应用"获得中国电工技术学会科学技术奖一等奖等，标志着我国电动汽车电气驱动技术取得了关键突破。

在电动汽车用电机本体研究方面，国内重点关注与电动汽车运行工况相关的多物理场耦合电机设计方法、电机系统热管理、振动与噪声分析以及新结构电机等方面。在电磁分析方法方面不断创新，发展了满足多重目标和约束的电机电磁设计方法，和能有效处理复杂三维磁路结构的电机建模方法。在热管理方面，对脉宽调制导致的谐波铁损耗以及电机三维旋转磁化导致的铁损耗开展了深入研究，使永磁电机铁损耗模型对电机损耗的描述更为精确。从电机类型上看，对多相电机、分数槽集中绕组电机、轴向磁通电机、新型磁阻电机、混合励磁电机等开展了广泛的研究。

我国在先进的车用大功率电力电子装置集成和应用方面也取得了关键进展。"十一五"期间，在科技部"863"计划支持下，中科院电工所与江苏宏微、浙江嘉兴斯达两家公司在国内率先开展电动汽车用IGBT模块封装设计、封装工艺研究和模块测试研究等工作，已研制出600V/450A和600V/600A样品，现正处于实车验证阶段。在SiC器件方面，我国也一直在积极研究和开发。国内已经初步形成集SiC晶体生长、SiC器件结构设计、SiC器件制造为一体的产学研齐全的SiC器件研发队伍。在电机驱动控制器方面，各生产企业已开发出满足各类电动汽车需求的电机系统产品，获得了一大批电机系统的相关知识产权，学术界及时关注到电力电子系统集成这一重要发展趋势，相应地开展了电力电子系统集成的初步研究。

在车用电机的驱动控制方面，数字化控制在国内企业已基本得到普及。基于数字化控制技术，为了实现快速转矩响应、宽转速范围运行和电动发电多象限运行等复杂的运行特性，矢量控制技术、直接转矩控制技术与脉宽调制技术相结合的方法相继应用于电动汽车电机驱动控制并逐渐成熟，滑模控制、模糊控制、模型预测控制等智能控制技术也有大量的尝试和研究。

近5年来，我国相关领域的专业人才数量稳步增长。中国科学院电力电子与电气驱动重点实验室、清华大学电机系、南车时代电动汽车公司、上海电驱动有限公司、北京理工大学电动车辆国家工程实验室、同济大学新能源汽车及动力系统国家工程实验室、精进电动科技有限公司和大洋电机新动力科技有限公司等企事业单位逐渐培育出了该领域的重要研究团队。

（7）电力电子技术推动了国防现代化

电力电子技术在国防现代化领域获得重要应用，已成为该领域的核心技术之一，如海军工程大学研制的基于大容量电力电子技术的新一代航空母舰——电磁弹射，采用变频直线电机驱动，400MW大功率变频器，作为新一代武器装备获得重大突破；另外，还有采用大功率电力电子技术的电磁炮，大功率激光武器、航天特种电源等。北京交通大学、北京京仪椿树整流器公司与中国某空气研究院联合研制并成功投运了世界第三大容量的63MW航天用特种电弧电源，其输出电流特性精度达到了1‰。这些都标志着电力电子技术及应用的重要进展。

在现代国防装备中涉及的特种供电电源、电力驱动、推进、控制等核心技术，以及快中子堆、磁约束核聚变、激光、航空航天、航母等前沿技术中，超大功率、高性能的变流器及其控制系统到等必不可少的核心部件和基础，均涉及电力电子及其应用技术。

（8）电力电子变频已广泛应用于消费类电子和家电市场，"变频"家喻户晓

家用电器已经普遍采用电力电子技术，变频空调、变频洗衣机中的电机控制器；电脑及液晶电视等家用电器中的开关电源等，节能效果非常明显。如格力变频空调采用现代电力电子技术，在空调的关键技术上（包括自动转矩控制技术、软件全程功率因数校正技术、单芯片集成模块、自制变频压缩机）进行改革，取得了很好的应用成果。相比传统空调每台每年节电约440度，2011年荣获国家科技进步奖二等奖。

另外，我国目前的UPS市场十分繁荣，国际知名的品牌基本上都已进入中国，国外品牌在技术上有一定优势，但价格也较为昂贵，其主要市场份额集中在中大功率UPS市场（10kV·A以上）；近年来，国内一些优秀品牌在UPS市场异军突起，凭借在技术上的不断追求与本土化的生产服务优势，取得了令人瞩目的成绩，已经成为中小功率UPS市场的主力军。

（五）电工理论与新技术

1. 电路与电磁场

近年来，由于互联电网安全运行和稳定控制、大容量电力电子技术及其在电力系统无

功补偿和电能质量控制方面的应用、超高压电网、智能电网规划等实际需要，推动了电路理论及其应用的发展。湖南大学针对复杂电网络开展了分析综合与诊断研究，华侨大学在网络场论基础上提出了描述电磁场与电路的统一构想，武汉理工大学研究了有源网络可断性、可约性、能控能观性问题，常州大学针对最新实现的第四种基本二端电路元件（忆阻器）开展了忆阻混沌电路的研究。

近年来，涡流电磁场问题的解析方法取得了显著进展，以往解析法主要用于求解某些介质和场源都与正交坐标面重合的二维涡流问题，现在通过先后引入修正矢量位和二阶矢量位，就可以解析求解某些二维介质、三维场源的涡流问题。北京航空航天大学最近几年分别得到了铁磁管道外侧任意位置线圈激励下脉冲涡流问题和正弦涡流问题的解析解，用于铁磁管道的无损检测，取得了很好的实验结果。

目前，对于普通介质和场源的电磁场问题，电磁场数值方法日益成熟，已有一些商业软件被成功应用于工程问题。代表性的研究团队有华北电力大学、重庆大学、清华大学、河北工业大学、沈阳工业大学、西安交通大学、浙江大学、华中科技大学和中国科学院电工研究所等。对于复杂系统常涉及电磁场耦合分析，沈阳工业大学考虑外部电路、材料非线性、涡流影响以及运动等因素的影响，提出了高效准确地解决瞬态三维电磁场—电路—运动系统耦合问题的新方法。电磁系统设计的需要促进了电磁场逆问题的发展，浙江大学提出了电磁场逆问题鲁棒优化设计的单、多目标两种数学模型，解决了鲁棒性能参数快速计算的瓶颈问题，开发了交叉熵、粒子群以及多目标禁忌搜索算法。在大规模电磁场数值计算方面，针对现有串行软件难以胜任规模庞大的计算任务的问题，中国科学院电工研究所开展了 GPU 结合 CPU 的电磁场并行数值算法研究，实现了纳米工艺集成电路的互连寄生电容参数提取的有效加速。

工程电磁场问题的数值计算精度在很大程度上依赖于所研究区域中各种材料电磁特性参数的准确模拟，而材料的非线性、各向异性等特性研究均取得了显著成果，典型研究成果被国际电磁场分析方法验证指导委员会批准为反映电力变压器三维非线性涡流损耗和磁滞模型的第 21 基准问题。沈阳工业大学提出了电工钢片二维复数矢量磁滞模型，对环形叠片铁心损耗进行了有限元分析，比传统方法更合理。天津工业大学和河北工业大学等对电工磁性材料的三维磁特性检测和材料模拟技术进行深入研究，描述磁材料在工程应用中的磁化过程并建立磁滞模型和考虑旋转磁场的铁心损耗模型。

2. 超导电工学

随着我国在科研教育、工业和医疗等领域对强磁场的需求不断增加，中国科学院电工研究所在通用超导磁体技术的国产化方面取得了一批研究成果。例如，完成了无液氦超导磁体技术的开发，研制成功了室温孔径 $\phi 80 \sim \phi 250mm$、磁场 $4 \sim 16T$ 的系列传导冷却超导磁体系统以及 $400 \sim 500MHz$ 核磁共振谱仪超导磁体系统，$1.5 \sim 0.7T$ 开放式和圆柱形超导核磁成像系统等；与此同时，中国科学院高能物理所和国内一些企业在 1.5T、3.0T 核磁共振成像（MRI）超导磁体方面取得了重要进展，初步形成了国产化化能力。在面向大科学装置的特种超导磁体方面，中国科学院等离子体研究所研制完成了聚变堆托卡马克超导磁体系统 EAST，并投入运行，兰州近代物理所在加速器超导磁体方面也形成了自主研发能力。

超导电力技术是利用超导体的零电阻和超导态—正常态转变等特性发展起来的电力应用战略高新技术。近 5 年来，我国在超导电缆、超导限流器、超导储能系统、超导变压器、超导电机、多功能超导电力装置和集成系统等方面取得了重大技术突破。中国科学院电工研究所分别于 2011 年和 2012 年研制出世界首座配电级超导变电站（已投入电网示范运行）、世界首套并网运行的 1MJ/0.5（MV·A）高温储能系统、世界首条投入电网示范运行的 10kA/360m 高温超导直流输电电缆（已为河南中孚实业股份有限公司电解铝生产车间供电）；北京云电英纳超导电缆有限公司于 2012 年研制出世界电压等级最高的 220kV/0.8kA 高温超导限流器并投入电网示范运行；中国船舶重工集团公司第七一二研究所于 2012 年研制出 1MW 高温超导船舶推进电机。此外，清华大学、华中科技大学、中国电力科学研究院、华北电力大学、上海电缆研究所等研究机构近些年来在超导电力技术研发方面也颇有建树。

超导磁体和超导电力发展离不开超导材料的突破。上海交通大学于 2010 年制备的百米量级第二代 YBCO 涂层导体超导性能达到 194A/cm 宽度，现在进一步提高到 300A/cm 宽度（77K，自场）的水平。在 Ni-W 合金 RABiTS 基带制备方面，西北有色金属研究院已经建立了 30 ~ 50km/ 年的生产线。在铋系高温超导线材方面，北京英纳超导技术有限公司建立起了年产 200km 的生产线，线材临界电流 Ic 可以达到 120A（77K，自场），其产品水平在世界上居第三位。西部超导材料科技有限公司生产的 Nb_3Sn 及 NbTi 超导线性能完全达到了国际热核聚变实验反应堆（ITER）项目的设计要求；NbTi 超导线单根长度大于 50000m，Ic 均超过 350A（4.2K，5T），成为 ITER 项目中国唯一的超导线材供应商，也标志着中国成为世界上少数几个具备超导线材批量化生产能力的国家之一。另外，中科院电工所率先发现纳米碳、富勒烯 C_{60} 等多种碳材料掺杂可大幅度提高 MgB_2 带材的临界电流密度，最高 Jc 超过 $4 \times 10^4 A/cm^2$（4.2K，10T），处于国际先进地位。西北有色金属研究院已能生产单根长度达 1500m 的 MgB_2 长线材，其 Jc 达到 $2 \times 10^4 A/cm^2$（4.2K，10T 或 25K，3T），成为在国际上继美国 Hyper Tech. 和意大利 Columbus 公司之后的第三家具备批量化生产千米级 MgB_2 线材的单位。在新型铁基超导线带材方面：中科院电工所采用传统的粉末装管法通过轧制织构和锡掺杂相结合的方法有效提高了晶粒连接性，并使铁基带材临界电流密度高达 17000 A/cm^2（4.2K，10T），为当前世界上已报道铁基线带材性能中的最高值；最近，又率先研制出多芯 122 型铁基超导线材，其 Jc 可达 21100A/cm^2（77K，零场），并且在 10T 的强磁场下仍保持较高性能。

3. 储能技术

风力发电、光伏发电等波动性与随机性较强的可再生能源发电时，功率、电压和频率波动大且会冲击电网，储能技术对于平滑可再生能源对电网的影响具有重要作用，同时储能技术将在很大程度上影响分布式发电与微网技术的发展。近年来，我国在储能技术的研发和示范应用方面发展较快。液流电池、钠硫电池、锂离子电池、先进铅酸电池、压缩空气储能、飞轮储能、超级电容器等均取得了较好的进展。

液流电池技术方面，中国人民解放军防化研究院等在液流电池新体系方面做了多方面的开创性研究。中国科学院大连化学物理研究所在全钒液流储能电池关键材料、系统集成、测试方法等方面取得了重要进展。大连融科储能技术发展有限公司、北京普能世纪科技有限公司兆瓦级全钒液流电池储能示范项目，处于国际领先水平。钠硫电池技术方面，中国科学院上海硅酸盐研究所成功研制具有自主知识产权的容量为 650A·h 的钠硫储能单体电池，使我国成为继日本之后世界上第二个掌握大容量钠硫单体电池核心技术的国家。锂离子电池方面，近年来研究活跃的单位包括中科院物理所、北京理工大学、上海交通大学、中科院上海硅酸盐所等，研究重点在正负极材料（Si/C 负极、氟化磷酸盐体系、磷酸铁锂石墨烯包覆材料、磷酸锰锂材料、富锂锰基固溶体材料等）、电解质、电极和电池设计、电池的加工制造等，主要目标是提高电池的寿命、能量密度和安全性。先进铅酸电池方面，研究重点在卷绕式、双极性、泡沫石墨、铅碳电池等新型技术，其主要目的是克服传统铅蓄电池用铅量大，循环寿命短，能量密度与功率密度偏低的问题。解放军防化研究院、哈尔滨工业大学、浙江南都电源公司等先后进行了铅炭电池的研发与生产，解决了传统铅酸电池在储能应用工况下存在的负极硫酸盐化、正极活性物质软化、板栅腐蚀等导致电池寿命提前失效的技术难题，并将在新疆吐鲁番和珠海万山岛等微电网进行示范运行。

压缩空气储能方面，2009 年中国科学院工程热物理研究所在国际上首次提出并研发了超临界压缩空气储能系统，15kW 超临界压缩空气储能实验系统已基本建成，1500kW 示范系统已开始建设。此外，中国科学院工程热物理所联合英国利兹大学、英国高瞻公司、四川空分集团等单位共同开发研制了液化空气储能系统，目前 2000kW 级液态空气储能系统已在英国示范运行，但该系统的能量效率较低，只有 40%。飞轮储能方面，基本形成了基于接触式机械轴承的低速飞轮设计与工艺技术路线，用于短时大功率和频繁启停场合。海军工程大学开发的 50MW/30（kW·h）飞轮，最高转速 5500rpm；清华大学开发的 400kW/3（kW·h）飞轮，转速范围 1800 ~ 3600rpm，用于钻井平台节能；中国科学院电工研究所开发的 100kW/1（kW·h）飞轮储能阵列，最高转速 10000rpm。对于基于磁悬浮轴承的高速飞轮，中科院电工所、浙江大学、清华大学、哈尔滨工程大学等在永磁轴承、复合材料转子与结构方面基本形成了技术路线，也开发了小容量的储能原理样机，但针对大容量飞轮储能在轴系振动、散热和系统集成方面还有一些关键问题需要解决。

超级电容器储能研究方面，解放军防化研究院、清华大学、天津大学等开展了活性炭材料等研究与开发，中科院电工所、中科院金属所、中科院兰州化物所等开展了石墨烯炭材料研发，复旦大学、厦门大学等开展水系超级电容器的研发。C/C 有机体系和 C/Ni（OH）$_2$ 混合型超级电容器在我国已经实现了产品化，主要生产企业有上海奥威、天津力神、北京集星、锦州凯美和江苏双登等。目前，超级电容器还存在成本较高和能量密度低等问题。

4. 生物电磁技术

电磁场理论和电磁技术与生物医学的交叉是电气科学最有生命力的增长点之一。

基于生物电磁特性的成像技术的关键问题是电磁场逆问题和电磁检测技术，目前国内研究最多的是生物电阻抗成像，第四军医大学、天津大学、重庆大学、河北工业大学等20多个课题组从事该方面研究。其中，第四军医大学突破了颅脑电阻抗图像研究的关键技术，开发了床旁颅脑电阻抗动态图像监护仪，临床实验表明其在脑血管疾病的早期诊断与动态监测方面具有一定的优势。近年来，一些耦合成像技术通过增加其他物理场的激励或检测来解决单纯电场激励时约束条件欠定的问题，其中中国科学院电工研究所、浙江大学等团队在磁声成像、磁共振电阻抗成像等方面进行了大量模型建立及硬件实现工作。

脑电信号的检测与分析是脑机接口技术的关键。清华大学研究团队对基于稳态视觉诱发电位和基于运动想象的脑机接口系统进行了系统研究，可以实现利用意念来拨打电话和控制机器狗等任务。浙江大学研究团队通过植入猴脑运动皮层的芯片采集脑电信号，控制机械手做与猴同样的抓、勾、握、捏等动作。目前，国内也开展了一些基于脑电的大脑功能网络研究。河北工业大学将经颅磁刺激（TMS）、脑电图和针灸相结合，开展了基于脑电信号的磁刺激穴位诱发脑电的功能网络与神经调控效应研究。

神经电刺激技术方面，清华大学研发了国内第一个即将进入市场的植入式脑起搏产品，这一研究打破了美国公司的垄断。重庆大学系统研究了陡脉冲电场对肿瘤的影响，开发出相应的治疗装置并进行了初步的临床实验。山东大学与北京阜外医院联合研制的国内首台轴流式可控磁悬浮人工心脏泵样机；2013年，北京安贞医院与企业合作研制了国产人工心脏样机，并成功进行了动物实验。

磁共振成像系统涉及多种电磁技术。近年来，国内磁共振成像技术发展的重点主要在1.5T、3.0T等超导磁共振成像技术方面，已经具备了国产化能力。在更高场磁共振成像技术方面，中国科学院生物物理研究所牵头与中国科学院电工研究所正在研制9.4T超导磁共振成像系统，该项目的成功可望大幅提高我国磁共振成像技术的发展水平。

5. 超磁致伸缩材料应用技术

磁性体在磁场中磁化时，在磁化方向发生伸长或缩短，去掉外磁场后，又恢复到原来的长度，这种现象称为磁致伸缩现象（或效应）。超磁致伸缩材料（Giant Magnetostrictive Material，GMM）是一种迅速发展起来的新型材料，目前被视为21世纪提高国家高科技综合竞争力的战略性功能材料，具有磁致伸缩应变大、强力、机电耦合系数高、响应速度快、可靠性高等优异特性，是制作检测和执行元器件的优良材料，在微位移控制、大应力输出、应力测量、机器人、超声加工等领域得到应用且发展迅速。超磁致伸缩技术的研究发展涉及材料、设备制备、电磁场、机械动力以及传感技术等学科。

在超磁致伸缩材料应用研究方面，我国比国外相对落后，但发展迅速，特别是近年来，取得了一定的研究成果。河北工业大学以超磁致伸缩材料为核心元件进行研究，在超磁致伸缩棒、薄膜等材料的数学建模、致动器、传感器结构模型、磁路设计、制备以及器件特性测试等方面取得了一系列成果，获得多项发明专利。浙江大学提出将超磁致伸缩材料用于活塞异型孔加工的基础上近几年对超磁致伸缩构件的精加工、温度分布和控制进行了深入的研究，并获得多项超磁致伸缩应用发明专利，其中"超磁致伸缩致动器恒温控制装置"能够对致动器工作温度实时精确控制，使致动器结构紧凑简单，充分发挥了超磁致伸缩材料特性，实现了微纳米级的致动。大连理工大学研究了具有位移感知功能的超磁致伸缩微位移执行器，并进一步进行超磁致伸缩执行器、力传感器以及薄膜悬臂梁等的研究，扩展了河北工业大学关于超磁致伸缩力传感器和薄膜较早的研究内容，取得了一定成果。

6. 磁性液体应用技术

磁性液体（Magnetic Liquid），也称磁流体（Magnetic Fluid）或铁磁流体（Ferrofluid），是一种将纳米级铁磁材料（Fe_3O_4、Fe、Co、Ni 等）颗粒利用表面活性剂（不饱和脂肪酸等）均匀、稳定地分散在某种液态载体（水、脂、煤油、硅油、碳氢化合物等）之中，所形成的稳定胶体悬浮液，是一种用途极其广泛且最富有生命力和应用前景的新型功能材料。磁性液体首先应用于航天航空业，随着各国科学家对其基础理论、物理化学性质、配制工艺等各方面研究的深入，其应用已迅速扩展到机械、冶金、电子信息、仪表、生物医学、环保等领域。磁性液体在外加磁场下表现出的各种独特性质，使它的应用技术成为电工理论新技术中具有活力的交叉学科之一。

根据利用磁性液体的不同性质，可应用于密封、传感器、润滑剂、阻尼减振、研磨和生物医学工程等。在我国，材料、物理学领域的学者大多关注磁性液体的制备、微观结构、基本特性的研究；在应用技术研究方面，学术成果多集中于电气工程学科，属电工新技术、新材料领域，自动化、机械、矿业工程等专业也有较多学术成果，但作者多为机电专业背景，大部分涉及密封、轴承、润滑，偶有磁性液体变压器、发电机和电流互感器的研究发表，足见磁性液体技术具有鲜明的交叉特性，有更大的发展空间。北京航空航天大学、北京交通大学、哈尔滨工业大学、河北工业大学、中国西南应用磁学研究所等高校相继开展了这一领域的工作，在各类密封、轴承、磁浮选、光整加工等技术上取得了较大成就，同时在传感器、阻尼器、减振器和生物医学等方面的应用已展现出广阔前景。

7. 电磁声发射检测技术

电磁声发射技术是在声发射和电磁检测技术基础上发展起来的，集合了两种检测方法优点的一种动态无损检测技术。较为成熟的电磁超声技术利用金属导体中的涡流激发超声波，通过超声波在缺陷处的反射进行缺陷检测。电磁声发射技术，在缺陷处直接感生涡流迫使缺陷本身振动或者屈服变形并产生声发射信号进行缺陷的状态评估。电磁声发射技术涉及电气工程、材料科学与工程、机械工程、信息科学与技术等学科，是一门典型的跨学科技术，涉及研究领域有：磁特性和磁致伸缩特性测量、疲劳损伤机制、声传播与检测、多物理场耦合建模、信号分析与处理等。

河北工业大学和天津工业大学工程电磁场与磁技术课题组对直接加载下非铁磁材料电磁声发射现象开展了深入细致的系统研究，结果表明，使用电极直接加载的方式适用于不宜接触的金属表面和近表面缺陷的检测，研究成果在滑膛炮管的内表面缺陷检测中得到应用。采用多匝环形线圈引入的电磁激励同样可以在缺陷处激发声发射信号，这种非接触式的加载方式提高了电磁声发射的检测效率和应用范围，表明非接触式加载方式适用于小范围内缺陷的重点检测和评估。开展了电磁超声和电磁声发射复合检测方法的研究，利用电磁超声的全局高效性和电磁声发射的高灵敏性提高声学检测方法对疲劳损伤的检测能力，开拓了声发射和电磁检测技术的新方向。2011年，天津工业大学开展了铁磁材料的电磁声发射检测技术研究，对于难以定量评定的局部闭合裂纹和力学性能退化，超声非线性技术取得了一定的成果。

8. 无线电能传输技术

与无线通信技术一样，摆脱有形介质束缚，实现电能的无线传输是人类多年的一个美好追求。无线电能传输技术是一种借助于空间无形软介质（如电场、磁场、微波等）实现将电能由电源端传递至用电设备的一种供电模式。该技术避免了传统机械开关通断、摩擦等引起的火花、放电及触头老化等问题，具有高效、灵活、可靠等诸多优点，特别在不能、不宜、不易拖带电线的场所具有更为广阔的应用前景，是集电磁场、电力电子、高频电子、控制理论与控制工程、天线技术、微波工程、耦合模理论等多学科交叉的前沿科学与技术，是能源传输和接入的一种革命性的进步。目前，根据不同的传输原理，无线电能传输方式可分为电磁感应式、微波式、磁耦合谐振式三种主要传输方式，近年来也出现了利用声波和电场等技术的传能方式，但是存在争议，也还未形成主流。

2007年以后，无线电能传输技术在我国成为电气工程及其相关学科研究的热点问题之一，目前研究内容主要集中在传输机理和传输特性的分析等基础研究、实验验证以及无线电能应用基础研究，研究主体还主要集中在高等学校和科研院所。华南理工大学、重庆大学、哈尔滨工业大学、东南大学、天津工业大学、河北工业大学、中科院电工所、福州大学、天津大学、上海交通大学、清华大学、大连理工大学等都在不同方面对无线电能传输技术进行了卓有成效的研究。比亚迪、奇瑞、海尔等公司申请并获得多项无线电能传输技术专利。2010年，海尔集团在国际消费电子展会上展示了全球首款无尾电视（No-tail TV）。

9. 电磁发射技术

电磁发射技术是借助电磁能做功，将电磁能转化为弹丸等有效载荷的动能的一种发射技术。与常规化学发射方式相比，电磁发射方式具有明显优势。电磁发射能提供较大动能，可将弹丸等有效载荷加速到化学发射方式难以达到的超高初速和射速，且速度可任意调控，精度高。因此，该技术在炮弹发射、导弹发射、鱼雷发射、火箭弹发射、飞机弹射及航天发射等技术领域得到广泛应用。按照发射方式，电磁发射技术主要分为电磁轨道发射、电磁线圈发射、电热化学发射以及复合发射等几种，其中电磁轨道发射、电磁线圈发射以及电热化学发射是目前主要的研究方向。

电磁轨道发射方面，我国目前有多家单位开展了相关研究。北京特种机电技术研究所建立了储能 6MJ 的脉冲电源系统，突破了中小口径电磁轨道发射抗烧蚀和抗刨削关键技术，实现 2km/s 速度条件下轨道重复发射 20 次以上。另外，兵器工业集团也开展了电磁轨道发射技术研究，完成了炮口动能 1MJ 以上的发射试验。电磁线圈发射技术方面，我国开展研究的主要单位有兵器工业 202 所、北京特种机电技术研究所、军械工程学院、武汉大学等。兵器工业 202 所和军械工程学院均已建立起多级线圈发射装置，并进行了发射试验研究。航天 061 基地还开展了大载荷电磁线圈发射技术研究。电热化学发射技术方面，中国兵器工业集团完成了小电能条件下大口径火炮的点火发射，并将炮口动能提高 8% 以上，南京理工大学针对大能量电热化学发射技术进行了多年的研究，成功实现了火炮膛压的双峰曲线发射。

10. 磁流体技术

磁流体（Magnetohydrodynamic，MHD）技术是利用导电流体（如等离子体、液态金属、海水等）与电磁场之间的相互作用进行电能与其他形式能量相互转换的新型能量转换技术。近年来，该技术在液态金属磁流体发电、海水磁流体推进、磁流体油污海水处置以及高超音速飞行器的磁流体综合应用等方面，取得了重大技术突破，获得了一批在国际上具有较大影响力的研究成果。

中科院电工研究所提出了液态金属磁流体波浪能发电技术，正在研制 10kW 振荡浮子式磁流体波浪能发电海试样机。在海水磁流体推进技术方面，近年来的研究主要集中在高场强、轻量化超导磁体系统，高性能磁流体通道，长寿命电极技术以及振动噪声特性等关键技术的研究。2011 年国内首台 7T 螺旋通道超导 MHD 推进器实验室样机在中科院电工研究所研制成功，并首次进行了 MHD 推进器振动噪声的测量，获得了第一手振动噪声测试数据。2012 年，中科院电工研究所研制了国内首台 $1m^3/h$ 油污海水处理量的磁流体油污海水处置实验室样机，目前正在研制 $35m^3/h$ 油污海水处理量的工业样机。在高超音速飞行器的磁流体综合应用方面，国内研究主要集中在再入飞行器表面磁流体发电、高超声速磁流体流动控制和磁流体强化超燃冲压发动机特性等方面。目前主要有北京航空航天大学、空军工程大学、北京航空技术研究中心开展了相关的理论分析、数值模拟和原理性试验研究。

三、电气工程学科国内外研究进展比较

纵观我国电气工程学科近年来的发展，虽然取得了很大的进步，特别是在电气工程

47

学科的传统领域取得了一大批重要乃至战略性的研究开发成果，有力地支撑了国民经济建设和发展，但与国际一流水平还存在明显的差距，特别是在应对新的能源革命和新的科技革命方面显得没有足够的准备，突出表现在以下几个方面：原始创新能力和核心技术突破不足，跟踪模仿较多，引领性的创新贡献偏少；多学科交叉研究和基础前瞻性研究布局不够；在国际上有重大影响的尖端人才和研究团队偏少；先进的研究试验平台缺少，科学仪器自主创新研发能力薄弱。本报告将按照电气工程学科的五个二级学科分别对国际国内发展情况进行比较。

（一）电机与电器

1. 电机

（1）电机及系统节能技术

从世界范围看，全球每年用电总量的 50%，工业用电量的 60% ~ 70% 都消耗在电动机系统上。若对电动机系统进行最优化设计，可节约相当于工业用电量 9% ~ 13% 的电能。无论是发展中国家还是发达国家，很多企业仍在使用 20 年前的电动机，电能浪费十分严重，节能空间巨大。废旧电机经二次下线（属于再制造范畴）后重新使用现象十分普遍，发展中国家二次下线次数可达 5 ~ 6 次。电机及系统节能是各国政府公认的具有极大节能潜力的领域，相关技术研究已成为国际发达国家和地区高度关注和重点研究的领域。

我国 80% 以上的电机产品效率比国外先进水平低 2% ~ 5%，虽然国产高效电机与国外先进水平相当，但价格高、市场占有率低；风机、泵、压缩机产品效率比国外先进水平低 2% ~ 4%，虽然设计水平与国外先进水平相当，但电机材料、制造技术和工艺差距较大；电机传动调速及系统控制技术差距较大，效率比国外先进水平低 20% ~ 30%。

按照 GB 18613—2012 标准，我国目前生产和在用电机多为低于标准规定的 3 级能效电机，其平均效率仅为 87%，而发达国家早已推行的高效电机效率已达到 91% 以上，美国的超高效电机效率更是达到 93%，电机系统运行效率比我国高 10% ~ 20%。

（2）电机材料

永磁材料方面，纵观烧结钕铁硼永磁产业，国外企业设备和工艺先进，生产产品品质好，材料利用率较高，占据主要应用市场；我国企业以国产设备为主，生产工艺和效率相对落后，材料利用率较低，我国目前在高性能磁体产业化方面仍落后于国际先进水平。国内钕铁硼永磁材料在产品性能方面与国外先进水平相比还有一些差距，主要表现在材料的热稳定性和抗氧化性不够高，永磁体加工和充磁技术等仍有待进一步完善。

软磁材料方面，最新研究成果表明，铁硅合金在电磁特性方面仍有比较大的挖掘潜力，包括配方、轧制工艺、热处理工艺等多方面都可以对最终材料的性能起到积极作用。日本在硅钢片材料研发领域位于世界领先地位。通过多年的技术引进和自主研发，我国在该领域内的研究和生产水平也不断提升，所生产的材料与国外先进产品的差距在不断缩小，在特定的产品方面甚至还有一定优势。除了硅钢合金，国内外企业和研究机构也对其他软磁材料进行了积极的研究和探索。其中，非晶态合金材料以其低矫顽力、高磁导率、低铁心损耗的优点得到了较多的关注，国外已有美国 LE 公司、日本日立金属、Honeywell、GE 等从事非晶电机研究开发，国内也有安泰科技、深圳华任兴、中科院电工所等公司及研究院所正在研究。然而，非晶态合金材料成本暂时偏高，并且其饱和磁密较低、加工工艺性较差的缺点也还有待改进。

绝缘材料方面，日本、美国和西欧等国家学者对变频电机绝缘材料的破坏机理进行了广泛研究，并逐步达成共识，认为局部放电是造成变频电机绝缘过早破坏的主要原因，而介质损耗发热、空间电荷、电磁激振以及振动等多种因素的存在加速了材料的老化过程。耐电晕绝缘材料的制备和应用也成为电机绝缘领域研究的热点，电机绝缘用主要耐电晕绝缘材料为耐电晕漆包线漆、耐电晕薄膜和有机硅浸渍漆，国外企业已有成熟产品，并且还在不断地改进性能。目前能生产供变频电机使用的新型漆包线漆的厂家有美国的 Phelps Dodge 公司、Dupont 公司，法国 Nexans 公司和德国 Herberts 公司等。国内企业也在积极研发，并且有了小规模量产的产品。美国 Dupont 公司在聚酰亚胺前体中填充了纳米氧化铝粒子，成功开发了耐电晕性能优异的 Kapton CR 薄膜。

2. 变压器

（1）变压器技术的进步

近年来，我国变压器行业立足自主创新，并借鉴 ABB、西门子等先进技术，技术创新能力及产品制造水平不断实现超越，产品种类涵盖电力变压器、整流变压器、电炉变压器、机车牵引变压器、干式变压器、气体绝缘变压器、非晶合金变压器和并联电抗器等，广泛应用于电力系统、高速铁路、钢铁冶金、城市小区等各个领域，我国也成为变压器种类最齐全、产量最大的国家，变压器类产品的技术性能和质量均处于世界领先水平。

特高压变压器是指交流 1000kV 和直流 ±800kV 及以上电压等级的变压器，是特高压电网中的关键设备。我国是世界上第一个将自主研制的特高压变压器投入商业运行的国家，自本世纪初开始进行特高压变压器相关技术的研究，开展了快速瞬变过电压（VFTO）、主纵绝缘结构、出线系统等关键技术研究，形成了 12 项创新性科研成果，交流特高压变压器及直流特高压变压器分别于 2009 年和 2010 年投入运行。

并联电抗器也属于变压器类产品，在电网中并联接在供电系统上，主要用于补偿电容电流，削弱电容效应，限制系统工频电压升高，抑制操作过电压，消除同步发电机带空载长线时产生的自励磁现象，从而保证线路的可靠运行，是电网的关键设备。2008 年，西安西电变压器有限责任公司等国内变压器制造企业研制成功国内首批 200Mvar/1000kV 并联电抗器；2009 年，保定天威保变电气股份有限公司研制成功国内首台单柱结构 240Mvar/1000kV 并联电抗器；2011 年，西安西电变压器有限责任公司研制成功世界首台 200Mvar/1000kV 可控并联电抗器。

特高压变压器和并联电抗器的研制成功，带动了国内变压器行业的技术进步和产业升级，直接推动了代表世界输电领域最高技术水平的交流 1000kV 特高输电线路和直流 ±800kV 特高压输电线路投入商业运行，这在世界变压器发展史和输变电领域都是空前的，以国产特高压变压器、并联电抗器为关键设备的"特高压交流输电关键技术、成套设备及工程应用"获得了 2012 年度国家科技进步奖特等奖。

（2）变压器材料

变压器产品的升级离不开原材料研究方面的技术进步，电力变压器的主要原材料包括绝缘纸板、电磁线和硅钢片等。

2008 年以前，我国超高压变压器的绝缘纸板主要从瑞士魏德曼和瑞典 ABB 进口，近几年国内几家高端绝缘纸板制造企业陆续投产，与国外相比，从纸浆到制造设备、制造工艺，差距不断缩小，完全满足标准 IEC641-3-1 及特高压变压器的绝缘性能要求，电气强度、灰分含量、水抽出物电导率等关键性能都与进口绝缘纸板相当，目前已经广泛应用于超高压、特高压变压器。另一项代表绝缘件制造水平的是高压变压器出线系统，2010 年，研制成功 1000kV 交流特高压变压器出线系统，经中国电力科学研究院的多项试验验证和实际产品应用，完全满足特高压变压器的要求。2011 年研制成功 ±500kV 换流变压器出线装置，并已完全替代进口产品。无论是绝缘纸板，还是出线系统，我国的研制水平和应用业绩均达到了国际先进水平。

电磁线用来制作变压器的电路部分，随着变压器容量的增大，为了降低导线中的杂散损耗，换位导线的应用越来越广泛，国内厂家也在该领域加强了技术攻关。目前制作换位导线的换位头达到了 80 根，并且研制成功网包换位线、组合换位线、屏蔽换位线、带油道换位线等多种新产品。在导线机械强度方面，为了提高变压器的抗短路能力，适应不同领域产品需要，导线的屈服极限 $\sigma_{0.2}$ 达 260MPa，并广泛采用了自粘型换位导线。国内电磁线的制造水平与奥地利 ASTA、德国 ESSEX 等国际知名公司相当。

硅钢片用来制作变压器的磁路部分，包括铁心叠片、磁屏蔽等。硅钢片的性能直接决定了变压器的空载损耗、噪声和过励磁能力，2007 年以前，高等级取向硅钢片长期采用日本和韩国进口产品，随着国内宝钢、武钢等钢铁企业取向硅钢生产线的投产和科研水平的提高，高等级取向硅钢产品逐步实现国产化。从 2008 年开始，宝钢、武钢陆续推出了普通取向硅钢片、高磁感取向硅钢片、激光刻痕硅钢片等产品，同时随着研发的不断深入，材料性能也不断提高，厚度包括 0.27mm、0.30mm 等，单位铁损达到 0.85W/kg，材料的外观、漏点情况、毛刺及工艺性能均等同于进口产品，在三峡工程、特高压输电等重要工程中得到应用，变压器用国产取向硅钢片的占比也从 2008 年的 10% 提高到目前的 50%。

3. 电器

（1）国际上电器学科最新研究成果

为适应新能源发展要求，充分发挥分布式清洁能源在智能电网中的作用，发达国家各电器公司相继开发了新能源用特种新型接触器，如施耐德公司的 TeSys-F 系列、ABB 公司的 AF 系列、Eaton 公司的 Xstart 系列以及其他派生的直流接触器。光伏系统在逆变器直流端和交流端都需要有开关隔离功能，发达国家为此推出了服务于光伏系统整套的新型低压电器，包含了从光伏电池端至通过逆变器后与电网并网的各级新型的低压电器。我国目前生产的接触器大多用于控制电动机，工作类别为 AC-3 和 AC-4，新能源用接触器工作类别为 AC-1。

目前，一些新型低压智能断路器都带有一定状态检测功能，日本寺崎公司 Tempower 系列断路器可检测触头温度，施耐德公司的低压断路器的智能脱扣器 MicroLogic 可检测触头磨损等对寿命影响较大的参数，以便为提高电器使用可靠性、剩余寿命在线预测提供数据依据[11]。日本三菱公司使用可靠性设计技术进行紧凑型万能式断路器等电器产品设计，提高了电器性能[12]。

国内外都非常重视智能断路器的研究，荷兰 KEMA 国际电工试验站、英国利物浦大学、ABB 公司等研究单位与生产企业都进行了数十年的研究，部分成果已经实现了产业化应用。目前，典型的智能化断路器产品有：ABB 公司的 EMax 型和 eVD4 型、西门子公司的 SHVC 型中压智能断路器。这些产品将智能组件与传统断路器做了很好的集成，形成了一体化的产品。但是，在高压领域，目前主要通过对传统断路器 /GIS 进行改造，添加智能组件来形成智能断路器，集成化（智能组件与传感器的植入）程度相对较低。相比而言，国内研究工作开始较晚，技术水平相对落后。近几年国内电网建设迅速发展，已形成世界上主要的智能断路器市场，促使自主研发的智能断路器技术实现了跨越式发展，包括西安高压电器研究院、西安交通大学、宁波理工有限公司等研究单位与生产企业也开发了一批智能化断路器产品，逐步占领中低端国内市场，并向高端市场进军。

ABB 低压于 2012 年推出全新小型太阳能 1000V 直流专用隔离开关 OTDC，适合小型（包括家庭用）太阳能系统的汇流箱，逆变器直流侧，能覆盖 15kW 以下功率逆变器系统要求，也可以用于通讯等行业的直流配电系统[13]。该产品在额定直流电压条件下可达 DC21B 的应用类别不降容，完全满足国际电工委员会（IEC）标准要求。

（2）国内外电器学科的发展状态比较

经过数十年的努力，我国电器学科整体实力得到了跨越式发展，产品质量得到大幅提升，缩小了与国外先进水平的差距，具有广阔的发展前景。但同时我们也应看到，我国在相关领域的基础研究与国外先进水平相比还存在较大差距，自主创新能力还有待提高，研发高性能、高可靠性、小型化、智能化，功能齐全且适应智能配电系统发展要求的新一代低压电器必要且迫切。

根据国内相关权威部门统计分析，我国在输变电领域相关研究与国外先进技术对比如图 1 所示。

从图 1 可以看到：①一次设备的核心部件、制造工艺、工程应用等核心技术仍被国外掌控，我国一次设备智能化研究尚处于起步阶段；②输变电设备的状态监测与状态评估研究方面，总体上落后于国际先进水平；③我国新材料及其应用技术的科研实力与国外存在较大差距；④在电力电子基础理论与关键技术研究方面与世界先进水平还有差距；⑤分布式供电理论研究滞后，实用技术与设备开发，以及示范工程建设刚刚起步，与国外差距较大；⑥在环保和节能领域科研工作尚处于发展初期，基础研究工作相对滞后。

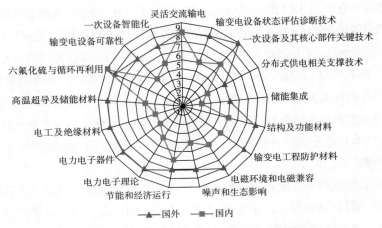

图 1　我国输变电领域相关研究与国外先进水平对比

上述差距制约了国内一些重点产品的研发及核心技术的掌握，如特高压产品的灭弧室技术、大功率液压弹簧操动机构技术等，并将影响到后续智能电器设备的研发工作，应引起科研单位及行业企业的高度重视。

（二）电力系统及其自动化

1. 电能质量与供电可靠性

在电能质量（波形质量）方面，我国电网的谐波水平、电压合格率等与世界先进水平存在较大差距，一些地区的电能质量难以满足用户的要求。在网络损耗方面，中国电力系统的线损率在 6% 以上，而发达国家线损率在 4% 左右。近年来我国电网线损率水平与发达国家一直保持着一定差距，甚至略有扩大。在设备负载率方面，中国主要城市的配电网主设备大部分时间都处于低负荷运行状态，线路全年平均利用率在 30% 左右，配电变压器的负载率在 20% ~ 30%，而发达国家配电设备平均利用率在 50% 左右。

我国供电可靠性水平与发达国家尚有较大差距。发达国家对供电可靠率要求一般接近 99.99%，即用户年均停电时间不超过 1 小时。我国电网的配用电环节相对薄弱，自动化程度比较低，普遍存在着结构不合理、不满足 N-1 运行准则情况多、单辐射供电线路多、环网化率低、转供能力差、设备陈旧老化、电缆化率低、电源支撑不足或缺少电源支撑、应急机制不健全等现象。配电网对供电质量（供电可靠性与电能质量）有着决定性的作用，中国用户的停电时间 95% 以上都是由配电网引起的，其中 80% 以上是中低压配电网的原因，电能质量恶化的主要原因也在配电网。在我国电力系统损耗中，配电网损耗占 70% 以上，其中中低压配网的损耗占 50% 以上。

2. 新能源发电技术

世界光伏发电科技和应用发展迅猛，预计太阳能发电将在 2030 年占到世界能源供给的 10%。2012 年全球光伏新增装机 30GW，累计装机超过 100GW。2013 年预计年安装量将达到 35GW。光伏已经成为发展速度最快的产业之一。其中，晶体硅太阳电池市场份额超过 90%，技术向着高效率和薄片化发展，未来 10 ~ 20 年内仍将是市场主流；薄膜太阳电池市场份额约占 10%，技术向着高效率、稳定和长寿命的方向发展。目前，我国自主知识产权的规模化多晶硅生产工艺研发及装备制造仍处于起步阶段。晶体硅高效电池仍处于空白状态。生产装备成套生产线自动化程度低。光伏系统设计集成及关键设备技术与国外尚有差距。光伏系统模拟和测试技术能力刚刚起步。和国外先进国家相比，我国太阳能热发电技术在整体发展阶段，材料、装备、集成、服务和生产线装备（聚光器支架、减速机、反射镜、真空管）等方面都有一定差距。

我国塔式太阳能热发电技术处于示范阶段，国外处于商业化阶段；槽式技术我国处于中试阶段，国外处于商业化及规模化发展阶段；碟式和菲涅尔式技术处于试验阶段，均晚于国外。在太阳能热发电材料、装备方面，我国与国外差距约 5 年。在电站集成、服务方面，我国比国外落后约 23 年。在生产线装备方面，我国落后约 25 年。按照权重一致的假设综合概算，我国太阳能热发电技术总体落后国际技术先进国家约 15 年。

在海洋能发电技术方面，我国已具备发展大型潮汐能发电站的技术基础；潮流能发电技术与世界先进水平相差并不悬殊，均处于试验阶段，但国外的装机容量已经达到 MW，并且进行了并网发电测试；波浪能发电技术与国外差距不大，均处于海试阶段，但美国的 OPT 公司正在建设 MW 级的波浪能发电场；温差能发电技术与世界先进水平还有较大的差距。

目前我国在可再生能源发电设备制造业已有了一定产业基础，但在分布式发电领域的技术开发能力和产业体系还相对薄弱，各产业过度依赖成本优势，部分产业高度依靠外需市场，多数产业以加工制造为主，拥有自主技术少。以风电为例，目前我国只对少数风电设备拥有自主知识产权，由于缺乏核心技术，导致国产设备可靠性、效率与国外设备相比都比较低下，关键零部件及关键原材料不能自主化，导致产品关键部件严重依赖国外进口，制约了产业发展。同大容量可再生能源发电设备制造业相比，我国在分布式发电设备制造领域的水平显得更加落后，还不具备微型燃气轮机的生产能力等。我国针对分布式电源及微网并网问题的研究起步较晚，已经就分布式电源并网后给系统带来的影响等问题开展了理论研究工作，但缺乏统一的协调组织和规划。

3. 电力电子技术在电力系统中的应用

新型电力电子器件技术方面，近年来在功率半导体方面领域已经着眼于新的材料开发新一代的功率半导体器件。碳化硅（SiC）是半导体界公认的新世纪有广阔发展潜力的新型半导体材料，SiC 器件具有耐高温、击穿电压和工作频率较高、适于恶劣工作条件等诸多优点。国外已经产业化，预计在 10 年内逐步替代硅 IGBT 和快恢复二极管。目前，日本罗姆公司、德国英飞凌公司和美国 Cree 公司都已经成功开发出可以量产市售的 SiC 二极管。2009 年 Cree 公司与 Powerex 公司开发出了双开关 1200V、100A 的 SiC 功率模块。日本罗姆公司目前已经可以提供 650V/20A 的 SiC DMOS 样品。美国 Cree 公司的 1200V/33A

和 1200V/49A 的 SiC DMOS 器件已经量产并上市销售。在 SiC 器件应用方面，2008 年日本丰田公司开发出了 SiC 二极管逆变器，应用于 X-TRAIL FCV 型汽车进行道路行驶实验。日本大阪的关西电力公司开发出 SiC 逆变器用于光伏发电。根据国外专家分析，碳化硅器件在未来数年内将逐步进入智能电力系统市场。我国在"十二五"、"863"计划中也对碳化硅器件的研究进行了立项[14-15]。

柔性直流输电技术方面，ABB 公司自 1997 年第一个试验性的轻型直流输电工程在 Hellsjon 投运，迄今为止已经有 9 条轻型直流输电线路投入了运行。工程的应用目的覆盖了风力发电输送、提高地区间功率输送能力、海上平台供电、非同步电网互联等。另外，国外 ABB 公司、西门子公司还有多条线路即将在近几年投入运行。

4. 电力系统规模储能技术

目前全世界范围内的大容量锂离子电池储能系统处于研究与初步应用阶段。2008 年，美国 A123 Systems 公司开发出 H-APU 柜式磷酸铁锂电池储能系统，主要用于电网频率控制、系统备用、电网扩容、系统稳定、新能源接入等服务；2009 年，该公司为 AES Gener 在智利的阿塔卡马沙漠的 Los Andes 变电站提供了 12MW 的电池储能系统，并投入商业运行，主要用于调频和系统备用。国内比亚迪公司 2009 年开发出基于磷酸铁锂电池储能技术的 200kW×4h 柜式储能电站和 1MW×4h 储能示范站（实际投运 330kW），其应用方向定位于削峰填谷和新能源灵活接入。2011 年，南方电网公司投资建设的 5MW×4h 深圳宝清电池储能站正式投运，是国内第一台并网运行的 MW 级电池储能站。大容量电池储能系统并网运行在国内外都处于探索研究阶段，如何充分利用电池储能系统快速灵活的控制功能，为电网高效、可靠运行提供支持是电池储能系统高级应用控制研究的核心问题。

5. 智能电力系统技术

如何安全可靠地接入大量分布式电源，是智能电力系统面临的一大挑战。原有电力系统互连技术标准，主要是为大型集中式发电和中央控制调度的模式而制定的，不适用于小容量分布式电源低电压等级接入的情况。20 世纪末，英、美、日等国开始对分布式发电的并网技术问题开展研究，在分布式电源研究、开发及应用方面处于领先地位；它们的许多发电设备制造公司与电力企业联手，进行了分布式发电技术的商业化试验，使它们在商业化推广方面积累了丰富的经验。同时，各国陆续制定了自己的法律法规、指导方针和标准等，例如美国能源部（DOE）、美国电科院（EPRI）等官方和民间机构成立了研究分布式电源的部门，通过分析分布式电源并网对电力系统的影响，为分布式电源的研究和应用提供指导。国际电气电子工程师学会也研究和制定了分布式电源接入系统的相关准则，即 IEEE 1547 系列标准。英国颁布了分布式电源接入系统的 G59/1、G83/1 及 G75 标准。

目前，世界范围内新能源革命方兴未艾。作为新能源发展的关键支撑技术——智能电力系统引起了世界各国的高度关注，各国纷纷结合自身国情提出了相关的技术标准和战略规划，并搭建相关研究平台，力争掌握主动权。针对智能电力系统技术，美国和欧洲已经形成强大的研究群体，研究内容覆盖发电、输电、配电和用电等环节，许多电力企业也在如火如荼地开展智能电力系统建设实践，通过技术与具体业务的有效结合，使智能电力系统建设在企业生产经营过程中切实发挥作用，最终达到提高运营绩效的目的。

解决能源安全与环保问题，应对气候变化，抢占产业制高点，创造新的经济增长点与增加就业岗位，是国外主要发达国家发展智能电力系统的共性经济动因。但由于国情不同，各国发展智能电力系统的基础和侧重点也有所不同。美国和欧洲的电网设施普遍陈旧，需要通过电网升级改造，提高系统可靠性和资产利用率水平。因此，近中期美国主要侧重于加大现有网络基础设施的投入，积极发展清洁能源发电，推广可插电式混合动力汽车，实现分布式电源和储能的并网运行，同时大力推广应用智能电表，更好地支持需求侧响应，提高电力系统资产利用效率与能源使用效率；欧洲则主要侧重于解决电网对风电（尤其是大规模海上风电）的消纳、分布式电源并网、需求侧管理等问题。对日本而言，其电力系统的自动化水平较高，可靠性和运行效率已经达到了较高水平，近中期其智能电力系统的发展主要侧重于解决分布式光伏发电的大规模并网问题以及电动汽车和电网的互动问题。

（三）高电压与绝缘技术

近些年来，我国积极发展特高压输电技术，有力地促进了我国高电压与绝缘技术的发展。围绕交直流输电的电磁干扰和防护，有机绝缘子和覆冰、污秽等恶劣环境下输电线路故障形成机理和防护措施，大容量开断技术和关键电力设备结构设计等方面开展了深入系统的研究，达到国际先进水平，在国际学术界和工业界均产生了较大的影响。

在新型绝缘材料研究方面，我国紧跟国际热点，开展了纳米复合电介质、环境友好材料方面的研究，在纳米复合材料和植物油的特性研究方面，取得了系列的成果。然而，在纳米复合电介质的大规模制备与应用，环境友好固体绝缘材料和新型智能材料方面，与国外相比还存在差距。

在电力设备状态诊断和维护方面，以智能电网建设为背景，我国投入了大量的人力、财力，建设了智能化变电站及多种在线检测系统，设备智能化的研究及推广应用方法处于国际的领先水平。然而，与国际先进水平相比，我国在检测方法上缺少原创。随着直流输电的广泛应用，直流电压下绝缘系统的状态监测和寿命评估开始受到关注。我国已有学者几乎与国际同步开展了这方面的研究。

长期以来，由于脉冲功率技术的国防应用背景，我国在高功率脉冲的技术和关键器件等方面一直遭到封锁。各国纷纷追求最大化的脉冲装置，现在的技术参数已达到极值。近年来，国内的发展水平也得到了很大的提高。由于惯性约束聚变（无论激光聚变或 Z-pinch 聚变）装置必须将功率和能量汇聚于直径不足 1mm 的氘氚靶丸，上百路脉冲功率的同步、汇聚和可靠性成为世界性未解决的难题，此外直线变压器驱动源（LTD）也是当前国内外主要研究和关注的新型脉冲功率源技术。如美国桑迪亚国家实验室，德州技术大学脉冲功率实验室，俄罗斯科学院下属的大电流所、电物理所等仍然是国际上脉冲功率技术的领先者。我国的中国工程物理研究院、西北核技术研究所、国防科技大学等在脉冲功率技术装置、科学与国防应用上处于领先，清华大学、华中科大、中科院电工所、西安交大等科研院所围绕脉冲功率技术的基础问题及应用等方面开展了相关的研究。

与此同时，脉冲功率技术的进步也为民用领域开辟了全新的研发方向，极大地促进了放电等离子体技术的发展。近年来，基于快脉冲的放电击穿、放电等离子体应用的研究如火如荼。如目前国内外广泛关注的放电等离子体及其生物医学应用、放电等离子体流动控制、放电等离子体技术废弃物处理、材料改性等都得到极大发展。目前欧洲在放电等离子体应用方面研究报道较多，如德国和法国相关的科研较为深入，部分研究已经在流动控制、材料改性及医疗等方面获得了实际应用。国内大连理工大学、华中科技大学、中国科学院等离子体所、电工所在放电等离子体的不同领域开展了相关研究，但获得实际应用的成果还较少，无论是基础理论的深入程度、放电技术创新及应用等方面与国外先进水平还有一定差距。

（四）电力电子与电力传动

我国电力电子技术与国际发达国家相比，无论在器件和装置的设计水平和产品质量，还是器件及装置的生产力形成和国家产业扶持都有很大不同。

在电力电子器件方面，传统的大功率半导体器件晶闸管类器件产业成熟，种类齐全，质量可靠，可满足国内的需求。国内生产晶闸管类器件的厂家不少，而大部分企业还停留在中低端器件的制造上，与发达国家有竞争力的厂家不多。通过合资和技术引进，我国少数几家企业能够生产 5 英寸 7500V/3125A 光控晶闸管、6 英寸 8500V/4000A ～ 4750A 电控晶闸管，达到世界先进水平，但距离国际上 12kV/10kA 的水平还有很长的路要走。

目前国际上功率半导体器件的主流产品、市场需求量较大的新型高频场控器件 IGBT，国外技术已发展到了第六代，商业化已经发展到了第五代。德国的英飞凌和日本三菱生产的 6500V/600A 高压大功率 IGBT 器件已经在我国高速列车等领域获得实际应用，瑞士 ABB 公司采用软穿通技术研制出了 8kV IGBT 器件。国际上 IGBT 及其模块（包括 IPM）已经涵盖了 600V ～ 6.6kV 的电压和 1 ～ 3500A 的电流，应用 IGBT 模块的 100 MW 级的逆变器也已有产品问世。国内研制的 IGBT 芯片 1200V/100A 基本还处于中式阶段，只有浙江嘉兴斯达等少数企业有实际应用的器件问世。目前，我国大多数器件生产企业主要从事中小功率 IGBT 的封装，且 IGBT 电压和电流等级都较低，不能满足国内市场对高端 IGBT 的需求。

另一主流功率器件——功率 MOS 器件是目前功率半导体开关器件中市场容量最大、需求增长最快的产品，是低压（<100V）范围内最好的功率开关器件。国际上，在降低器件导通损耗的基础上，提高器件耐压值和可靠性、进一步降低以 Super Junction 结构为代表的新结构器件制造成本、增加元胞密度一直是制造高性能功率 MOS 器件的发展方向。

国内的功率 MOS 以国际上早期的平面工艺 VDMOS 为主，缺乏高元胞密度的低功耗功率 MOS 器件产品，以 Super Junction 为基础的低功耗 MOS 器件在国内尚处于研发阶段。

碳化硅（SiC）、氮化镓（GaN）、氮化铝（AlN）以及氮化镓铝（AlGaN）等宽禁带半导体材料受到了愈来愈多的关注，成为新材料、新器件研究的热点。目前，美、日、俄、欧、韩等国家和地区已经有许多商业化产品出现，如美国 Cree 的 SiC 肖特基二极管和场效应管，美国 EPC 公司 200V 等级的 GaN 场效应管，美国 Transphorm 公司的 600V 等级的 GaN 二极管和级联型场效应管。目前，SiC 肖特基二极管已经可以达到 4500V 的击穿电压和 225℃的工作结温，SiC PIN 二极管的工作电压已经达到 20kV。SiC 功率 MOS 晶体管目前工作电压已经达到 10kV。在我国，一些高校和研究院所已相继建立了宽禁带半导体材料与器件实验室，开展材料、芯片和封装方面的研究，也取得了一系列研究成果。

IGCT 器件特别适用于电压 3000V 以上、容量 1 ~ 20MW 范围的变流装置，在交流电机驱动及柔性供电系统中有潜在的巨大市场。目前，ABB 公司商品化的 IGCT 产品主要有三种结构类型：非对称型、逆导型和逆阻型，阻断能力有电压 4500V 和 6000V 两种系列，最大关断电流分别为 4000A 和 3000A，研制水平的电压已达到 9kV/6kA，6.5kV 或 6kA 的器件已经开始供应市场。国内目前已成功研制出 4000A/4500V 非对称型以及 1100A/4500V 逆导型两种 IGCT 样品。

快恢复二极管主要指与快速晶闸管、高频晶闸管以及 GTO、IGCT、IEGT 等晶闸管派生器件匹配的 FWD 器件。我国快恢复二极管的水平与国际先进水平相差无几。600V、1200V，100A 的 FRD 已进入批量生产阶段。国产器件不但在国内市场占有 80% 以上的份额，而且还有越来越多的出口。

在电力电子装置和应用方面，一些方面差距不太大（如电力、铁道交通），有些方面差距还是很大的（如船舶、国防、航空、航天等）。有很多应用电力电子的重大装备在我国尚不掌握关键或核心技术，甚至整个装备的设计和制造能力为空白。在这些装备技术方面，我国不可避免地处于受制于人的境地，不是需要花费数倍于合理价格购买，就是干脆受到禁运，对我国这些领域构成威胁。

在变频调速技术领域，我国高压电动机调速技术虽然得到了迅猛发展，高压变频器产品得到广泛应用，技术水平和应用范围与发达国家的距离在缩小，但仍有差距，具体表现在：一是国产高压变频调速技术类型较为单一，目前主要推广的是功率单元串联多电平型。对于三电平技术虽已经掌握，但是尚未得到大规模推广应用。二是国产高压变频器的控制功能相对薄弱，绝大部分高压变频器属于低端的 VVVF 控制的通用型。尽管具有无速度传感器的矢量控制技术已被国内企业所掌握，且有少量的试用，但仍未被广泛推广，具有高精度、高转矩性能和高可靠性的产品仍需大量依赖进口。三是变频器所用元器件大量依赖进口，如 IGBT 模块、驱动模块等。

在电动汽车方面，我国对电动汽车用电气驱动技术的集中研发和示范应用，各科研机构和高等院校在该领域已取得了大量研究成果，电机本体、驱动器和控制策略等关键技术研发方面与国外基本同步。目前，我国自主研发的永磁同步电机、无刷直流电机、交流异步电机和开关磁阻电机驱动系统等已经实现了整车产业化技术配套，各类电机系统的关键技术指标均在相同功率等级下达到国际先进水平，可以满足国内外各类电动汽车的需求。但在科研生产方面与国外先进水平仍存在一定的差距。一方面，在面向车辆需求的高集成度、高可靠性、耐久性、安全与故障容错、标定与诊断等应用技术方面还有待深入研究；另一方面，成本控制、质量控制、大批量工艺流程和制造装备开发，以及系列化、规格化的产品系统开发还有待提高；此外，部分关键零部件，如功率电力电子器件等仍然依赖进口，某些国产零部件则还需要进一步提高性能，以达到世界先进水平。

我国国民经济发展对电力电子应用技术具有十分巨大的需求，我国风电场运行水平与国际先进水平尚有较大差距，综合容量利用率为17.8%，而目前世界先进水平可达50%左右。

我国国民经济发展对电力电子应用技术具有很大的需求。近5年来，我国电力电子学科及技术发展非常快速，但总的说来我国电力电子技术的水平还落后于国际先进水平，也跟不上我国国民经济发展的需要，特别是还面临着国外产品冲击的严峻形势。具体表现在以下几个方面：

1）电力电子器件的研究制造水平落后。当前，以IGBT为代表的电力电子器件仍然是卡住我国电力电子技术发展的瓶颈。经过国家有关部门的大力支持，已能生产600V、1200V/75A、100A的IGBT芯片，但其中一部分工艺是在国外完成的，而且还只是少量管芯。IGBT技术仍然落后，其主要原因为：一是自主创新能力薄弱，核心技术储备严重不足；二是由于体制问题和企业自身能力不足，与国外功率半导体企业在技术、资金、品牌、经验上有很大差距；三是产业化资源整合不够，缺乏产业化统筹规划；四是政策激励措施不完整，稳定性和协调性差。

2）国产电力电子装置主要局限于一些低端应用，如利用硅整流管和硅晶闸管的大型整流电源，小功率的常规通讯电源、通用变频装置等，而反映当代电力电子发展方向的高端技术产品只能处于研制阶段。急需新型高端电力电子设备的一些大企业主要从国外进口。

3）国产电力电子产品的配套水平低、可靠性差。多年来，我国分别建立了无线电元件（高频小功率）和功率无源元件（低频大功率）两大系列的电容、电感、电阻、变压器。同时，建立了一些电力电子专用电容、电感、电阻和变压器的配套生产，但高端专用电容、电感、变压器，及加上开关器件的配套产品主要靠进口，对其应用的可靠性研究工作十分薄弱。

4）仍然对电力电子技术的重要地位认识不足，应用基础研究跟不上。我国许多研究院、所乃至高校，由于转制、经费来源等方面的原因，将大部分研究力量从应用基础研究转向产品试制、开发，而忽视了我国电力电子技术应用基础的研究。需要在新型元器件、可靠性，以及高压、大功率变换技术的基础研究方面加强投入。

（五）电工理论与新技术

电工理论与新技术广泛涉及电路与电磁场的基础理论以及电气工程学科与其他学科的交叉领域和极端电磁环境等，内容丰富，也是电气工程学科最具活力的研究方向。

电路和电磁场基础理论方面，国内相关学者提出了一些新方法或改进了现有方法，解决了一批工程电磁问题；出版了一批涉及电磁场、混沌电路导论、工程电磁场无单元法、电气工程电磁热场模拟与应用等方面的研究类型的专著。这些成果为我国电工学科的后续发展做了扎实的学术积累工作，并为国民经济的快速发展做出了重要贡献。目前我国基础理论研究的特点是学习跟踪快、一般成果多，整体水平在国际上大约处于中上游位置；与国际先进水平相比，我国最大的差距是缺乏有重要影响的原始创新，缺少把电磁场数值计算成果转化为具有商业价值的实用软件。

超导电工学方面，近年来，国际上主要围绕大科学工程和强磁场极端条件等方面，相继提出了大规模超导磁体和25T以上稳态强磁场装置等研究项目，典型的如ITER、LHC-UPGRADE、美国和中国高场实验室的40 ~ 45 T强磁场装置等，重点研究新型超导磁体的建造技术和高场内插磁体技术等。我国在ITER项目中参与了CICC导体的研制等，国内在高场内插超导磁体技术方面也开展了相应研究。目前，我国超导电力技术的研究开发及其产业化链的雏形已经初步形成，总体上处于世界先进水平，在超导变电站技术、大容量超导直流输电技术、高温超导储能技术、输电级超导限流技术等方面已经处于世界领先水平。但我国目前尚缺乏诸如美国SPI计划、欧洲SUPERPOLI计划、日本Super-ACE计划和Super-GM计划、韩国DAPAS计划等从国家层面长远规划并持续支持超导电力技术及其配套技术协同发展的专项计划。

储能技术方面，关键材料、制造工艺和能量转化效率是各种储能技术面临的共同挑战，在规模化应用中还需进一步解决稳定、可靠、耐久性问题。大规模储能技术在全球还处在发展初期，目前已实现商业化应用和示范的储能技术有多种，还没有形成主导性的技术路线。发达国家和我国都在通过各种储能技术的示范应用，探索各类储能技术适宜的应用场合，以及进一步改进的技术方向和技术路线。美国将建立集成材料科学各个基础环节的平台系统，以加快对材料科学的理解，为各行各业提供充足的信息库，而电池材料是其中的重要部分。中国电科院等多家单位建立了锂离子电池研究与测试平台，大规模锂电池储能系统也相继建成，但与国外相比，在锂电池材料及其制备设备与工艺方面仍存在较大欠缺，对外依赖性较大，制约了对产品的进一步成本控制与性能改善。澳大利亚进行铅碳电池研发，已建成一个1MW/1（MW·h）铅碳储能系统用于Hampton风电场功率波动平滑。中国浙江南都电源公司也研发出了铅碳电池，并将在新疆吐鲁番和珠海万山岛等微电网进行示范运行，但在碳电极的材料与制备上仍然需要加强基础性研究与开发。美国纽约地铁的飞轮储能系统由10个100kW/1.6（kW·h）飞轮组成，用于吸收列车制动能量和启动支撑。我国飞轮储能目前还处于关键技术研究、样机研制与试验阶段。

生物电磁学方面，高压输电线路和电力设备相关的电磁环境对健康的影响是引起广泛关注的问题。国际上相关研究更重视多领域专家的共同协商探讨，例如世界卫生组织1996年启动"国际电磁场计划"对电磁场生物学效应进行全面评估，2007年发布《极低频场环境健康准则（EHC No.238）》。而我们国家从事相关研究的单位不少，但未充分组织起来，知识背景相对单薄一些，因而研究未取得突破性进展。2010年，第三军医大学联合浙江大学、第四军医大学等单位申请了国家重大基础研究项目（"973"）《电磁辐射危害健康的机理及医学防护的基础研究》，情况有所改观。在电磁场理论和电磁技术在生物医学应用方面，也存在类似的问题。国内在医疗仪器相关的电磁技术方面进行了广泛深入的研究，但与具有医学背景人员的紧密合作方面还有一定的欠缺，进而导致在最终医疗仪器产品的研发和销售方面远落后一些国外公司。特别是，由于缺乏与临床医生的深入合作，在具有临床应用价值的创新产品的提出和研制方面与国外还有很大差距，目前国内研制的医疗仪器还是以模仿、跟踪为主。

超磁致伸缩材料（GMM）的优良特性一直受到科技界、工业界尤其是军事部门的高度关注。近年来，国外研究重点在材料的制备工艺以及各材料成分对其性能的影响，在检测领域、磁电—机械换能器应用、大功率低频声纳系统应用方面研制近千种应用器件。国内对超磁致伸缩材料及其应用较晚，但进展较快，并已引起国家有关部门及科技领域的广泛关注，目前已有多家单位生产 GMM，如北京有色金属研究院、包头稀土研究院、中科院物理研究所、甘肃天星稀土功能材料有限公司、浙江椒光稀土材料有限公司等。在超磁致伸缩传感器、流体机械、磁电—声换能器、微型马达、超精密加工领域等方面都有相关研究并取得了一定研究成果。在超磁致伸缩应用研究方面，我国则明显落后于发达国家，几乎没有成规模的生产线，产品化进程有待于进一步提高。

磁性液体研究方面，虽然国内起步并不晚，但是相对于国外，国内比较成熟的研究是密封方面的应用，在传感器、阻尼减振、生物医学、光整加工、光学性质利用等新领域的开发仍处在基础研究阶段。国外学者在开发磁性液体的新用途上走得比较快，自磁性液体问世以来，他们在航空航天和民用工业方面的应用进展是极其迅猛的。目前国外更多关注在提高磁性液体性能、生物医学、环保应用方面。我国对磁性液体的应用基础理论研究较多，实用化的步伐较慢，且主要集中在电气、机械工业，如传感、密封等方面，我国生物医学发展也在逐步加速，磁性液体光学性质利用的研究亦开始出现，而在环保、化学改良等方面的研究则尚未有报道出现。

国际上，美国、日本和欧洲的声发射技术研究最为活跃，在压力容器、岩土、矿难救灾、大型金属构件等方面都有相对完整的研究成果和稳定的研究团队，但相关学术活动都只在其本土举行。声发射仪器方面，以美国 PAC 公司和德国 VALLEN 公司的产品为代表。国内，中国声学学会、中国机械工程学会无损检测分会在声发射技术的学术活动最为活跃。在中国首次举办的国际性声发射会议 WCAE-2011 是声发射学术活动的标志性事件。声发射仪器方面，中国以广州声华科技有限公司为代表。在电磁无损检测方面，国内外均有众多高校和研究所进行相关的研究，和国际相比，国内的研究成果相对零散、研究队伍稳定方面较差，应用性科研成果相对较多，基础和重大研究成果较少。

无线电能传输技术方面，相对国内仅有为数不多的几所高校和科研院所对无线电能传输技术进行深入系统研究，国外在无线电能传输技术方面投入了更多的人力、物力、财力，在科学研究、工程设计、产品开发等方面取得了重大突破。国内的研究重点是磁耦合谐振式和感应耦合式无线电能传输技术，而国外除上述两种传输方式外，在微波辐射式电能传输方面也取得了重要成果。相对国内对无线电能传输技术研究主要靠高校和科研院所进行，国外不但高校和科研院所对此兴趣浓厚，也有很多具有战略性眼光的企业也纷纷加入到基于无线电能传输技术的相关产品的开发。虽然国内外在基础理论研究方面目前相差不多，但是国内在理论研究领域过于集中，而且在理论深入的研究成果方面进展缓慢，产品研究方面相对滞后。

电磁发射技术研究我国起步较早，但发展规模及技术发展水平与国外发达国家比还有较大差距。电磁轨道发射技术方面，美国已建立起100MJ以上电磁发射用电源系统，实现炮口动能超过32MJ的发射试验，目前针对海军的舰载电磁轨道炮已进入工程应用开发阶段。我国电磁发射技术研究规模较小，国内最大的电源系统储能不超过10MJ，发射炮口动能不超过2MJ。电磁线圈发射方面，美国针对120mm电磁迫击炮完成了全质量模拟弹丸的发射，初速达到430m/s，我国线圈发射最大速度不超过200m/s，并且弹丸质量更小，另外速度测控技术等方面也存在较大差距。电热化学发射技术方面，美国已突破其相关关键技术，完成了装甲车辆的电热化学发射演示验证，我国目前还处在相关技术的探索研究阶段。

我国的磁流体技术研究基本与国际同步，液态金属磁流体发电技术、磁流体油污海水处置以及磁流体推进技术处于国际领先水平，已率先研制出实验室样机；高超音速飞行器的磁流体综合应用研究技术与国外差距较大，美国已研制成功超燃冲压发动机驱动的磁流体发电机试验装置，获得了输出功率15kW试验数据，而国内主要进行原理性的基础研究。其他新型发电技术与国外同步，处于实验室研究阶段。

四、电气工程学科发展趋势及展望

（一）电机与电器

根据学科和产业的发展与需求，电机与电器学科在未来时间里的重点发展趋势可以包括以下几个方面：

1. 电机

（1）高效节能电机系统
高效节能电机的实现是与电机的优化设计、精密加工与新材料的应用、电力电子装置及控制算法的系统化应用等紧密相关的，甚至需要后续传动装置及负载进行更高层级的系统优化。关于高效节能电机系统的研究和发展包括：研究新型电机拓扑结构，提高电机转矩密度；优化电机后续传动装置的变速比以及负载的工作转速，进而提高电机的运行转速与功率密度；根据负载需求（例如风机、泵类负载的流量要求），用调速电机系统代替恒速电机驱动装置，提高系统效率；研究直接驱动的电机系统，省去电机与负载之间的机械传动装置或者减少传动装置的环节数量，提高系统效率；研究多相、多电平电机系统，在现有电力电子器件的限制条件下实现更大功率的电机驱动能力和性能；研究伺服电机系统，提升机床、医疗设备、办公设备乃至高档家用电器的性能；研究模块化电机与模块化电力电子驱动器，提高电机系统的容错性、互换性、维护性以及组合应用的方便性。

（2）电气牵引中的电机系统

电机及其控制系统是电气牵引的动力核心，其主要的发展重点包括：电动（含混合动力）汽车的主驱动电机，要求具有高功率密度、高弱磁扩速能力、宽负载与转速范围内的高效率与高功率因素、高可靠性等优点，除了需要优越的动力性能外，还需要具有能量回馈制动等功能；高效汽车与高档汽车内的车体元件电机，例如，电动助力转向电机系统、尾气余能回收的涡轮发电系统等，可有效降低汽车能耗并提高安全性与舒适性；铁路高速机车的驱动电机系统，不仅要求具有优越的功率密度与可靠性，而且要有很宽的恒功范围和适应恶劣轮轨关系等功能；城市轨道交通的电气动力装置不仅影响到列车的动力性能，甚至也影响城轨列车的爬坡能力和最小拐弯半径。为此国内外许多城轨线路采用直线电机作为城市（也包括山区）轨道交通的动力装置；船舶推进电机及辅助电机，除了具有高效、高功率密度等特点外，还要能够耐受湿热、盐雾等恶劣环境；在多电飞机中，电机系统正在逐步替代原有复杂、庞大和沉重的液压作动系统，电机系统的可靠性与小型化尤为重要；在太阳能飞机、全电飞机中，主驱动电机成为一个技术关键；小型化、高效率、电磁干扰性能、环境适应能力是航天领域电机系统的研究重点；电磁弹射系统中常采用直线电机系统，瞬间的大功率、大应力对电机本体、驱动器乃至储能装置都提出了挑战。

（3）用于新能源发电的电机系统

在新能源、可再生能源领域，大部分还是利用发电机系统实现其他能源向电能的转换。由于原始能源各不相同，因此所使用的发电机系统也各有特点。例如，桨叶直接驱动的低速风力发电机系统与通过齿轮箱驱动的高速风力发电机系统、太阳能热发电系统中通过蒸汽轮机或斯特林机驱动的发电机系统、海浪发电中的直线发电机、以生物质气为燃料的燃气轮发电系统中的高速电动/发电一体机，无论是电机本体还是能量变换装置，均有很大差别，都需要进一步研究开发。此外，小型、微型的发电装置，例如振动式发电装置，常常用于野外收集微小能量，为无线传感网络、通信设备等提供电源，或者为电子设备应急充电。

（4）特殊应用的电机系统

极端环境给电机系统提出了特殊的要求，例如，高温、低温、冲击、振动、高湿、高压、低压（甚至真空）、盐雾、粉尘和辐照，这些环境虽然不影响电机的电磁工作机理，但是可显著缩短绝缘材料、永磁材料、电刷装置、润滑介质、结构件和电子器件等的使用寿命甚至使之迅速失效，因此需要根据极端环境对电机系统进行特殊的设计、制造与保护。此外，很多负载对电机系统也提出了特殊要求，例如，超高速运行、超低速运行、超精密控制，这些要求仅仅通过电机本体是难以实现的，而是需要电机与驱动控制器的匹配完成。还有些应用场合，例如多轴联动的高端机床，存在多个电机系统，每个电机系统须工作可靠且性能优越。同时，不同电机系统之间需要协同控制，这样的复杂电机系统颇具挑战性。

（5）特种电机

特种电机的主要研究内容包括永磁同步电机、开关磁阻电机、磁阻永磁电机、横向磁通电机等在内的各种特种电机的设计制造方法与控制技术，研究目标为提高电机的功率密度、转矩密度、效率和控制特性，以促进特种电机系统在新能源发电、舰船推进、高精密加工、航空航天等特殊领域的推广应用。

2. 变压器

国家电网公司在"2009特高压输电技术"国际会议上提出了名为"坚强智能电网"的发展规划，变压器的智能化研究成为变压器行业的新课题。随着"坚强智能电网"概念的清晰和对智能设备要求的具体化，以传感器为核心技术，由变压器本体和智能组件高度融合，具有测量数字化、控制网络化、状态可视化、功能一体化、信息互动化等显著智能特征的智能变压器于近年研制成功，并经过挂网运行，基本满足智能电网的要求，对于提高电力系统运行的安全性、可靠性以及持续性发挥重要作用。当然，智能变压器在一二次设备集成、整机联调、站控层模拟等方面，应根据智能电网要求的规范化、标准化进一步展开深入研究，以提高产品智能化水平和运行可靠性。

智能变压器的发展与传感器、自动控制、通信技术的发展密切相关，具有非常良好的应用前景。智能变压器最重要的环节是监测功能的设计与实现，这与早期的电力变压器在线监测技术是紧密联系在一起的。随着电子技术、通讯技术、传感技术、自动化技术、可靠性、现代诊断技术和计算机技术的进步与发展，世界发达国家都竞相研制开发了各种以专家系统为基础的智能化电力变压器状态在线监测装置，它能够使人们以与以往完全不同的技术方式进行电力变压器的状态分析，在保证电力变压器与系统安全运行的同时，节省了维护费用，减轻了人员劳动强度。从智能变压器的角度来说，目前比较认可的变压器在线监测参数包括局部放电、油中溶解气体、油中含水量、绕组光纤测温、铁心接地电流、电容性套管电容量及介质损耗因数、变压器振动波谱及变压器噪声等。

目前，国内各大变压器企业主要是变压器主体的生产者，智能组件主要还是从国内外进行采购。由于研制在线监测装置的国内外厂家众多，并没有统一的与变压器主体的接口，也没有统一的衡量这些装置采集数据准确性的方法。随着智能变压器的大量使用以及经验的积累，有效的变压器故障监测手段和诊断方法将被提出，智能组件中各个传感器与变压器本体的接口有望标准化，并最终实现可插拔和更换；另外，随着控制技术与理论的发展与完善，智能变压器的自我控制，如电压的调节、冷却器的投切、负载能力调整等，将由变压器本身的运行状态以及环境参数综合决定，从而实现电网动态负荷的调整与控制；最后，智能变压器还应该涵盖自愈的内涵，例如变压器通过自我实时监控和在线评估，实现故障隐患的提前预防、及时发现、快速诊断及彻底消除。总之，智能变压器必然随着智能电网的发展而日臻完善，还需要我国科研工作者付出不懈的努力。

3. 电器

（1）低压电器

1）智能电网为低压电器发展带来新机遇。智能电网将打破传统的电能生产和消费模式，形成生产与消费双向互动的服务体系，需要双向通信、双向计量电能。据不完全统计，电力系统 80% 以上的电能是通过用户端配电网络传输到用户，并在终端用电设备上消耗的。作为用户端起到控制与保护作用的核心电器设备——低压电器，处于电网能量链的最底层，量大面广，是构建坚强智能电网的重要组成部分。因此，要打造智能电网首先必须要实现作为电网基石的用户端低压电器的智能化，由此构建的用户端智能配电网络是构成智能电网的重要基础。

针对上述发展需求，目前我国低压电器领域科研人员正在联合开发新一代低压电器，总体目标就是实现智能低压电器的网络化和高可靠性，主要特征是能提供系统整体解决方案，适用于智能电网与可再生能源发电系统等特殊需求，安全、高效、节能和环境友好等[17]。新一代低压电器将具有双向通信、故障预警、全电流范围选择性保护、电能质量监控，能实现区域联锁并可快速安全恢复等功能的高度智能化的电器设备，涉及一系列关键技术。

① 故障预警。故障预警与故障报警概念完全不同，故障报警是故障已经发生，让运行人员作出处理。故障预警是预测故障可能发生，但尚未形成真正故障。故障预警目的是防止故障发生，确保智能电网安全运行，涉及的关键技术是故障预测技术和故障预处理技术。

② 故障自愈与快速恢复。该项技术是保证智能电网一旦发生故障时，使故障影响限制在最小范围。关键技术包括故障快速定位与检测、故障快速切除与故障隔离、非故障区自动恢复供电以及故障区快速恢复。

③ 全范围、全电流选择性保护技术。选择性保护覆盖范围包括智能电网整个配电系统以及配电系统可能出现的任何短路电流。

④ 电网质量监控技术。随着各类电子电器、节能电器设备的使用，以及分布式能源系统的投入，将给电网质量带来一系列问题，包括高次谐波、直流分量、功率因素、电压波动、操作过电压等。需要解决的技术问题包括：各类电量、电参数测量与分析技术，影响电能正常使用的相关电量抑制与控制技术。

⑤ 网络化配电系统相关技术研究。智能电网配电系统典型方案与整体解决方案研究、智能电网用户端设备与系统标准化研究、智能电网系统配套附件研究与开发、智能电网用户端设备与系统试验方法、测试设备研究并建立相关检测中心。

⑥ 智能电网过电压保护技术。智能电网中大量采用网络化、信息化技术及相关设备，这些设备中含有大量电子器件，极易受雷电和系统中其他电器设备操作过电压伤害，智能电网过电压保护尤为重要。智能电网过电压保护涉及的主要关键技术有智能电网用浪涌保护器（SPD）配置技术（整体解决方案）、智能电网用 SPD 产品结构与性能研究、智能电

网用 SPD 使用安全性研究和智能电网用 SPD 组合技术研究。

⑦ 分布式新能源系统对低压电器新要求及相关技术。风力发电与太阳能光伏发电系统是未来智能电网重要组成部分，新能源系统特定环境，如环境温度、振动、雷击、额定工作电压和光伏发电直流系统过电流保护等，都对低压电器提出了新的要求。涉及的关键技术有大容量变流装置及相关技术、分布式新能源系统控制与保护技术、新能源系统并网技术及相关设备研制、电能双向传输带来的电能计量技术、电能双向传输系统过电流保护技术和分布式新能源系统过电压保护技术。

⑧ 智能电器使用寿命指示技术。为确保智能电网安全运行，智能电器使用寿命指示是重要保证之一。涉及的关键技术有智能电器使用寿命在线检测技术、智能电器使用寿命如何界定和智能电器使用寿命显示技术。

2）我国低压电器未来发展总体趋向。

① 开发个性化，具有自主知识产权的产品。新技术、新工艺、新材料应用有较大突破或重大创新，产品结构有重大创新，产品性能与功能有很大提高与扩展，研发与设计手段有重大进步和新的突破，产品制造工艺与设备有较大提升。

② 重视低压电器系统集成与整体解决方案，深入开展低压配电系统典型方案以及各类低压断路器选用原则、性能协调、低压配电与控制网络的系统研究，具体包括网络系统、系统整体解决方案、各类可通信低压电器及其他配套元件选用及相互协调配合；配电系统过电流保护整体解决方案，其目标是在极短时间内实现全范围、全电流选择性保护；配电系统（包括新能源系统）过电压保护整体解决方案；各类电动机起动、控制与保护整体解决方案；双电源系统 ATSE 选用整体解决方案。

③ 新一代低压电器产品开发必须具有智能化和网络化功能，不仅能与各种现场总线系统无缝连接，还能直接与工业以太网连接。智能化功能应不断扩大，并出现配电电器与控制电器相互交叉，即综合智能化功能，以更好满足智能电网需要。万能式断路器不再是单一的保护电器，而是集测、检、控、保、管五大功为一体的综合性、多功能开关电器设备。

随着智能电网的建设与发展，我国智能化可通信低压电器及其系统必将迎来新的发展机遇。应紧紧抓住历史赋予的良好机遇，深入开展低压电器及其智能化、网络化关键技术研究，掌握核心技术，形成技术制高点。加速新一代智能化低压电器研制与产业化，为智能电网建设提供重要技术支撑。

（2）高压电器

"十二五"期间，我国电力工业将继续保持快速发展。以全面建设坚强智能电网为契机，高压电器行业将大力推进环保、节能、高效、可靠的智能化电器产品的开发，促进产业结构优化升级，全面提升行业技术水平与国际竞争力，实现高压电器行业由大到强的转变。为此应加大基础研究投入，追踪世界相关科研领域最前沿的研究现状。

高压电器应特别关注的研究领域是：开关基础理论与新技术、新型绝缘材料、导电材料及触头材料、超导技术及其应用、产品可靠性技术、智能电器用传感器技术、环保与节能技术、新能源利用技术、分布式供电技术和固态（无触点）开关技术。

高压电器应重点开展的研发内容是：一是开展交流特高压核心技术与关键部件的技术研究，实现成套设备全面国产化；二是智能化开关设备的技术研发。重点研发开关一次和二次设备的整体融合与接口技术，包括智能断路器、智能开关柜及智能组合电器，以满足智能电网建设需要；三是开关仿真技术研究；四是电压、电流传感技术与电力设备在线监测技术研究；五是加强对环保、节能、高可靠性、少（免）维护开关设备的研究；六是特殊技术领域和使用场合专用开关设备的研制；七是可再生能源发电用开关设备研发；八是与国际接轨且具有前瞻性、方向性的技术与设备开发研究；九是先进试验检测技术开发研究。

我国的智能电网是以特高压电网为骨干网架、各级电网协调发展的坚强电网为基础，利用先进的通信、信息和控制技术，构建以信息化、数字化、自动化、互动化为特征的统一坚强智能电网。电器设备是智能电网非常重要的组成部分，为了适应智能电网的需要，同时也是电力设备自身性能提高的要求，发展智能电器已成为必然趋势。智能电器就是将信息技术完美地融合到传统电器中，以数字化信息的利用为基础，进一步提高电器设备的性能指标以及自身可靠性和安全性，同时为智能电网提供更加完全和丰富的数字化信息，进而提高系统的整体性能。对于智能电网而言，其构建的物质基础是智能电器，智能电器在智能电网中扮演网络节点的角色，它既控制能量流，又控制信息流，是强弱电技术的结合体。

图2给出了典型智能电器的组成。由图可见，典型智能电器的输入可以是电压信号、电流信号（模拟信号），也可以是数字信号。模拟信号经变换器和调理电路变换处理后送给AD转换器，数字信号一般需经过隔离处理后再送给微控制器/微处理器，微控制器/微处理器是智能电器的核心部件。为实现人机交互，需有键盘电路、打印接口电路和显示与报警电路，这些电路受人机接口管理单元的管理/控制。电平信号、触点信号/动作信号均为由微控制器/微处理器控制的输出数字信号。RS 232/RS 485总线接口是简单的串行通信接口，也是多数智能电器配置的信息交换接口[18]。

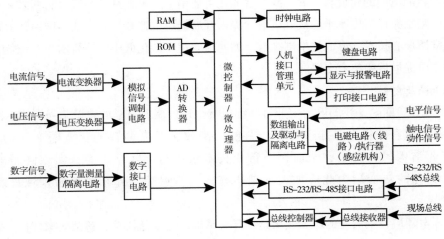

图2　典型智能电器组成

当前，智能化断路器技术总体上还不够成熟，亟待在适应智能电网要求的前提下进行技术革新。短期来看，亟须制定出台智能化断路器的国家标准，在统一规范下实现断路器的状态可视化、评测智能化、控制网络化和操作柔性化，并具有高可靠性。这就需要进一步研究断路器的基本特性、传感技术、信息处理技术、网络技术、智能操作技术和电磁兼容技术等。长期来看，智能化断路器需要实现功能一体化，具备寿命预测功能，并实现对电网和自然环境的友好。产业化应用层面，当前亟待建立智能化断路器的技术标准体系，大力推进示范工程建设。通过小批量试用，在实际应用中发现问题并解决问题，最终实现智能化断路器的大规模产业化。

（二）电力系统及其自动化

进入 21 世纪，我国电力系统的发展面临着许多新问题，如风能、太阳能等可再生能源发电的大量接入问题；满足电动汽车大量应用后的充放电要求问题；配电网相对薄弱、供电可靠性差，存在严重的电压骤降、短时停电等问题；电力系统信息化领域存在严重的信息孤岛现象；大电网、集中式发电模式存在着严重的安全隐患；输、配电系统资产利用率普遍较低；缺乏电力系统与用户间的互动机制和手段，使用户无法在系统负荷的移峰填谷中积极作为。因此，发展智能电力系统技术，努力实现我国电网从传统电网向高效、经济、清洁、互动的现代电网的升级和跨越，是解决我国目前电力系统存在的问题，促进清洁能源高效利用，实现经济社会又好又快发展的必然选择。

目前，电力系统的发展呈现两极化趋势，一是以"特高压"技术为代表，建设新一代超大规模系统；二是以新能源和微电网技术为代表，构建就地发电就地消费的智能化供电单元。

围绕"特高压"技术，先进输电与电网安全成为核心的研究方向：第一，电力系统稳定控制与信息化。适应系统复杂度的增加，深化对电力系统特性的认识和理解，研究新的电力系统安全稳定分析和监控手段，研究新的控制理论和方法在电力系统中的应用，将信息技术、智能技术和经济理论引入电力系统的运行管理，构建新的电力系统控制框架和实施体系，引入新的计算机技术实现超大规模电网并行计算或网格计算，研究实现更形象化、更先进的电力系统运行监测可视化技术。第二，柔性输电技术的深度应用。深入开展大容量电力电子技术在电力系统中的应用研究，实现大容量、快速、连续的功率调节，抑制系统振荡、提高受端系统暂态电压稳定水平、防止系统恶性事故的发生，从而进一步改善电力系统的可控性，提高系统的输送容量。

在新能源和微电网技术方面，提高能源综合利用效率，实现环境优化、可持续发展是核心目标，而各种新型能源发电技术、先进的控制和保护技术、智能化的能源管理系统是实现微电网优越性能的三个技术关键。在此基础上重点研究用户侧就地供电技术，一方面能够满足用户多样化的电能质量要求，另一方面则能够避免电力的远距离传输，是超大规模电网发展的有力补充。

与风电／太阳能发电装机迅猛发展不相称的是，许多支撑大容量可再生能源开发的关键技术尚需突破：缺乏描述大容量可再生能源发电基地的分析手段，使得可再生能源发电基地与大电网的交互作用机理尚不明确；缺乏大容量可再生能源基地的有效规划技术；缺乏大容量可再生能源基地的有效监控手段等。基于上述关键技术的缺失，导致我国在建设大规模可再生能源发电基地时，面临诸多困难。因此，研究和突破大规模集中式可再生能源发电相关技术势在必行。

储能技术方面，液流电池因其安全、循环寿命长而被认为是最适宜规模储能的化学电源技术。目前示范和研发的液流电池体系主要是全钒液流电池和锌溴液流电池，但上述两类体系均存在效率低、成本高、难以消除正负极电解液交叉污染等问题，限制了其商业化步伐和大规模应用。锌镍单液流电池正极是传统氧化镍电极、负极为沉积型锌电极、电解液为碱性锌酸盐溶液，单液流、成本低、无正负电极的交叉污染，循环寿命可达万次以上，可为我国智能电力系统和可再生资源发电的储电提供一种廉价而又性能适中的解决方案。锌镍单液流电池拥有自主知识产权，应用前景广阔，现已有美国研究单位开始跟踪研发。尽早实施锌镍单液流电池的工程化和产业化，对于我国液流储能技术和产业化发展具有重要的意义。

因此建议：加强技术合作和集成创新，努力营造有利于自主创新的智能电力系统技术研究开发环境。由国家电网公司和中国南方电网有限责任公司牵头，组织有关设备制造企业、高等学校、科研机构，建立智能电力系统产业技术创新战略联盟。同时，在有基础的高等院校、科研机构、企业建立国家重点实验室和工程中心，在有条件的地区布局产业化基地。加强与国家重大科技专项和相关科技计划的结合，充分集成现有的创新成果和资源；集成国内优势科研力量，加强与国家重点工程建设的衔接，依托国家重大工程和清洁能源基地开发，开展智能电力系统的示范建设。

（三）高电压与绝缘技术

高电压与绝缘技术学科既是一个有着良好基础的传统学科，又是一个有活力的交叉学科。在已有的学科方向引入新技术、新理论和新方法，拓展原有学科方向的研究领域，如将人工智能、模糊数学和分形理论等引入设备诊断及设备智能化，将超导技术引入传统的开关领域，形成超导限流器的重要研究方向，将分形理论应用于传统的雷击过程及土壤放电过程的研究，将光电集成技术引入高压测量领域形成了光电互感器、光电集成电磁场传感器等研究方向。

基于高电压技术向新的基础及应用研究领域拓展，如利用气体放电和等离子体技术向国防科技研究领域拓展，拓展形成了 Z 箍缩、脉冲功率技术、亚纳秒气体开关等新的研究领域；建设和发展高电压技术在环保及生物领域中的应用这一全新的研究方向，采用高电压技术解决环保和生物领域的重大问题，发展新型环保技术。另外，采用高电压技术处理废水、废气、处理材料及生物、改善人体的机能，如用于骨质增生的治疗等。该学科领域的发展趋势包括以下几个方面：

（1）与交流输电设备相比，直流输电设备的绝缘结构设计、状态检测和寿命诊断尚不成熟，需要系统研究在长期服役条件下绝缘结构内部的空间电荷性能演化规律及其对绝缘系统性能的影响，研究考虑空间电荷迁移特性的绝缘内部电磁场计算方法和绝缘结构设计方法，研究针对直流绝缘的有效诊断参数。这方面研究几乎与国际同步开展，有望取得创新性成果。

高电压绝缘研究方向：1000kV 交流和 800kV 直流特高压外绝缘的基础研究，包括高海拔、污秽地区的输变电工程外绝缘配置方案等是研究重点；特别有机外绝缘的基础理论及应用研究，包括合成绝缘子污秽试验方法等。内绝缘研究，特别是直流条件下内绝缘研究将是今后的一个重点发展的领域。

（2）高压输电与电磁环境技术研究方向：在紧凑型线路的优化设计、过电压分析等相关的基础研究是高电压线路实现远距离、大容量输电的关键；雷电防护和接地技术；雷电绕击输电线路问题的研究；电力系统电磁环境评估技术。

（3）在等离子体放电方面，在基础物理问题的研究上，目前所做的工作还非常有限，在放电机制和放电模式方面人们的认识还不是非常清楚。在放电等离子体参数的测量，诸如各种活性自由基、亚稳态以及带电粒子的密度测量方面的研究也非常少。这些都有待于今后的进一步研究。而在等离子体产生装置方面，其控制趋向于数字化和智能化，近几年，数字芯片的快速发展，使得等离子体装置的趋向于告别以往的模拟控制系统，越来越多的使用数字与模拟相结合，开环控制向闭环控制发展，实现更加灵活、方便地控制和调节输出的放电等离子体。此外，目前等离子体装置电源的大功率化、高频化以及软开关技术的应用也是今后发展的重点，可为工业的大规模应用奠定基础。脉冲功率及等离子体技术研究方向：Z 箍缩等离子体及其 X 射线辐射特性的研究；大气压辉光放电研究成果；对高气压、强电场、快脉冲极端条件下气体放电的理论研究。

（4）在电力设备状态诊断和维护方面，我国在智能变电站和智能设备方面的建设投资巨大，各种电力设备状态监测手段获得了广泛的应用。在综合多种监测手段的状态诊断，以及设备检修策略的优化方面亟待进行深入的研究，需要兼顾设备的生命周期成本，实现电力设备诊断方法和潜修策略的优化。加强智能化高电器设备及诊断技术研究学科方向：智能化高压电器设备研究及其特性、外部诊断技术、在线监测技术的研究是高压电器研究的一个重要方向，是实现数字化电力的基础条件之一。

（5）高电压技术新应用：高电压与环境技术、生物技术和新材料制备的结合，不仅促进了相关学科的发展，更重要的是给高压这一传统学科带来了新的发展空间。在新型绝缘材料研究方面，针对纳米复合电介质材料，一方面需要其均匀分散和大规模制备技术，另一方面需要发展新的微观测试和分析手段，揭示纳米粒子界面的特性及其对宏观性能的影响；针对环境友好绝缘材料和新型智能材料方面，需要跟踪国际前沿，不断开发新材料，并积极推广已经比较成熟材料的应用。

（6）脉冲功率技术仍然是国防、大型科学装置等领域的核心组成部分，因此脉冲功率技术的一个重要发展方向仍然是追求更高的极值量。同时，脉冲功率技术要求系统小型化、重频化、高平均功率、长寿命、安全可靠性和高性价比等，对脉冲功率技术的基础研究也提出了要求，比如放电与击穿特性、高介电常数材料、新器件应用、紧凑型脉冲装置等方面都需要积极推进。放电等离子体在机理探索、参数诊断、技术优化以及应用方面都取得了相当的进展，但放电机理及特性研究仍然是未来放电等离子体领域的核心之一。等离子体生物医学、高性能材料处理、流动控制及辅助点火燃烧等潜在重要应用领域，是未来放电等离子体应用获得重要突破的领域。

（四）电力电子与电力传动

电力电子与电力传动学科是电气工程学科的一门新兴学科，也是一门交叉型很强的学科，它与半导体器件、绝缘材料、信号处理以及控制技术的发展紧密相关。其发展的总体趋势是：电力电子的基础——半导体开关器件芯片将是向大容量、高耐压、高频化、低损耗方向发展：一方面是对 Si 基为半导体材料的器件不断改进，另一方面是采用宽禁带半导体材料研制电力电子器件。器件封装和装置硬件的方向是模块化、集成化、标准单元组合化。系统装置的方向是高可靠性、高性能、集成化、绿色化，系统控制的方向是数字化，系统性能的方向是零电磁污染、高电磁兼容。具体的发展趋势主要包括下面几点：

1）传统的电力电子器件晶闸管和 GTO 正逐步被 IGBT 和 IGCT 所取代。功率 MOSFET 的工艺水平已进入亚微米甚至向深亚微米发展。最新一代 CoolMOS 在额定脉冲电流容量下能兼有极高的通态导电率和超快的开关速度。另外常用在微电子领域的 LDMOS 技术正拓展到电力电子应用领域，功率 LDMOS 在低压高频大电流领域方兴未艾。

2）由于商用的高压大电流 IGBT 器件的电压和电流容量有限，但是在高压领域的许多应用中，要求器件的电压等级达到 10kV 以上，IGBT 芯片还远远不能满足电力电子应用技术发展的需求，通过器件串联等技术来实现高压应用是一个发展方向。

3）宽禁带半导体材料［碳化硅（SiC）、氮化镓（GaN）］具有优良的材料性能，制成的功率半导体器件的性能比传统的硅功率半导体器件有可能得到提升。氮化镓拥有独特的异质结二维电子气结构和在大尺寸硅基片上生长的可能性，使它有很大的发展潜力。

4）磁性元件所用的软磁材料和磁芯结构的新进展，使其性能有显著的变化，为电力电子技术高频化和小型化将起着重要的推动作用。磁性元件的结构最新进展包括大容量低频磁芯结构、低高度磁芯结构、复合磁芯结构、集成磁芯结构和垂直磁芯结构。

5）以各种电力半导体器件为主功率器件的电力电子设备将展开竞争且共同发展。晶闸管及其派生器件仍将垄断特大功率领域，而 IGBT 将在电动机驱动装置、中频电源领域等大中功率领域一统天下。由于与传统器件相比，使用 IGBT 的整流器和逆变器可提高效率、减小噪声，可将电力电子设备的重量、体积减小。

6）基于 VSC 技术和 IGBT 器件的轻型直流输电由于其自身的诸多优势必将成为未来输配电系统中一个不可或缺的重要组成部分。IGBT 串联技术可简化高压变流器的设计，有可直接应用到高压领域，已成为各大公司和学术机构的研究重点。采用 MMC 技术可以降低高压轻型直流输电的难度，且模块化多电平变流器应用范围广，可不通过变压器直接接入高压系统，目前是国际上最为先进的轻型高压直流输电方案之一，也是未来重要的发展方向。

7）电力传动中最典型的应用是车用电驱动系统。我国未来车用电驱动系统的发展呈现出两个主要趋势，一方面是电气驱动系统的集成化和一体化趋势更加明显，混合动力中的电气驱动比例越来越大；另一方面是电驱动控制系统的数字化与集成化程度不断加大，车用电驱动与控制系统集成化程度也不断加大，将电力电子设备进行不同方式的集成正在成为发展趋势。

8）电力电子学科基础研究将必然有一个突破性发展。目前还处于一个基于功率半导体技术、电子电路技术以及控制技术的简单合成应用技术层面，其本身理论体系还在动态发展之中。从系统集成、能量变换以及电磁瞬变的角度进行电力电子学科的基础理论研究是总的发展方向。

（五）电工理论与新技术

作为电气工程学科中的基础性学科，电工理论与新技术学科没有明确的学科界限，这一点与其他二级学科非常不同。从电工理论来讲，它主要包含电磁场理论及应用、电路（电网络）理论及应用等；从电工新技术来讲，它包含超导应用、电磁发射、磁悬浮、等离子、现代电磁测量等非常广泛的学科方向。下面几个方面为电工理论与新技术的主要发展趋势。

电磁场理论与电路理论既有互相独立的体系，又有紧密联系。事实上，特别在快速电磁暂态和电磁兼容性等研究领域，场、路耦合求解已经成为发展趋势。今后电磁场理论及其分析的重点研究内容是微小尺度下，或形状尖锐、极薄、各向异性、高度非线性介质，或极高场源激励下，或极端环境下的电磁场边值问题的建立及其数值计算方法。工作在复杂环境中的电磁系统，涉及复杂电磁多物理场问题；在工程实践中经常要根据预先设定的功能，通过逆问题设计实现电磁系统的预定指标，在高维情况下计算量巨大、计算效率低，发展高效数值计算方法、电磁场并行计算和集群处理技术等是当前研究重点和热点。电路理论研究一方面注重研究有源网络、电力系统网络、电力电子电路、电力设备模型的分析与设计、故障诊断的理论与方法、与运行及控制有关的信号处理新技术，另一方面在与其他学科交叉研究方面开展以原始创新为目的的基础研究，例如与生命科学、信息科学、环境科学等领域的结合研究。

提高超导材料的电磁性能是发展超导电工技术的基础。从超导磁体和超导电力应用出发，应着重研究新型实用高温超导体的体材、带材、膜材及电缆的电、磁、热和机械的物理特性；研究进一步提高实用超导材料的载流能力、降低交流损耗、实现各种特殊的实用导线。随着我国科学技术的快速发展，对于在强磁场环境下的物质输运、磁光学、磁化学、磁生物学新现象的探索将有较强需求。预计在未来 5～10 年，高于 30T 的强磁场装置和大口径超导磁体将是重要的发展方向，相关的关键技术基础需要提前积累。结合世界范围内的技术发展态势，超导电力技术的总体发展趋势将是：向更高电压等级和更大容量、原理多样化和功能集成化方向发展，逐步成为战略性新兴产业服务，并推动新能源和智能电网产业的发展。

储能技术类型多，各类储能技术处于不同的发展阶段，应采取不同的技术发展策略。我国抽水蓄能发展潜力较大，经济发达的负荷中心地区以及西部、北部等新能源开发规模较大的地区，是未来我国抽水蓄能电站发展的重点区域。未来主要攻关方向包括机组电容量化、高水头水泵水轮机、高转速大容量发电机、变速调节控制、无人化智能控制与集中管理、信息化施工、隧道掘进机开挖技术、新型钢材和沥青混凝土技术等。电化学储能技术在电力系统中也将获得广泛应用，根据电力系统对储能电池的总体要求，未来电池技术的研发重点为长寿命、低成本、高安全性、低资源依赖度、高比能量、宽温度范围、高效率等。目前已经开展储能工程示范或技术上取得较大突破的电池类型主要有钠硫电池、全钒液流电池、磷酸铁锂电池、钛酸锂电池、铅炭电池，正在向储能应用领域发展的下一代电池类型主要有全固态锂离子电池、碳纳米管电池，未来值得关注的前沿电池类型主要有钠离子电池、锂硫电池、锂空气电池、多价态离子电池（如镁基电池）。

生物电磁技术主要研究生物医学与电气科学交叉的问题，其中许多问题涉及生物（特别是生物物理学）和医学的前沿问题，因此发挥电气科学和电工技术领域人才的特长，从电气科学角度出发，与生物和医学专家紧密配合，无论从理论研究还是从实际应用方面，都可以取得重大成果。在电磁场效应研究方面，交直流输电线路、磁悬浮列车等相关的复杂电磁环境的检测技术和对环境、健康的影响值得深入研究。在基于电磁场理论和电磁技术的医疗仪器方面，多物理场耦合的成像技术、脉冲电场/磁场的医学应用、与纳米技术相关的生物电磁技术、植入式医疗设备的新型供能方式等是未来5年发展的热点。

作为三大智能材料之一，超磁致伸缩材料形态上的薄膜化、微型化将成为具有潜力的发展方向，而执行与传感功能融合形成的具有自感知功能的执行器将成为超磁致伸缩材料器件研究的前沿。不断进行成分调整与掺杂研究，不断改进材料性能以克服现有器件在位移分辨率和响应灵敏度等方面的不足，不断提高其响应速度、饱和磁致伸缩系数、可控性、刺激转换效率等，使超磁致伸缩材料应用到地震工程、生物医学工程、环境工程等新领域中。进一步加大应用器件研制与开发的力度。如：在功率电—声换能器方面应继续朝低频、大功率方向发展；继续对薄膜型超磁致伸缩微执行器的开发与应用进行研究，使产品微型化、智能化。

磁性液体及应用技术重点发展方向是磁性液体性能研究、传感器和阻尼减振器研究的商业化以及生物医学等。磁性液体性能是影响磁性液体应用的最重要因素，研究配置更高饱和磁场强度、高稳定性的磁性液体是关键之一，对磁性液体的各种物理、化学性质在磁场下的变化研究是另一个关键。无论是航空航天、国防军工，还是民用工业，都离不开测量和减振，磁性液体在这两个方面的独特用处决定了将传感器、阻尼减振器实用化、商业化是未来的重点发展方向。磁性液体在生物医学中的应用都与肿瘤治疗等密切相关，研究磁性液体与生物体、特别是人体的相容性，药物到达肿瘤区域的准确性和有效性，磁性液体热疗与化疗的结合，磁性液体在人工心脏中的利用等，都是未来的发展方向。

电磁检测技术是电气工程、材料科学与工程、机械工程、信息科学与技术、电子学等学科发展起来的一门综合性工程技术，要达到无损评估的目的，需要开发适用的灵敏传感器设备、应用信号分析和成像技术，开发专家系统，建立 NDE 检测结构的可预测性等。目前存在的主要问题是缺陷定量困难、电磁干扰严重、不易成像化。伴随着电子技术的发展，电磁干扰问题得到了极大的缓解。成像化问题，随阵列化和信号处理技术的发展，在逐步得到解决。缺陷定量检测方面，尚需要在基础研究方面做更多的工作。电磁激励条件下，缺陷的电场、磁场、力场、结构场和声场的多物理场精确建模分析，尚需在高频磁特性和磁致伸缩特性测量、电磁场云计算、声源响应机制和信号采集与分析方面做更多的工作，尤其是频磁特性和磁致伸缩特性测量、电磁场云计算问题是定量分析的基础问题。

随着无线电能传输技术的深入发展，人们对该技术的认识将更为理性，将迎来该技术发展的黄金时期。未来 5 年无线电能传输技术重点发展方向是系统总体性能问题、网络电源管理问题和电磁兼容与电磁环境问题。无线电能传输技术在系统性能等许多方面需要进行进一步研究，包括整体提高系统传输电能的功率、效率问题；提高系统传输电能的距离问题，解决增大传输距离与减小传输装置体积间的矛盾；共振频率的鲁棒性问题；高性能、大功率电源的开发问题；大功率高频整流技术；产品的可靠性和稳定性技术研究。无线电能传输技术的使用特点之一是具有很高的灵活性，电能之间传递可采用一对一、一对多、多对一或多对多等多种方式，因此，电源有序管理、合理分配、安全使用问题尤为重要。无线电能传输系统工作时周围空间会存在高频电磁场，这就要求系统本身具有较高的电磁兼容指标。无线电能传输是否对人体有害，如何消除可能的危害将是下一步的研究重点。

电磁轨道发射技术在突破了轨道寿命等关键技术以后，将逐步进入工程开发应用阶段，另外在脉冲电源系统的小型化方面仍有很长的路要走，脉冲交流发电机技术是其中应重点发展的方向之一。能量转换效率也将进一步提高，目前能量转换效率为 10% ~ 20%，未来将达到 30% ~ 40%。电磁线圈发射技术将主要集中于低速大载荷的应用领域，开展速度测控、高强度线圈等技术方面的研究。电热化学发射技术的发展方向是电源向高密度、小型化、快速充放电及长寿命方向发展，利用高性能发射药及先进点火技术提高初速一致性，提高精度。

磁流体技术主要涉及电磁学与流体力学的交叉问题，其中具体的应用还与其他特定的理论和相应的学科相交叉，如电磁流体油水分离过程实际上是随机波作用下电磁场中的多相流流动问题，液态金属磁流体波浪能发电过程为波浪外力作用及高磁雷诺数下的 MHD 管道流动问题。因而，电磁场与波浪外力作用下的 MHD 管道流动的机理及特性研究、数值求解方法是今后磁流体技术的重要研究方向，重点将实现磁流体波浪能利用、电磁流体油污海水处置技术和超导磁流体船舶动力推进技术的实用化。高超音速飞行器的磁流体综合应用技术方面，重点研究马赫数大于 8 的高超音速飞行器机载磁流体发电技术、基于 MHD 流动控制的再入飞行器主动热防护以及激波抑制和定位控制技术等。

五、电气工程学科发展建议

电气工程学科及其技术已日益广泛地应用和渗透到能源、环境、制造业、交通运输业中，特别是与国家安全和国防有关的先进能源技术、激光技术、空天技术、高档数控机床与基础制造技术等许多重要领域。电气工程学科是国民经济和工业发展的基础学科，也是我国装备制造行业发展的关键，处于一个举足轻重的地位。当前面临本学科的快速发展、行业加速更新换代、国际竞争激烈的发展形势，建议在电气工程学科及其行业发展布局、支持原则、优先发展重点以及实施措施上考虑以下几点：

1. 加强电气学科应用基础研究

电气工程学科发展到今天产生了许多前沿、交叉基础等应用课题。各种电路非线性问题、装备可靠性问题、功能适应性问题等愈加突出。电气工程科学已发展成为多学科的交叉，包括电磁材料、非线性电路分析、装备与系统的控制等，同时需要考虑到电磁场、热力、机械等多种学科，是一个综合性系统级的学科，电气工程学科的内涵和外延已经得到了极大的深化和扩展。电气工程学科的发展必须遵循其内在发展规律，全面了解、分析与控制电磁能量有效变换，处理好器件、装置与系统，电磁场与电路、检测与控制等关系的问题。

2. 建立公共的电气标准及装置检测试验平台

电气设备装置的可靠性、控制性能的设计和确定是以试验为检测依据的，目前各个厂家生产的电气装备装置水平参差不齐，可靠性和控制性能难以得到保证，最大的问题是缺乏高水平的试验平台。建议国家集中财力，独立建立或者委托有资质的第三方建立公共的、高水平的、多功能的电气装备装置试验平台，以作为提高装置水平、建立认知系统的硬件系统基础。

3. 产业化中的关键技术问题研究

电气设备装置产业化有其自己的关键性技术，如装置与应用环境的适应关系，装置的系统特性与各部件特性之间的关系，系统优化问题，装置应用标准和检测；等等。这些问题在装置样机单独研制中难以考虑到，但在产业化中却具有重要意义。建议列出相应的产业化研究课题，进行课题攻关研究。

4. 电气学科专用应用标准研究

目前国家已经有一些通用的关于电气设备装置的标准，各个企业也相应有一些针对具体产品的企业标准，但是国家标准中一些指标过于陈旧，如电气设备装置的效率，定义一直不清楚，平均效率还是最大效率，以及与谐波含量和功率因数之间的关系。另外，电压制度也一直沿用早期电力系统中的 220V、380V 和 6000V 等，缺少中间等级的电压标准。而实际应用中，690V、1000V、2000V、3300V、4600V 等电压等级已经有越来越多的应用，但缺乏相应电压等级的标准。另外，在一些专门电气装备应用中，缺乏相应的专门标准。因此，建议针对目前已经有较多实际应用的专门装置制定相应的专门标准。

5. 围绕国家重点需求开展重点研究

当前，国家在电气节能、新能源发电、电力牵引和智能电网等方面对电气设备装置形成重大需求，建议针对这些需求，提出具体装置目标，形成重点装置课题进行攻关研究。

6. 加强产学研的紧密合作

电气工程学科是一个多学科、多行业的集合体，各个方面必须有一个很好的协调和合作。如研制装置的单位必须了解器件特性，而研制器件的厂家必须了解装置的需求，只有这两方面紧密合作，才有可能研制和生产出高水平、高质量的电气设备装置。建议组织高层次学科和产业的协调机构，加强沟通，密切合作。

参 考 文 献

［1］何瑞华.我国新一代低压电器发展趋向［J］.低压电器，2013（3）.
［2］陈德桂.智能电网与低压电器智能化的发展［J］.低压电器，2010（5）.
［3］尹天文.智能电网为低压电器发展带来新机遇［J］.低压电器，2010（2）.
［4］西安交通大学电力设备电气绝缘国家重点实验室评估报告［R］.2013.
［5］清华大学电力系统及发电设备控制和仿真国家重点实验室评估报告［R］.2013.
［6］华中科技大学强磁场工程与新技术国家重点实验室评估报告［R］.2013.
［7］重庆大学输配电装备及系统安全与新技术国家重点实验室评估报告［R］.2013.
［8］北京电力电子学会.我国电力电子技术与产业的现状与发展［R］.2013.
［9］中国电器工业协会电力电子分会.电力电子行业"十二五"发展规划［Z］.2010.
［10］工业和信息化部电力电子技术"十二五"发展战略规划［Z］.2009.
［11］施耐德公司.塑壳断路器 NSX 系列和框架断路器 Masterpact MT 产品说明书［G］.
［12］三菱公司 WS 系列塑壳断路器产品说明书［G］.
［13］ABB 小型太阳能 1000V 直流专用隔离开关全新上市［J］.高压电器，2013（2）.

［14］ Proceedings of Applied Power Electronics Conference 2013 ［G］. 2013，3.

［15］ Yano Research Institute. Global Power Semiconductor Market: Key Research Findings 2013 ［R］. 2013.

［16］ 华北电力大学新能源电力系统国家重点实验室评估报告［R］. 2013.

［17］ 何瑞华. 智能电网系统中低压电器发展探讨［J］. 低压电器，2011（1）.

［18］ 林莘. 现代高压电器技术［M］. 北京：机械工业出版社，2011.

撰稿人（按姓氏笔画排序）： 丁立健　马衍伟　王志峰　王秋良　毛承雄　刘国强
齐智平　汲胜昌　严　萍　李　鹏　李立毅　李兴文
李志刚　李盛涛　李崇坚　杨庆新　肖立业　吴　锴
何瑞华　汪友华　宋　涛　张国强　陈海生　邵　涛
林　莘　郑琼林　赵　峰　赵争鸣　荣命哲　贾宏杰
顾国彪　郭　宏　唐　炬　崔　翔　康　勇　康重庆
彭　燕　曾　嵘　温旭辉　裴相精　潘东华　戴少涛
戴银明

专题报告

新型与智能电气设备

一、引言

电气设备是先进装备制造领域的重要内容。随着我国电力系统的发展，对电气设备也提出了新的更高的要求。在这一背景下，围绕新型与智能电气设备，相关科研院所、制造企业做了大量卓有成效的工作，使得我国在这一方面的基础研究、核心技术水平和产品性能整体达到了国际先进水平。

本专题主要介绍新型智能电气设备的发展，主要包括直流开断技术、环境友好电力开关设备、智能化断路器、智能化变压器、智能化电缆、避雷器等关键电气设备。

二、我国的发展现状

（一）直流开断技术

我国轨道交通和船舶电力推进、新能源发电等产业对直流开断技术有广泛、迫切的需求，因此国内多家科研院所、生产企业都开展着直流断路器的相关研发工作。

ABB 公司于 2012 年提出了基于电力电子器件的混合式直流开断技术，高性能的电力电子器件及其串并联、快速隔离开关等是其中的关键问题[1]。同时，近年来，我国在以空气为灭弧介质的直流断路器和基于人工过零的真空直流开断技术方面的研究也得到了长足发展。

空气直流断路器采用了提高电弧电压强迫电流过零的开断原理，具有开断原理简单、可靠性高的特点。电弧运动和电弧电压上升是决定开断性能的根本原因，所以这种开断技术的关键在于控制电弧平稳、快速地进入灭弧室，迅速被金属栅片切割成多段短弧。因此，对电弧现象的研究工作与调控技术的发展是空气直流断路器的关键所在。

目前，在国内市场 1500V 及其以上的大容量空气直流断路器，主要被瑞士 Secheron 公司、美国 GE 公司和英国 FKI 等几个跨国公司的产品所垄断，国内主要有西安交通大学、

79

中船重工 712 研究所、大全集团、上海新联等进行了相关的关键技术和产品研发工作。西安交通大学研制的双极式大容量空气直流断路器已经通过了德国 IPH 实验室最大容量的开断实验（4kV/70kA），该参数是目前已有空气直流断路器的最高参数。

理论研究方面，基于磁流体动力学理论，通过数值计算的方法研究了中压直流断路器触头系统转移过程中的电弧等离子体的行为特性，以及铁栅片引起的非线性磁场对电弧切割过程的影响，研究表明触头系统的气压分布会显著影响弧根区域气体电导率的变化，进而对电弧的转移过程产生重要影响[1]。另外，在临界小电流情况下，磁吹力不足以拉长电弧，电弧将会长时间停滞并持续燃烧，也会造成开断失败，这一问题将来还需要再进行更深入的研究。

真空介质不仅具有极高的绝缘强度，而且弧后介质强度恢复速度快。此外，真空断路器具有电弧能量小、电极烧蚀轻、灭弧室免维护等优点。因此，在中压交流系统中真空断路器已得到了越来越广泛的应用。将真空开关用于直流开断，一般采用人工过零技术，其基本原理为：在主开关两端并联一条由预充电的换流电容器、换流电抗和换流开关组成的换流支路，开断时主断路器打开，并关合换流开关，则换流电容器通过换流电抗和主开关的弧隙放电，形成与主断路器电弧电流反向的振荡电流，并在反向电流达到一定值时使主断路器的电弧电流过零并熄灭。为加快限流速度并充分利用真空开关开断高频电流的能力，一般利用换流回路形成高频振荡电流。

2010 年，针对舰船直流系统中电压高、短路电流大、短路电流时间常数小的特点，西安交通大学成功研制了基于人工过零的快速真空直流开断样机，并在系统电压 3kV（设计额定电压为 5kV），恢复电压峰值 10kV，开断电流 30kA 的实验室条件下，成功开断[2]。目前该技术已进入工程化阶段。

（二）环境友好电力开关设备

SF$_6$ 开关设备因其优良的性能，广泛应用于 72.5 ~ 1100kV 的电力系统中。但是，SF$_6$ 气体是一种强温室效应气体，其温室效应系数是 CO$_2$ 气体的 23900 倍，并且具有超稳定的特性，无法进行自然降解，在大气中的寿命衰减到初始量的 37% 长达 3200 年，因此对温室效应的影响具有累积性和永久性。此外，SF$_6$ 气体在电力开关设备中电弧作用下的分解物还具有强烈的腐蚀性和剧毒性。所以，减少和限制 SF$_6$ 气体的使用成为当前电力开关行业亟待解决的问题。目前，有两种技术途径，一种是真空断路器的高电压等级化，另一种是环境友好气体。

真空断路器因其具有环境友好、体积小、绝缘强度高、使用寿命长和适应恶劣工况等诸多的优点，是替代 SF$_6$ 断路器的一种有效方案。

真空开关设备经过多年发展，在 3.6 ~ 40.5kV 的中压配电开关设备领域占有优势地位，但是在向高电压等级发展过程中需要解决以下 4 个方面问题：真空绝缘问题、大电流开断问题、额定电流提升问题、操动机构速度特性的可靠性问题。针对这些问题，各国展开了深入研究并取得突破，设计并制造出替代 SF_6 开关的高电压等级真空开关设备，其中日本的研究和设计水平处于世界最前沿。

我国已设计并制造出电压等级 126kV、额定电流 2500A、短路开断电流 40kA、单相单断口的真空断路器，并通过型式试验。从 2005 年开始，就有 126kV 真空断路器投入使用。截至目前 200 多台 126kV 柱式真空断路器，400 多台 72.5kV 柱式真空断路器在电网中运行，并且有 400 多台 55kV 柱式真空断路器在铁路电网中使用。

经过研究，人们已从全球变暖潜能、液化温度、毒性、灭弧能力等方面对上千种气体进行了对比分析，目前已相对集中地收缩到少数若干种可能的替代气体上。

为了适应俄罗斯西伯利亚、加拿大西部、我国东北等高寒地区的环境条件，CF_4 这种液化温度更低为 0.1MPa 时为 –128.1℃、GWP 更小为 SF_6 的 26.25%、绝缘和灭弧性能均较好的气体也得到了重视。一种充气压力较高 0.7MPa、以 50% SF_6 ~ 50% CF_4 为介质、短路开断能力为 40kA 的 145kV 高压断路器在加拿大马尼托巴省试运行。2012 年，ABB 公司又宣布研制出了以纯 CO_2 为介质、短路开断能力为 31.5kA 的 72.5kV 瓷柱式高压断路器样机[3]。虽然上述产品或样机在充气压力、电压等级和开断能力等方面与目前 SF_6 断路器的技术指标有较大距离，但也在一定程度上增强了人们研究以 SF_6 替代气体为介质的高压电力开关设备的勇气和信心。

西安交通大学、上海交通大学的研究人员针对 SF6 混合及替代气体灭弧和绝缘性能进行了长期研究，并取得了一定结果。实验结果表明，在电弧电压、电弧半径、电弧形态等参数上，从灭弧角度来看，CO_2 与 SF_6 更为接近，也计算了 SF_6、CF_4、N_2、O_2 等及其混合气体的临界击穿场强，以用于评估不同气体的电开断能力[4-7]。

（三）智能化断路器

在传统断路器基础上，智能化断路器融合了传感器技术、微电子技术、信息与网络技术、自动控制技术等，从而在完成基本开关功能过程中具备感知、决策与柔性操作功能，在运行过程中具备状态监测与寿命评估功能，实现对电网与自然环境的友好。

当前，智能电网建设快速发展，对断路器智能化提出了很高的要求，同时也为智能断路器提供了广阔的市场空间。因此，近年来断路器智能化技术快速发展，不但产生了一批新技术，而且部分技术已经实现了产业化应用。下面就几个主要方面介绍断路器智能化技术的现状[8-10]：

1. 在线监测技术

在线监测技术支撑断路器运行状态的可视化，是实现断路器全寿命周期管理的前提，是智能断路器的必备技术。针对断路器运行过程中的机械状态、绝缘状态、温升状态信号的在线提取技术日趋成熟，检测精度与可靠性有了大幅提升，部分产品已经应用到中高压断路器 /GIS 中。一些在线监测获得的数据比较复杂，如：局部放电的超高频信号，因而提取反映断路器健康状态的特征量信息非常重要。研究人员尝试了各种数字信号处理方法，部分方法已应用到实际产品中。特征量信息是实现智能评测与寿命预测的基础，但是目前对这些信息的利用与挖掘还远远不够，一些新的智能评测与预测方法，包括专家系统、神经网络、支持向量机等，还主要停留在实验室研究阶段。

2. 智能操作技术

智能操作可大幅提高断路器的开断能力和可靠性水平，抑制关合／开断过程中产生的过电压和电网谐波，对电网更加友好。智能操作是智能化断路器的基本功能之一，它主要包括自适应分闸和选相合闸两项功能，即通过智能选相实现分合闸过程中电弧能量最小化，提高开断能力及可靠性水平。国内外企业对智能操作技术的研究已有多年历史，但长时间停留于实验室研究阶段，一方面是因为机构本身运动特性的分散性大，另一方面是因为智能操作需要建立在可靠的在线监测技术基础上。随着在线监测技术的日趋成熟，近年来针对稳定性较高的液压、碟簧等操动机构，一些具有智能操作功能的断路器产品已经面世。

3. 网络与通信技术

智能化断路器作为电网中的关键设备，必须与调控系统和生产管理系统实现信息互动，这是智能电网的客观要求。因此，在站控层需要采用调控系统和生产管理系统的通信媒介（如：光纤以太网）和通信协议（如：IEC61850协议），在过程层和间隔层需要支持GOOSE服务。目前，多数智能化断路器还不能满足上述联网的要求。智能电网的快速发展，使得智能化断路器的网络与通信技术逐渐统一。国家电网公司2009年出台了《智能开关设备技术条件》，智能化开关设备的国家标准也必将出台，这将使智能化断路器的网络与通信技术逐步走向规范化。

4. 智能组件及其可靠性技术

断路器智能组件是实现智能化的硬件保证，但目前对智能组件尚缺乏明确规范，使得不同厂家的产品在功能、结构等方面存在较大差异。断路器工作于比较恶劣的电磁环境中，因此，智能化组件必须具备良好的电磁兼容能力。国家电网公司《智能开关设备技术条件》规定了智能组件的EMC试验要求，其中包括静电放电、浪涌等13项电磁兼容试验。尽管如此，目前的断路器智能组件通过电磁兼容试验的却比较少，这是因为智能化断路器产业发展尚处于初级阶段，对电磁兼容尚未严格要求。智能化断路器生产厂家对电磁兼容日益重视，最新开发的产品已经有一部分通过了电磁兼容性能试验。

近几年来国内电网建设迅速发展，已形成世界上主要的智能断路器市场，促使自主研发的智能断路器技术实现了跨越式发展，包括西安高压电器研究院、西安交通大学、宁波理工有限公司等研究单位与生产企业也开发了一批智能化断路器产品，逐步占领中低端国内市场，并向高端市场进军。

（四）智能化变压器

在电力系统的各种设备中，变压器承担着改变电压、传输和分配电能的任务，是比较昂贵且重要的电气设备之一，其安全运行对于保证电网安全意义重大。智能变压器是指由电力变压器主体和智能组件组成，具有测量数字化、控制网络化、状态可视化、功能一体化和信息互动化的电力变压器，其对于提高电力系统运行的安全性、可靠性以及持续性能够发挥重要作用。

智能变压器的概念最早是在 1996 年由九州电力公司的 K. Harada 等人提出的，但实际上这是一种通过电力电子器件实现电压变换和能量传递的电力电子变压器，而目前的智能变压器已经特指智能电网中使用的、基于电磁感应原理的电力变压器。2004 年，西安交通大学的张冠军、严璋等人提出了将在线智能监测系统及其智能分析诊断方法与变压器主体结合起来的思想，是智能变压器的雏形。国家电网公司于 2010 年颁布了《高压设备智能化技术导则》，更加明确了智能变压器的内涵[11]。智能变压器可以在智能系统环境下通过标准化通讯网络与其他设备或系统进行交互，其内部嵌入的各类传感器和执行器在智能化单元的管理下，保证变压器在安全、可靠、经济条件下运行。变压器出厂时将其各种特性参数和结构信息植入智能化单元，运行过程中利用传感器收集到实时信息，自动分析目前的工作状态，与其他系统实时交互信息，同时接受其他系统的相关数据和指令，通过执行器调整自身的运行状态。由此可见，一台智能变压器的基本组成应包括：变压器主体、检测变压器各部件状态的传感器、执行器、标准化通讯网络、智能组件和智能化辅助设备，其中的智能组件又由变压器智能化单元、计量单元、监测单元、保护单元、控制单元、通讯单元以及电源管理系统所构成。

对于智能变压器而言，其中最重要的环节其实是监测功能组的设计与实现，这与早期的电力变压器在线监测技术是紧密联系在一起的。在我国，变压器在线监测技术研究起始于 20 世纪 80 年代，经过 30 多年的努力，已发展成了几乎独立的一门学科，其研究领域已从理论到实践，直至实用装置的开发。特别是近十几年来，随着电子技术、通讯技术、传感技术、自动化技术、可靠性、现代诊断技术和计算机技术的进步与发展，发达国家都竞相研制开发了各种以专家系统为基础的智能化电力变压器状态在线监测装置，它能够使人们以与以往完全不同的技术方式进行电力变压器的状态分析，在保证电力变压器与系统安全运行的同时，节省了维护费用，减轻了人员劳动强度。从智能变压器角度来说，目前比较认可的变压器在线监测参数主要包括：局部放电、油中溶解气体、油中含水量、绕组光纤测温、铁心接地电流、电容性套管电容量及介质损耗因数、变压器振动波谱及变压器噪声等。

目前，我国已走在了智能变压器研制与开发的世界前列，国家电网公司不仅颁布了《高压设备智能化技术导则》，且国内的保定天威、特变电工沈阳、西电西变、常州东芝等大型变压器厂家也已设计制造出了智能变压器，并在智能变电站中投入运行，电压等级涵盖了 110kV、220kV、500kV 以及 750kV。

（五）智能化电缆

智能化电缆的一个新进展，是在电缆中加装光纤传感器，实现对电缆运行状态全线监测。厂家在生产高压／超高压电缆产品，尤其是大长度海底电缆时，通常将光纤传感器（如光感温度控制器）直接安放在电缆内部，对电缆各层温度进行全线监测。一方面，这比传统方式，即在敷设电缆的同时敷设一根感温光纤要经济得多；另一方面，由于光纤放置在电缆内部，不易为外部机械应力所损伤，不受环境影响，实时性好，且测量精度也大大提高。对于单芯电缆，通常将光纤置于电缆绝缘表面，通过测量电缆绝缘温度，推算线芯温度；而对于三芯电缆，大多将光纤置于三个线芯中间的填充部分。理想情况下，光纤应被置于尽可能靠近电缆导体的位置，以精确测量电缆的实际温度，避免通过测量温度推算导体温度带来的误差。目前，国外已有将测温光纤置于自容式充油电缆线芯油道中的成功案例，也有国内厂家正着手进行将测温光纤放置于交联聚乙烯电缆导体中的相关研究。

除在电缆中放置光纤传感器进行温度监测外，新的智能电缆设计中包含自带的多个传感器，以同时实现对温度、机械应力、湿度进行实时监测和预警的功能，这种智能电缆将是未来电网中应用的电力电缆的发展方向。

另外，未来智能电网将极大地促进直流输电技术的广泛应用，直流电缆的制造则是一个难题。20世纪直流高压电缆全部是油纸绝缘电缆，其缺点是制造工艺复杂、成本高、维护困难。从70年代开始，虽已安装了大量高压交流交联聚乙烯（XLPE）绝缘电缆，但直到本世纪初才开始安装100～300kV直流高压XLPE绝缘电缆。传统的XLPE绝缘材料工作在交流电场下，但是，如果工作在高直流电场条件下就会面临新的问题：在高电场作用下，XLPE绝缘材料中会积聚大量空间电荷，这些空间电荷会对电缆绝缘产生显著的破坏作用，从而严重影响电缆整体的服役特性。因此，如何抑制空间电荷以避免其引起的电场局部畸变，以及其导致的加速破坏作用，提高抗老化性，延长使用寿命，是发展新型直流高压聚合物绝缘电缆材料必须解决的难题。现有研究结果充分显示，利用无机纳米颗粒与聚乙烯进行复合，构成聚乙烯纳米复合材料，充分利用无机材料和聚合物材料的优良特性，能够使复合材料的整体性能满足直流电缆绝缘材料的特殊需要。在复合材料中，必须使无机相以纳米尺度分散在聚合物，因为无机相只有保持在纳米尺度，才能做到在不牺牲复合材料机械及加工性能的前提下，使材料的电学性能，尤其是空间电荷抑制特性获得显著提高。聚乙烯纳米复合绝缘材料能抑制空间电荷、提高复合材料的击穿强度与抗老化能力、延长寿命、提高运行安全可靠性，这为开发特／超高压直流电缆和特种电缆绝缘材料提供了一种新的选择，并在实际中得到初步应用。例如：日本试制了500kV海底直流电缆，所用绝缘料就是聚乙烯纳米复合材料；欧洲生产的330kV直流电缆已投入运行。目前，世界上已有多条直流电缆线路投入运行，我国也开始建设大连和南澳岛的直流电缆输电示范工程。据预测，到2015年全球XLPE绝缘高压直流电缆将增加1500km以上，2020年总运行长度将超过5000km。

（六）避雷器

避雷器是电力系统运行中抑制过电压保护电力设备不可缺少的保护设备。金属氧化物避雷器自20世纪70年代末引入电力系统以来，凭借其无与伦比的优异非线性、大的通流能力和持久的抗老化特性迅速取代了传统的SiC避雷器，得到了广泛应用。

我国金属氧化物避雷器制造技术源于20世纪80年代初，基于引进的日本日立配方和工艺，经多年对引进配方、工艺的不断改进，避雷器制造技术经历了由低压系统向超特高压系统应用的发展过程。避雷器制造技术研究主要集中在探索电阻片的配方、工艺和电气性能方面，通过研究获得了电阻片的静态小电流特性、单一操作冲击和雷电冲击下非线性特性、能量吸收特性和工频耐受特性等，完善了非线性区的等值电路模型和参数，形成了系列避雷器制造、选用国家标准和部颁标准。

目前，我国金属氧化物避雷器的最新研究主要集中在超特高压交流系统用无间隙避雷器、GIS罐式避雷器、线路悬挂式避雷器、多柱并联避雷器和超特高压直流避雷器。近年来，随着我国交流超、特高压、直流超、特高压的迅速发展，我国的电力设备制造技术水平得到了空前提升，金属氧化物避雷器制造水平有了长足发展，避雷器综合性能与国外发达国家相比差距迅速缩小。借助中国电科院户外特高压试验站和武汉特高压试验基地强大的实验能力，对电阻片的抗老化特性、工频耐受极限特性、多柱并联避雷器分流特性和长串联间隙避雷器放电特性等进行了研究，获得了不同荷电率下电阻片的老化系数、均流特性和雷电冲击下长串联间隙避雷器放电特性。通过西安交通大学、国家避雷器质量检验中心对电阻片温度特性、特快陡波特性、动作负载特性以及带并联间隙避雷器各元件影响特性等方面的研究，给出了我国电阻片具有的温度特性、VFTO下响应特性特性、V–A特性以及并联元件的分压特性等重要基础特性，为避雷器设计结构优化、参数合理选择、超特高压避雷器参数确定和超特高压绝缘配合提供了参考依据。

三、国内外发展比较

直流开断技术方面：针对空气直流断路器，ABB公司进行了长期的研究，近期主要针对产气材料的应用做了大量工作，如通过实验测试研究了在空气直流断路器中，使用4种不同类型的聚合物材料时，器壁产气对开断时间和重击穿过程的影响[12]。我国研究人员在空气介质电弧测试、仿真、调控等关键技术方面的研究也取得了显著成果，在此基础上，也研发出了技术指标先进的直流空气断路器。2010年，日本东芝公司报道了基于人工过零的真空直流开断技术的快速直流断路器[13]，其额定电压为750V/1500V，额定电流为3000A/4000A，短路开断电流为35kA。该真空直流断路器已在日本的轨道交通系统中得到了实际应用。据悉这一技术在德国也已有商用产品。从上述国内外在基于人工过零的真空直流开断技术的研究和应用情况来看，采用的基本开断原理完全相同，而且目前主要集中在中低压领域，而且在日本和德国已得到实际应用。从电压等级看，国内研究达到 5kV，而国外主要用于 750V/1500V 的低压牵引系统；从高速开断角度来看，国内外均采用基于电磁斥力原理的高速操动机构；从换流开关来看，由于系统电压较低，日本东芝公司采用电力电子器件作为换流开关，而西安交通大学则采用真空触发间隙，因此更适用于高电压等级。

真空断路器高电压等级化方面：从 20 世纪 70 年代开始，高电压等级真空开关开始在日本投入使用，并且不断进行改进，短路开断电流从 25kA 提高到 40kA，外绝缘气体也采用氮气或者压缩空气替代 SF_6 气体，为了应对地震多发的威胁罐式断路器逐渐取代了柱式断路器，但是额定电流一直限制在 2000A。此外世界各国也都有所应用。英国早在 1968 年投入使用了 4 台电压等级 132kV、额定电流 2000A、短路开断电流 15kA、单相 8 断口、SF_6 进行外绝缘的真空断路器；俄罗斯设计出电压等级 110kV、额定电流 2500A、短路开断电流 40kA、单相 4 断口的真空断路器；韩国设计出电压等级 170kV、额定电流 2000A、短路开断电流 50kA、单相单断口、干燥空气进行外绝缘的真空断路器。我国也已研发出 126kV 的真空断路器。

SF_6 混合及替代气体方面：针对 CO_2 及其混合气体的灭弧特性，东芝公司的 Uchii 等人实验研究了 CO_2 及混合气体的热开断性能指出在 CO_2 中加入 O_2 或 CH_4 能有效减小弧后剩余电流，从而明显改善热开断能力，并同时发现 CO_2 的弧后电流约是相同条件下 SF_6 的 10 倍左右[14]；Majima 等人也测量了纯 CO_2、CO_2/O_2（30%）和 CO_2/N_2（30%）气体电弧的零区电流特性，进而推算出电流零区附近的电弧温度，对比了不同气体的热开断性能[15]。我国研究人员也与国际上同类研究同步，开展了 SF_6 混合及替代气体的灭弧和绝缘性能的基础研究，预计近期也会有技术上突破。

智能化断路器方面：目前典型产品有 ABB 公司的 EMax 型和 eVD4 型、西门子公司的 SHVC 型中压智能断路器。这些产品将智能组件与传统断路器进行了很好的集成，形成了一体化产品。但是，在高压领域，目前主要通过对传统断路器/GIS 进行改造，添加智能组件来形成智能断路器，集成化智能组件与传感器的植入程度相对较低。国内外都非常重视智能断路器的研究，包括 KEMA 试验站、利物浦大学、ABB 公司等研究单位与生产企业都进行了数十年的研究，部分成果已经实现了产业化应用。相比而言，国内研究工作开始较晚，技术水平相对落后，但是国家和相关研究所、企业已投入大量的人力和物力，以期在关键技术和新产品研发方面取得大的突破。

智能变压器方面：国外对变压器状态监测的研究，始于 20 世纪 60 年代，但直到 70 ～ 80 年代设备在线诊断技术才真正得到迅速发展。加拿大 SYPROTEC 公司于 1974 年在国际上首次推出了 HYDRAN201R 型变压器故障在线监测系统，能够实时测量各种油中溶解气体的浓度。目前我国在智能变压器的研制与开发方面处于世界先进水平，由于国外更注重电力变压器的在线监测技术研究以及电网二次系统的智能化，因此并没有实际智能变压器的投入运行。

智能化电缆方面：用于电缆的聚乙烯纳米复合材料的制备方法还不成熟，特别是材料的设计原则以及材料性能获得提高的科学原理也不清楚。这不仅仅是我国所面临的问题，也是国际性问题。目前我国电缆业的实际技术水平还远落后于国际先进水平，虽然我国220kV以上XLPE交流电缆已经产业化，但是电缆料仍然依赖于进口，而XLPE高压直流电缆的电缆料生产还是空白。我国应用的海底电力电缆大部分需要进口，且电缆接头和终端技术还不太成熟。

避雷器方面：近年来，发达国家研究主要集中在提高避雷器的保护性能，降低避雷器的制造成本，挖潜避雷器的潜在功能，实现避雷器的小型化、高效化和经济最大化，主要包括以下几个方面：研制高性能、高能量避雷器，研制高梯度、高能量密度电阻片，研究不同波形下避雷器的长久抗老化性和能量吸收等价性，研究陡波下电阻片的响应特性，研究避雷器的运行寿命评估方法。我国在交直流特高压避雷器制造技术上处于国际领先水平，研制的1000kV无间隙避雷器、带串联间隙线路悬挂式避雷器、1000kV串联补偿装置避雷器和±800kV系列直流避雷器均为世界首创，在多柱避雷器分流特性试验方法、暂态过电压耐受能力和污秽试验方法研究等方面趋于世界前列，研究提出的多项试验方法建议被IEC认可。但避雷器电阻片的性能均一性、吸收能量密度、保护水平以及高梯度电阻片生产技术和国外尚有差距[16]。

四、我国发展趋势与对策

空气直流开断技术方面：通过增加栅片数量可以进一步提高空气断路器的电压等级，然而增加栅片将显著增加灭弧室体积，同时电压等级提高造成的恢复电压迅速上升，会使灭弧室内气体介质恢复过程极其困难，易发生重燃现象。所以，随着直流供电系统容量在未来的进一步提高，必须对直流断路器基础理论展开更加深入的研究，具体主要包括以下三个方面：一是基于电弧调控机理和控制技术的进一步深入研究，特别是金属材料和绝缘材料的侵蚀机理，烧蚀蒸汽对电弧过程的影响，复杂介质情况下弧后介质恢复中非平衡态等离子体的特性及调控手段，从而改进灭弧室，提高开断能力，实现断路器尺寸的小型化。二是研制新型快速机构及其对电弧过程的影响，以实现减少触头侵蚀，加速大容量直流开断的电弧转移过程的目的。三是研究触头材料及结构设计等因素对临界电流开断的影响机理，避免增加复杂的磁场吹弧装置。

1. 真空直流开断技术方面

虽然目前基于人工过零的真空直流开断技术的实际应用主要集中在中低压领域，但由于真空介质及真空开关所具有的上述显著特点，这一技术也可拓展至更高电压等级，如用于高压直流输电领域，这也是多端直流输电技术的瓶颈问题之一。因此，基于人工过零的真空直流开断技术在高压领域具有很好的发展潜力。

2. 环境友好电力开关方面

随着高压真空技术的进步，高压真空断路器将向以下 7 个方向发展：真空灭弧室采用陶瓷外壳取代玻璃外壳；额定电流从现有 2500A 提高到 3150A，甚至更高；彻底采用环境友好型气体替代 SF_6 气体进行外绝缘；采用具有速度特性可调节的新型机构替代传统的弹簧操动机构；丰富真空开关产品，继续发展 GIS 等组合电器；基于真空技术，开发高压直流断路器；开发设计 252kV 及以上的更高电压等级的真空断路器。同时，需要尽快开展基于 SF_6 替代气体的开关设备新产品研发工作，以适应国际发展趋势。

3. 智能化断路器方面

当前智能化断路器技术总体上还不够成熟，亟待在适应智能电网要求的前提下进行技术革新。短期来看，亟须制定出台智能化断路器的国家标准，在统一规范下实现断路器的状态可视化、评测智能化、控制网络化、操作柔性化，并具有高可靠性，这就需要进一步研究断路器基本特性、传感技术、信息处理技术、网络技术、智能操作技术和电磁兼容技术等。长期来看，智能化断路器需要实现功能一体化，具备寿命预测功能，并实现对电网和自然环境的友好。产业化应用层面，当前亟待建立智能化断路器的技术标准体系，大力推进示范工程建设，通过小批量试用，在实际应用中发现问题并解决问题，最终实现智能化断路器的大规模产业化。

4. 智能变压器方面

目前国内各大变压器厂家主要是变压器主体的生产者，智能组件基本依赖国内外采购。而由于研制在线监测装置的厂家众多，并没有统一的与变压器主体的接口，也没有统一的衡量这些装置采集数据准确性的方法。随着智能变压器的大量使用以及经验的积累，有效的变压器故障监测手段和诊断方法将被提出，智能组件中各个传感器与变压器本体的接口有望标准化，并最终实现可插拔和更换；另外，随着控制技术与理论的发展与完善，智能变压器的自我控制，如电压的调节、冷却器的投切、负载能力调整等，将综合变压器本身的运行状态以及环境参数综合决定，从而实现电网动态负荷的调整与控制。当然，随着对现场运行数据的挖掘与分析，对于智能组件试验的方法和手段也有望被提出，从而可以在实验室中实现对智能组件安全性、可靠性以及有效性的考核。最后，智能变压器还应该涵盖自愈的内涵，例如变压器主体所使用的绝缘材料在老化或劣化后具有绝缘性能的自我恢复能力。目前来看，比较容易实现的应该是变压器油的自我循环与过滤，而作为纸板来说，尚不具备"自愈"的能力，因此，适用于智能变压器的绝缘材料的研发任重而道远。总之，智能变压器必将随着智能电网的发展而日臻完善，具有非常良好的应用前景，这仍需要高校、科研院所、生产制造厂家付出不懈的努力。

5. 智能化电缆方面

需要进一步研究高性能聚乙烯纳米复合材料的组成原理和制备方法，明确纳米粒子及其界面结构与复合材料介电性能之间的关系，解决从材料合成、结构表征到性能调控机理所涉及的基础科学问题。

6. 避雷器方面

随着我国超特高压交直流输电网架的形成和电网的进一步智能化、高效化和坚强化，对设备的小型化、高效率、运行可靠性和经济技术最大化利用要求越来越高，需要对过电压进行深度限制以寻求进一步降低设备绝缘水平、缓解设备制造难度和最大化减小电能成本，保证系统运行高可靠性。因此，需要进一步提高避雷器运行荷电率、增强避雷器暂时过电压耐受能力，降低避雷器保护残压，提高避雷器能量吸收能力。依据国内外电网的发展趋势，未来交直流避雷器的发展主要集中在：避雷器结构的小型化、安装简易化；避雷器的智能化；避雷器的免维护化；避雷器的高性能；避雷器状态的在线智能检测。这样在基础研究方面，应在以下几个方面开展工作：研究避雷器综合电压应力下的动态 V–A 特性、动态温度特性、动态能量吸收特性和极限暂态过电压耐受特性，揭示避雷器的性能机理；开展特高频 VFTO 下避雷器 V–A 特性、能量吸收特性和仿真模型研究，完善不同工况下避雷器的仿真计算模型；研究避雷器典型寿命特征参数和寿命判据；开展智能化避雷器结构研究，研究可控避雷器的控制变量和结构特征；开展大容量超多柱并联型避雷器各柱的动态 V–A 特性差异研究，研究性能差异的控制试验方法；研究表征避雷器在线状态的特征参量，分析全电流、阻性电流、相角等参量与运行状态的灵敏性和影响权重。

参 考 文 献

［1］ 杨飞. 空气介质中压直流大电流快速开断技术的研究［D］. 西安：西安交通大学，2010.

［2］ Zongqian Shi, Shenli Jia, Ming Ma, et al. Investigation on DC interruption based on artificial current zero of vacuum switch［C］// 24th International Symposium on Discharges and Electrical Insulation in Vacuum，2010.

［3］ www.abb.com/highvoltage［EB/OL］.

［4］ 赵虎，李兴文，贾申利. SF_6 及其混合气体临界击穿场强计算与特性分析［J］. 西安交通大学学报，2013，47（2）：109–115.

［5］ Xingwen Li, Hu Zhao, Shenli Jia, et al. Study of the dielectric breakdown properties of hot SF_6 - CF_4 mixtures at 0.01 - 1.6MPa［J］. Journal of Applied Physics，2013，114（5）.

［6］ 张刘春，肖登明，张栋，等. c-C_4F_8/CF_4 替代 SF_6 可行性的 SST 实验分析［J］. 电工技术学报，2008，23（6）：14–18.

［7］ Li X, Zhao H, Jia S. Dielectric breakdown properties of SF_6 - N_2 mixtures in the temperature range 300 ~ 3000 K［J］. Journal of Physics D：Applied Physics，2012，45（44）：445202.

［8］ 荣命哲，王小华，王建华. 智能开关电器内涵的新发展探讨［J］. 2010，46（5）：1–3.

［9］ 王建华，宋政湘，耿英三，等. 智能电器理论与关键技术研究［J］. 2008，9（3）：1–4.

［10］ 刘有为，邓彦国，吴立远. 高压设备智能化方案及技术特征［J］. 电网技术，2010,34（7）:1–4.

［11］ 国家电网公司. 高压设备智能化技术导则［Z］. 2010,2.

［12］ Dominguez G, Friberg A. Effect of polymeric gas on re-strike phenomenon［C］// Proceeding of the XIX

International Conference on Gas Discharges and Their Applications, 2012.

［13］ Y. Niwa, K. Yokokura, J. Matsuzaki. Fundamental Investigation and Application of High-speed VCB for DC Power System of Railway［C］//24th International Symposium on Discharges and Electrical Insulation in Vacuum, 2010: 125-128.

［14］ Uchii T, Majina A, Koshizuka T, et al. Thermal interruption capabilities of CO_2 gas and CO_2-based gas mixtures［C］// Proceeding of the XVIII international conference on Gas Discharges and their Applications, 2010: 78-81. .

［15］ Majima A, Uchii T, Mori T, et al. Arc temperature around current zero in a large current interruption using pure-CO_2 gas, CO_2/O_2 and CO_2/N_2 gas mixtures［C］//Proceedings of the XIX International Conference on Gas Discharges and Their Applications, 2012: 78-81.

［16］ 殷勤. 特高压系统高性能带并联间隙避雷器结构参数和特性研究［D］. 西安: 西安交通大学, 2013.

撰稿人：荣命哲　李兴文　吴　锴　郭　洁　汲胜昌
史宗谦　刘志远　刘定新　杨　飞

现代电机及其控制技术

一、引言

电能由于便于传输、控制和应用，成为现代社会能源转换的枢纽和应用的重要方式，自然化石能源和可再生能源大多先转换为电能，然后供人们使用。电机是一种基于电与磁的相互作用原理实现能量转换和传递的电磁机械装置，发电机将机械能转换为电能，而电动机则将电能转换为机械能。我国 90% 以上的电能是经由发电机转换而来的，而 60% 以上的电能又是通过电动机消耗掉的。电机是支撑国民经济发展和国防建设重要的能源动力装备和关键部件，在工农业生产和人们日常生活中扮演着重要角色[1, 2]。

电机的种类很多，有不同的分类方法。按功能分类，电机可分为发电机和电动机两种基本类型以及具有某些特殊结构和功能的特种电机；按供电方式分类，电机可分为直流电机和交流电机，交流电机又可分为同步电机和感应电机；此外，电机还可以按容量、相数、转速、结构、运动方式和励磁方式等进行分类。多年来，人们习惯将电机分为直流电机、感应电机、同步电机和磁阻电机 4 大种类。

近年来，电力电子器件、计算机与现代控制技术的发展，推动了电机技术的进步。直流电机正在逐渐被采用电子换向器的无刷直流电机所取代，变频调速装置与矢量控制技术的应用从根本上改变了感应电机的特性，而稀土永磁材料、电力电子器件与现代控制技术的应用，对于同步电机的发展影响更为显著，出现了一系列新型特种同步电机。现代电机技术的发展特点是电机与控制系统紧密结合，电机已经由传统的单机装置拓展成为电机系统，决定电机运行性能的控制方式也成为电机系统的重要组成部分[3-5]。本专题旨在突破传统电机分类的理念，从现代电机系统角度阐述电机及其控制技术的新进展。

二、我国现代电机及其控制技术近年的最新研究进展

（一）电机的新原理与新结构

1. 感应电机

随着电力电子与控制技术的进步，传统感应电机发生了重大变化。笼型转子感应电机定子绕组采用矢量控制，能够实现软起动、无级调速和功率因素可调，可满足不同类型负载机械的高性能调速要求。绕线转子感应电机，通过在转子绕组采用变频器矢量控制，可以进行低于和高于同步速的双馈调速运行，并可实现变速恒频恒压控制的发电运行方式。双馈式感应电机在变速恒频风力发电系统中得到广泛应用，目前已成为并网型风力发电机的主要机型[6]。此外，多相多绕组感应电机和无刷双馈电机的应用研究，近年来也取得了重要进展。

（1）多相多绕组感应电机

大型舰船电力推进需要容量大、可靠性高和转矩密度高的电机，多相感应电机成为首选。采用多相供电模式，在不提高每相变频器功率等级情况下可提高电机总容量，而且在某相发生故障时通过改变控制策略实现容错运行，提高电机系统运行的可靠性。双绕组感应发电机定子的一套绕组用于发电，另一套用于励磁，通过电力电子变流装置可实现对于发电机输出电压与有功和无功控制[7]。

（2）无刷双馈电机

绕线转子双馈电机的控制绕组放在转子上，需要通过滑环和电刷供电，从而限制了其应用。将控制绕组置于定子的无刷双馈电机，成为近年来国内外的研究热点之一。目前，我国对于不同转子结构（笼型转子、绕线转子、磁阻转子和复合转子等）无刷双馈电机及其控制技术的研究取得了重大进展，开始由应用基础研究进入推广应用阶段[8-10]。

2. 大型同步电机

（1）水轮发电机

由于大型水轮机的转速较低，水力发电采用多极低速的凸极同步发电机。目前我国水电设备制造业总体步入世界先进行列，水轮发电机的单机容量已达到700MW（三峡电站）和800MW（向家坝电站）。凸极同步发电机的冷却难度随电机容量的增大逐渐增大，冷却技术成为重点关注问题。目前，大型水轮发电机的冷却方式有全空气冷却、水内冷冷却和蒸发冷却三种，已投入运行最大的全空冷水轮发电机为800MW[3]。

近年来抽水蓄能电机得到了大量应用。抽水蓄能电机通常为可逆运行的凸极同步电机（又称发电/电动机），在电力系统用电低谷时作电动机运行抽水蓄能，把多余电能转换为高库区的水位能，而在用电高峰时用作发电机，将水位能转换为电能，以解决系统的用电

紧张。目前我国抽水蓄能电机的最大容量为 300MW（宝泉电站）。

（2）汽轮发电机

火力发电在电力工业中占据最大比重，采用的是由汽轮机驱动的隐极同步发电机，故称为汽轮发电机，冷却方式有全空冷、全氢冷和氢水冷等，目前全空冷汽轮发电机的容量为 400MW。火电站汽轮发电机最大容量达到 1000MW，为 2 极电机。截至 2012 年底，我国已建成投产单机容量 1000MW 火力发电机组有 47 台，投运、在建、拟建的 1000MW 火力发电机组数量居全球之首[11]。

核能发电与火力发电相似，只是以核反应堆及蒸汽发生器来代替火力发电的锅炉，采用的也是汽轮发电机。核电站汽轮发电机最大容量达到 1150MW，主要为 4 极电机。截至 2013 年 7 月，我国在运核能发电机组 17 台，装机容量 14760MW，在建核电机组 28 台，是世界上在建核电规模最大的国家[12]。

（3）风力发电机

并网型风力发电机主要有两种类型：一是采用交流励磁的双馈感应电机，针对风力机转速的变化，实时调节励磁绕组电流的频率、幅值、相位和相序，实现恒频恒压输出；二是采用交流发电机，如电励磁同步电机、永磁电机或磁阻电机等，在发电机的输出端采用电力电子功率变换器，将频率和幅值变化的交流电转变为频率和幅值恒定的交流电[13]。

近年来我国风力发电获得了快速发展，2010 年新增装机容量居世界第一位。我国双馈电机及其控制技术的研究与应用取得了重大进展，沈阳工业大学等单位完成的"兆瓦级变速恒频风电机组"成果获得 2010 年度国家科技进步奖二等奖。目前，自主研发的 1.5MW 双馈式变速恒频风力发电机已成为国内主流机型。由于高效率和高可靠性的优势，直驱永磁风力发电机备受关注，我国已自主研发了 3MW 和 5MW 的直驱永磁风力发电机组[3, 4]。

（4）同步电动机

同步电动机在冶金、化工、矿山、石油、机车、船舶等领域得到广泛应用。与感应电动机相比，同步电动机具有效率和功率因素高、控制精准、调节方便等优点，在大容量驱动领域占据主导地位。

起动和调速性能是大型同步电动机的重点关注问题。矿山球磨机、矿井提升机等应用场合，同步电动机通常采用直接起动（即异步起动）方式，直接起动的同步电动机最大容量达到 7.2 MW（36 极）。冶金系统初轧机采用同步电动机变频调速驱动，最大容量达到 9.5MW（18 极、40r/min）。对于一些大容量、高转速的同步电动机，由于转子强度的限制，可采用实心磁极转子同步电动机，其最大容量已达到 8MW（4 极或 6 极）。

3. 永磁电机

永磁电机是无需励磁的同步电机，除了永磁体置于转子表面的径向磁极结构和永磁体嵌入转子铁心的切向磁极结构外，近年来出现了多种新型磁极拓扑结构的永磁电机。

磁体阵列永磁电机采用不同磁化方向而相同高度和宽度永磁体组成的 Halbach 磁体阵列，可使转子轭部磁场减弱而气隙磁场增强，从而提高电机转矩密度并获得正弦分布的气隙磁场[14];采用径向磁化等高不等宽磁体阵列,磁体宽度及间隔按照所需要的脉宽调制规则选取,可以获得正弦分布的气隙磁场,并可用以消除特定次数的气隙磁场谐波分量[15]。

轴向磁通盘式永磁电机呈扁平状,轴向尺寸较短,在相同的体积和转速下,与传统结构电机相比具有较大的转矩密度。采用多盘式结构可进一步提高电机转矩,特别适用于大转矩直接驱动装置[13, 16]。

横向磁通永磁电机的磁路是三维的,其特点是定子铁心和绕组空间相互垂直,电磁负荷空间解耦,可获得较高的转矩密度,缺点是结构复杂和漏磁较大。近年来由于风力发电、电动车、舰船电力等低速大转矩直接驱动的需求,推动了横向磁通永磁电机的研究,成为永磁电机研究热点之一[17]。

混合励磁永磁电机是在永磁电机中增加直流励磁绕组,通过控制励磁电流的大小和方向,改变电机的磁通量,提高其低速过载能力和高速运行范围。根据励磁绕组和永磁体的位置,以及磁通路径,有多种不同结构的混合励磁永磁电机,如永磁体和励磁绕组皆在转子,是一种传统电励磁同步电机与永磁电机的结合;磁极交替排列的永磁电机,具有磁极交替排列的双永磁转子,励磁绕组置于定子,励磁绕组电流产生的磁通穿过交替排列永磁体之间的导磁极靴,用以进行对永磁体磁通的增磁或去磁调节[13, 16]。

可变磁通记忆电机采用低矫顽力的永磁体、导磁铁心和非导磁隔层及转轴组成具有特殊磁路结构的转子,永磁体的磁化强度可通过在定子绕组中通入脉冲电流改变。此种可变磁通永磁电机具有结构简单、起动转矩大和调速范围宽等优点,目前尚处于应用基础研究阶段[18]。

4. 直流电机

直流发电机目前多作为电解、电镀、电冶炼、充电以及交流发电机的励磁等的直流电源,换向问题一直制约着直流电机的发展。一般用途的直流电源,可通过整流装置由交流电源获得,不需要采用直流发电机。

传统直流电动机正在逐渐被采用电子换向器的无刷直流电机所取代[19]。微型直流电机由于结构简单,起动转矩大和机械特性较硬,多用于电动玩具、电动工具、音响设备、汽车电器等场合。

5. 磁阻电机

近年来磁阻电机性能不断提高,已在多种领域得到应用。为了提高转矩密度和改善性能,磁阻电机正在与永磁电机相结合,双凸极永磁电机和开关磁通永磁电机等就是其例。

混合励磁双凸极永磁电机采用凸极的磁阻转子,永磁体和励磁绕组皆放在定子,永磁体置于定子轭部铁心之中,电枢反应磁通与永磁体共用磁路,故可通过绕组电流调节总磁通。然而,由于该种结构的电机绕组磁链是单极性的,与双极性磁路结构相比,其转矩密度相对较低[16]。

磁通反向永磁电机与双凸极永磁电机相似,也采用凸极磁阻转子,永磁体和励磁绕组皆在定子,但永磁体不是置于定子轭部而是定子齿的表面。此种电机永磁体和绕组电流产生的磁通是串联方式，定子铁心的涡流损耗较大，永磁体需要具有较强的承受去磁能力[16, 20]。

开关磁通永磁电机具有凸极磁阻转子，永磁体和励磁绕组皆在定子上，但与双凸极和磁通反向永磁电机不同，切向磁化永磁体置于各定子齿之间，具有增磁作用，可采用低成本的永磁材料，是一种并联磁路结构，可产生双极性磁链和正弦波反电动势，具有高转矩密度和良好特性，是近几年受到关注的一种新型永磁电机。其缺点是永磁体用量较多且占用了部分绕组空间，磁路饱和程度较高，影响了过载能力[21]。

6. 多气隙结构电机

单机械端口双转子永磁电机采用同轴双转子结构，可有效利用空间，减小电机的体积和重量。双机械端口永磁电机是双转子具有独立的转速和转矩构成双机械端口的永磁电机，在电动车辆等领域具有良好的应用前景[22]。磁性齿轮永磁电机是将磁性齿轮与永磁电机集成为一体的双机械端口电机，具有单定子和极数不同的内外永磁转子，利用定子铁心对于内外转子永磁体磁场的调制作用，使内外永磁转子以不同的转速旋转。磁性齿轮永磁电机同时完成了增速和机电能量转换的功能，成为近几年研究的热点之一[23]。双转子对转永磁电机是内外转子转向相反而转速相同的双转子永磁电机，可用于鱼雷的驱动，双向旋转可保持鱼雷行进中的稳定性[24]。

7. 多自由度电机

平面电机可实现二维直接驱动，是现代精密、超精密加工装备迫切需要的一种电机[25]。球形电机结构可在空间任意点处进行定位和工作，在仿人机器人的运动控制、智能仪表中的三维空间测量和工业控制中的多维空间等高精度场合，有着重要作用[26]。

直线旋转永磁电机是一种直线与旋转两个自由度运动的新型机构，可用于航空航天、电动汽车、数控机床、柔性制造等领域[27]。

无轴承电机将电机与轴承功能融为一体，利用定转子之间的电磁耦合作用同时产生电磁转矩和支撑转子的磁悬浮力，具有无摩擦、无磨损、无需润滑和密封等优点，特别适合于高转速、免维护、无污染及有毒害气体或液体的应用场合。该电机需要5个自由度的实时控制，技术比较复杂。近年来我国对于不同结构的无轴承电机进行了应用基础研究[28-30]。

8. 直线电机

传统的直线感应电机向大容量发展，被广泛应用于地铁、磁悬浮等交通运输领域；高速高精度的永磁直线伺服电机系统在制造装备业、自动化设备等得到应用[31, 32]。

在纳米运动控制领域，音圈电机系统以其超精定位、超高频响等优异性能而备受关注。音圈电机是一种非换流型动力装置，其定位精度取决于反馈及控制系统[33]。多层气隙结构直线电机推力密度高，与脉冲功率电源相结合，可在较短距离达到每秒数十米的加速度[34]。圆筒形直线电机是一种外形如旋转电机的圆柱形直线电机，具有绕组利用率高、无横向端部效应、不存在单边磁拉力、利于隔磁防护等特点。

9. 高速电机

高速电机具有体积小、重量轻、效率高等特点。高速发电机是微型燃气轮机分布式发电系统的关键设备，高速电动机则用于直接驱动高速离心压缩机、鼓风机、泵类负载机械及飞轮储能装置，可取消齿轮增速装置，减小设备体积和重量并提高系统效率。近年来，高效节能减排的需求推动了我国高速电机的研发，目前处于应用基础研究向产业化的过渡阶段。

高速永磁电机转矩密度和效率高，是高速电机的首选，然而高速永磁电机的设计、制造和控制技术比较复杂[35-37]，正在研制 60000r/min，100kW 微型燃气轮机驱动高速永磁发电机分布式发电产品。磁悬浮永磁电机直接驱动离心式鼓风机被列入国家级重点新产品，MW 级高速永磁电机直接驱动离心压缩机正在研制中。

高速感应电机结构简单，运行可靠，在直接驱动高速风机、泵类负载机械中得到广泛应用。目前采用滑油轴承 400kW，20000 r/min 以下的高速感应电机已有产品。

飞轮储能技术是解决风能、太阳能等新能源分布式发电难以充分接入和电力系统调峰困难的途径之一，近年来国内开展了大容量磁悬浮高速飞轮储能技术应用基础研究[38]。

10. 传感类电机

传感类电机是构成开环与闭环控制、同步联结和机电模拟解算装置等系统的基础元件，主要包括自整角机、旋转变压器、交直流伺服电动机、交直流测速发电机等类别。随着新材料和新工艺的发展，近些年来涌现出诸多新型传感类电机，如霍尔效应自整角机、磁阻类旋转变压器、霍尔无刷直流测速发电机、压电直线步进电动机、基于"介质极化"的驻极体电机以及利用"磁性体的自旋再排列"的光电机；此外，还有电介质电动机、静电电动机、集成电路电动机等。

11. 非电磁型电机

现代电机的发展与新材料技术息息相关，并由此催生出基于新型功能材料的新原理电机。近年来，我国在超声波电机、压电电机、静电电机、超磁致伸缩电机以及温控和磁控形状记忆合金电机的研究中均取得进展[39-41]。2011 年建立了"超声电机国家地方联合工程实验室"，"大行程、高精度、快响应直线压电电机"研究成果获得 2012 年度高等学校技术发明奖一等奖。

（二）电机的新材料与新工艺

材料与工艺特性决定着电机的运行性能和使用寿命，近年来电机领域新材料与新工艺的应用进展主要体现在以下几个方面。

1. 新材料的应用

导磁材料方面，传统的硅钢片已经难以满足高效率高功率密度电机的需求，新型软磁材料受到关注。铁钴钒合金的饱和磁通密度已达到 2.5T，比硅钢片提高了 25% 以上，但其损耗高于硅钢片。软磁铁粉具有制造成本低、涡流损耗小和磁性能各向同性等优点，适用于结构复杂的低成本高效永磁电机。非晶、纳米晶材料的饱和磁通密度已接近硅钢片，而损耗只有硅钢片的 1/10，成为最有前景的软磁合金材料之一[42]。

导电材料方面，单晶铜是一种高纯度无氧铜，其电阻率接近纯银导线，价格却只有纯银导线的 1/5，是一种较理想的电机绕组导电材料。超导线材提高了绕组电流密度和电机功率密度，高温超导材料降低了维持低温环境的难度，提高了超导电机制造的可行性[43]。目前具有代表性的第二代高温超材料导 YBCO，其临界温度 98K，电流密度可以达到 $2.5 \times 10^4 A/mm^2$，可采用液氮冷却。此外，新型导线还有可抑制高频电流集肤效应的利兹（Litz）导线和铜包铝漆包线，以及航天领域需要的耐高温和防辐射导线等。目前聚酰亚胺绝缘漆包线耐温等级已经达到 280℃，采用镀镍铜丝能够耐温 –232 ~ 538℃。

永磁材料方面，钕铁硼是目前应用最多的稀土永磁材料，其不足之处是居里温度较低，在高温下容易失磁。近年来已研制出超高矫顽力耐高温的钕铁硼永磁材料，如 TH 系列烧结钕铁硼永磁材料的最高工作温度可达 250℃。目前已研制出的新型稀土永磁材料，如钕铁氮、钐铁氮等，其磁粉的最大磁能积可达 40MGOe，接近钕铁硼磁粉的 3 倍，而原材料成本是钕铁硼磁粉的 1/3，但尚处于实验室研制阶段[44]。超导块材可进一步提高永磁体的磁性能，通过人为磁化，超导块材自动俘获一定磁通，在低温环境下维持永磁状态。目前已经研制出 YBCO（Y–Ba–Cu–O）和稀土 RE（Sm, Eu, Gd, Nd）BCO 超导块材、铋系超导块材、铊系超导块材等，其中以 YBCO 块材的制造工艺较为成熟，性能较好。通过中子辐照，在 29K 时，超导块材的俘获磁场可以达到 17T，远高于常规永磁体。

绝缘材料方面，随着电机各种冷却方式及结构的出现，改善绕组绝缘材料的导热性成为提高电机性能的重要途径[45]。某些无机非金属材料，如金属氧化物 $A1_2O_3$、MgO、ZnO、NiO，金属氮化物 AlN、Si_3N_4、BN 以及 SiC 陶瓷等既具有高导热性，又具有良好的绝缘性能、力学性能、耐高温和耐化学腐蚀性能等，可用作电机中的高散热界面材料。

结构材料方面，随着材料行业的发展，一些高强度、低密度、耐高温的结构材料在电机领域逐步得到应用，如：碳化硅、氧化铝、氮化铝陶瓷以及铝镁合金和工程塑料等。

2. 新工艺的应用

铸铜转子取代铸铝转子是提高感应电机效率的重要途径。随着人们对节能的重视，对电动机效率提出了更高的要求。感应电机的用量最大，铸铜转子感应电机运行效率已达到国际电工委员会（IEC）的超高效电机的 IE3 指标。

真空灌封工艺是将电机的电气部件在真空灌封室中进行真空脱气和灌封，利用树脂的流动、渗透实现对电气部件的浸润，然后在室温或加热条件下固化成型。真空灌封先进工艺已在电机制造中广泛采用。

磁流体密封技术以润滑剂与铁粉混合物作为密封介质，通过外加磁场使得密封介质充满在转轴和导磁钢的间隙，从而起到密封作用，适合于大直径低速转轴密封。

模块化结构提高电机制造效率。为实现电机自动化加工作业，将电机铁心分割成单元化、模块化，便于实现电机绕组的自动化绕制。

（三）电机设计与分析方法

现代电机的设计过程存在多个变量和性能指标之间的关联和制约，电机内部的电、磁、热、力等物理量和相关物理场之间的耦合影响及演化关系也更加突出，电机的分析与设计方法需要由常规的理论与技术向发掘电机极限性能的精细化、全局化设计转变。

1. 电机分析方法

集中参数电路理论和分布参数电磁场理论是现代电机分析的基础。简单磁路法多用于电机的定性分析，变结构磁网络法适用于电机的初始设计[46]，有限元法是目前广泛应用的一种高精度数值分析方法[47-49]，有限元—磁网络结合法可用于电机的多物理场分析。电磁场解析、基于参数化建模的电磁场、场路结合等方法在电机分析中得到应用[50-52]。

近年来在电机设计与特性分析中，考虑电机复杂结构、磁路饱和、空间和时间谐波影响的较精确数学模型[53-55]，得到了较好的应用。如清华大学完成的"交流电机系统的多回路分析技术及应用"研究成果获得了2012年度国家技术发明奖二等奖。

2. 电机的优化设计方法

电机的优化设计是有约束、多目标、多变量、多峰值的复杂非线性规划问题，多目标优化是电机优化理论和应用中的重要研究内容。现代启发式算法如模拟退火算法、遗传算法、禁忌搜索算法、神经网络算法和粒子群算法，以其能适用于连续和离散目标函数、易于编程、搜索范围广等优点，在电机优化设计中已获得广泛应用。天津大学等单位完成的"复杂约束下高效能电机智能化综合设计关键技术及其应用"研究成果，获得2011年国家科技进步奖二等奖。

3. 多物理场综合分析

传统的电机设计与分析手段如等效磁路、等效磁网络、电磁场解析、电磁场数值计算、场路结合法等单一或联合求解问题的适用范围有限，已难以满足现代电机设计分析的复杂要求。随着各物理场理论、数值算法、计算机模拟技术的快速发展，多物理场耦合分析方法成为研究电机内部的电、磁、热、力等物理量及物理场的动态规律的重要手段。

（四）电机冷却技术

按结构分电机的冷却方式可分为表面冷却和内部冷却。表面冷却是指冷却介质仅通过铁心和机壳的表面，冷却系统结构简单，多在中小型电机中采用；内部冷却是将冷却介质通入空心导体内部，直接带走机体热量的冷却方式，多用于大型电机。按冷却介质划分，电机的冷却方式可分为气冷、气液冷和液冷三大类。气体冷却介质主要包括空气和氢气；液体冷却介质有水、油、氟利昂类介质及新型无污染化合物类氟碳介质。

1. 空冷技术

目前，空冷发电机采用闭路循环通风系统[56-59]，定子铁心有轴向通风、径向通风和轴向—径向混合通风系统，转子通风结构分为气隙取气斜流通风、副槽进风的轴—径向混合通风、副槽进风的全径向通风等方式。按照风扇对冷却气体的作用，有逆流通风方式和正向通风方式，逆流通风结构的冷却效果较好。目前空冷汽轮发电机的最大容量为400MW，空冷水轮发电机的容量已经达到800MW。

2. 氢冷技术

按照转子绕组、定子绕组和定子铁心的冷却方式，氢冷系统有氢—氢—氢、氢—氢内—氢、氢内—氢内—氢三种。氢气密度为空气的1/14，而导热系数为空气的7倍。在相同温度和流速下，放热系数为空气的1.4～1.5倍。在相同气压下，氢气冷却通风损耗、风摩耗均为空气的1/10，且通风噪声较小。但是氢气必须保持规定的纯度，需要专用供氢装置，氢冷系统安装维护技术复杂[60, 61]。

3. 水冷技术

电机水冷方式有：半水内冷（定子绕组水内冷，转子绕组及定子铁心气冷）、双水内冷（定、转子绕组采用水内冷）、全水内冷（定、转子绕组和定子铁心均采用水内冷）。目前定子绕组水冷已相当普遍，在汽轮发电机中应用较多，容量从200～1200MW[62, 63]。全水冷电机效率高、体积小和材料消耗少，但技术复杂，容量在1000MW以上时经济效果才比较明显，是大型汽轮发电机的发展趋势。目前1200～1400MW核电汽轮发电机基本采用"水—氢—氢"冷却方式。

4. 蒸发冷却技术

蒸发冷却是利用流体沸腾时汽化潜热的冷却方式，主要分为密闭蒸发自循环内冷系统和强迫循环蒸发冷却。蒸发冷却技术是我国开创的一项具有完全自主知识产权的电力装备冷却技术[64-67]。2011年12月首台700MW蒸发冷却机组——三峡地下电站28号机组完成 72 小时试运行，标志着蒸发冷却技术在大型发电机组中获得实际应用。目前我国的蒸发冷却电机技术处于世界领先地位。

5. 空调冷却技术

空调冷却是从机外吸入新鲜空气，经过专门的空调洗涤室喷雾水洗、降温、去湿后进入电机内，冷却后热空气经管道排出。由于可控制较低的冷风温度，电机运行温度稳定，可缓解热变形及延长绝缘寿命。目前空调冷却方式尚处于应用基础研究阶段。

6. 浸泡冷却技术

浸泡冷却方式是一种将电机中的热源直接浸泡在冷却液中，冷却效果较好，并且可对热源的热量散失起到屏蔽作用。出于结构强度及密封性的考虑，目前该冷却技术主要用于小型电机。

（五）电机控制技术

1. 矢量控制

近年来，交流电机变频调速系统已广泛采用基于转子磁场定向或定子磁场定向的矢量控制。为了克服由于电机参数变化等对于磁场定向精度的影响，提出了多种参数辨识、磁链补偿和智能控制策略。

2. 现代控制理论的应用

电机模型和参数在运行过程中的变化和不确定性影响到矢量控制的精度，应用现代控制理论能够在电机模型或参数变化时仍可保持良好的控制性能。目前流行的控制策略有模型参考自适应控制、自校正自适应控制、滑模变结构控制等[68-70]。

3. 无位置传感器控制

无位置传感器控制是近年来交流电机控制的研究热点之一[71]。随着永磁电机的推广应用，永磁同步电机的无位置传感器控制成为研究的重要内容，提出了多种转子磁链位置的估算和观测以及确定转子初始位置的方法。目前，无位置传感器控制技术已在某些驱动系统中得到应用。

4. 最大功率跟踪与效率优化

在变桨距风力发电系统中，为最大限度地利用风能，在额定风速以下风力发电机多采用最大功率跟踪控制[72]。为了实现高效节能，电动汽车等交流调速系统中，开展了效率优化控制技术研究。

5."开绕组"与冗余控制

"开绕组"突破了交流电机传统三相绕组的 Y 或 Δ 型联结方式，每相或每个绕组皆有独立的出线端子（即开绕组结构），便于构成不同相数和接线方式的功率变换电路拓扑结构，通过变流器的柔性控制，可实现电机绕组或变流器发生局部故障时的冗余运行[73、74]。

6.谐波注入与非正弦供电

在电机有效材料相同时，气隙磁场为 120° 电角度波顶宽的方波电机，理论上可比正弦波电机提高出力 10% 以上。方波（实际上是梯形波）不仅广泛用于永磁无刷直流电机，而且可用于其他电机，包括感应电机。通过在正弦波电压中注入三次谐波获得平顶的近似梯形波，可以提高电机的转矩密度，减小转矩脉动[75]。

（六）电机检测技术

1. 电机在线检测技术

电机运行状态监测与故障诊断，主要包括温度、绝缘、振动、噪声的监测与故障诊断，涉及传感器、数据采集、信号处理、诊断理论与方法、电机寿命预测等多项技术。近年来，小波分析在故障特征提取和奇异点检测中的应用，粗糙集理论和支持向量基等方法在电机状态监测和故障诊断系统中的应用研究取得较大进展，在电机定子绕组局部放电以及转子绕组断条故障在线检测中得到应用[76]。

2. 电机测试技术

电机测试系统，可分为参数测试和性能测试两种类型。电机测试的难点之一是对被测电机测试过程中的精确加载，特别是对于大转矩/功率电机的动态特性测试。直线电机加载测试是在实验室条件下模拟直线电机正常工作时所受的负载力，采用的加载方式有机械加载、液压加载、气动加载、气动肌肉加载等。转矩波动的准确测试是分析和抑制永磁电机转矩波动的重要手段，目前测试转矩波动的方法有静测法、直接法、间接法和平衡式直接测量法等。

（七）研究平台建设方面的进展

1. 国家工程中心

近年来，我国又增加了多个从事电机及其控制技术研发的国家工程中心：国家中小型电机及系统工程技术研究中心（2009 年，上海电器科学研究院）；国家精密微特电机工程技术研究中心（2009 年，林泉航天电机有限公司）；国家海上风力发电工程技术研究中心[2010 年，中船重工（重庆）海装风电设备有限公司]；国家防爆电机工程技术研究中心（2011 年，佳木斯电机股份有限公司）。

2. 国家重点实验室

为适应现代电机系统发展的需求，近几年又增加了水力发电设备国家重点实验室（2008年，哈尔滨电机厂有限责任公司和哈尔滨大电机研究所）；电驱动与电推进技术教育部重点实验室（2009年，哈尔滨工业大学）；风力发电系统国家重点实验室（2010年，浙江运达风力发电工程有限公司）；海上风力发电技术与检测国家重点实验室（2010年，湘潭电机集团有限公司）；强电磁工程与新技术国家重点实验室（2011年，华中科技大学）；超声电机国家地方联合工程实验室（2011年，南京航空航天大学）；高节能电机及控制技术国家地方联合工程实验室（2011年，安徽皖南电机股份有限公司）。

三、本学科国内外的研究进展比较

（一）现代电机及其控制技术研究热点与前沿技术

1. 研究热点

（1）能源领域用电机

单机容量大型化是风电机组的必然发展趋势，特别是近年来海上风电的兴起，兆瓦级风力发电机技术成为研究热点[77]，机型主要包括低速直驱型、中速半直驱型和高速永磁或双馈型等[13, 78]。大型直驱发电机的重量和成本问题尤为突出[79]，主要从先进拓扑结构、新材料和新原理等方面进行解决。中速半直驱采用永磁发电机与齿轮箱集成的紧凑型传动链，两者的集成和匹配设计是技术难点[80]。此外，国内外开始尝试将超导电机、定子永磁型电机和盘式永磁电机等新型拓扑结构应用于风力发电机[4, 81-83]。

作为可再生能源的海洋能源（如波浪能、潮流能、潮汐能），同样成为新型开发能源。潮汐发电机一般采用灯泡式结构，目前单机容量最大为26MW，在韩国希瓦湖电站运行。潮流能具有蕴藏量大、周期性强、能量密度大、无需建设堤坝和围堰、对周围生态环境影响较小等特点，是一种被人们普遍看好的新能源。潮流发电依靠潮流对叶轮式机械的冲击而发电，目前潮流能发电机组单机最大容量已达到1.2MW（英国）。波浪及潮汐能发电的难点在于波浪及潮汐能的不稳定性和能量密度较低，波浪能发电机设计方法、结构及材料选择成为研究热点。

高速发电机结合微型燃气轮机组成的分布式发电系统，其特点在于功率密度高、体积小、便于携带，可用于军队作战、不间断供电等特殊场合。但是，高速发电机的机械结构设计、损耗与噪声抑制、轴承及转子动力学等存在技术难点，成为高速电机的研究热点。

（2）交通领域用电机

电驱动系统包括电机及其控制器，是电动车辆、全电飞机、全电船舶及电力机车的核心与关键部件。其优势在于动力系统布置更具灵活性，可满足交通工具中的用电需求，降低系统噪声使得乘坐变得舒适，在军事领域中应用具有更高的隐蔽性。目前发展较快的是电动轿车和电动客车，要求电动机及其控制器具有高功率密度、高效率、宽调速范围、质量轻和很强的环境适应性。插电式混合动力电动车是当前电动车辆的一大发展趋势，其增程器需要高性能发电机与内燃机相配套。

目前主流的牵引电机为感应电机，但永磁牵引电机已成为国际上机车牵引电机技术开发的主题方向之一，与目前感应电机牵引传动系统相比，具有效率高、体积小、重量轻、噪音低等优点[84-86]。永磁电机牵引技术领先的国家有日本、法国、德国和加拿大等，他们在完成永磁电机牵引传动系统的应用技术基础上，已在进行样机、样车试验验证，有的已实现规模化生产和商业化。我国已有高校和企业开始研究。

（3）装备领域用电机

装备领域用电机主要分为交流伺服电机、力矩电机、高速电机及直线电机。此类电机具有位置和速度控制精度高、动态响应能力强、高动态刚度、高速度、高功率密度和加速度等优势。其难点在于减小电机的体积和重量，并提高电机的稳定性。对于直驱低速大转矩电机需要采用新型拓扑结构和冷却技术提高转矩密度。

（4）国防领域用电机

在国防领域，除舰船推进、全电（或多电）飞机采用高功率电机外，电磁弹射直线电机可用于航空母舰舰载机短行程起飞，舵用旋转或直线电机用于导弹导向系统，而高速发电机为部队野外作业提供分布式供电系统等，均成为国防领域的全电化发展趋势。军事领域对电机的高功率体积比、高功率重量比、抗冲击性能强、高可靠性及维护性好等指标的极致要求，是电机对其极限性能探索的动力。

（5）可变速水轮发电机

可变速水轮发电机采用双馈电机，通过变速恒频技术实现电网与水轮机系统的柔性连接。可变速机组可以随着电站工作水头的变幅而调整发电机的转速，特别适用于水头变化较大的常规水电机组和抽水蓄能机组。目前，日本已在葛野川电站建成475MV·A抽水蓄能发电／电动机组。

2. 前沿技术

（1）超导电机技术

高温超导材料的发展促进了超导电机技术的提高[87]，目前研究最多的是超导励磁同步电机和单极直流电机，美国、日本、德国和英国的超导电机技术处于国际领先地位。超导电机技术在直驱风力发电机、舰船推进电动机和机载发电机等领域具有良好应用前景。

（2）极端工况电机

包括高速或超高速电机（如高速直驱和飞轮储能应用场合）、超低速电机、极端环境（如核反应堆高温环境、航空航天等真空和低温环境）使用的电机[88-92]。

（3）高效、高功率密度电机

由于特殊领域的需求（如：军事领域、高集成化装配制造业领域、航空航天领域），将高效率及高功率密度在同一个电机系统中共存已成为一项前沿技术，对电机材料、结构设计、冷却方法及优化设计方法提出了巨大挑战[93]。

（4）超精密运动控制电机

随着位置检测技术的发展，以及市场对装配制造业性能需求的不断提高，运动控制电机的精度已上升到纳米级水平，并有进一步提升的趋势。减小电机转矩／推力波动，以及多物理场综合分析、设计成为该类电机的技术难点。

（5）电机多目标综合优化设计技术

将反应面算法、差分进化算法、粒子群算法、模拟退火算法、遗传算法等寻优算法引入电机设计，实现电机的多目标综合优化[94, 95]。

（6）多物理场耦合分析技术

电机在电、磁、热、机械、流体、电力电子等学科领域存在强耦合关系，单一物理场的仿真无法获得精确的符合实际的结果。有限元分析的主要趋势是多物理场耦合仿真分析，多物理场耦合分析技术已开始用于各种高性能电机的设计[96]。

（7）纳米材料绝缘技术

研究表明，在环氧云母对地绝缘中使用经过特殊处理的球状 SiO_2 纳米颗粒，绝缘系统性能可以得到明显改善，抵抗局部放电腐蚀和电树枝形成的能力大幅提升，可延长电气击穿前的寿命时间，显著提高定子绕组的机械和热性能。含有纳米成分的绝缘系统绝缘材料可以更薄、槽满率更高、热交换效果更好，发展新型纳米绝缘系统为设计更高效的定子绕组提供了依据，具有良好的应用前景。

（8）故障诊断技术

大型汽轮或水轮发电机、风力发电机、电动车电机等必须具备状态监测、故障预警等功能，故障诊断和辨识技术可有效降低故障率，提高运行可靠性。智能诊断系统和远程虚拟仪器技术是大型电机状态检测与诊断的重要发展趋势[97]。

（9）高性能控制技术

高性能控制技术包括无位置传感器控制[98]、多相空间矢量 PWM 控制[99]、无刷直流电机的直接转矩控制[100]、容错运行控制[101]和智能控制等[102, 103]。

（二）本学科研究的优势与不足

1. 优势

1）我国设有电机学科的高校及研究所等教育科研机构达 300 余所，其中大量机构具有培养博士、硕士研究生能力，每年向相关领域输送大量人才；并且在各高校中，以具有特定研究方向的研究所为组织形式，针对不同应用领域的不同类型电机开展理论和试验研究，其组织形式及规模优于国外高校。

2）随着我国国民经济的高速发展以及综合国力的提升，在加工制造业、运输业和国防等相关领域均对电机性能指标、极端工况适应能力提出了更高的需求，这种需求推动了电机领域科学技术的进步。

3）我国有众多电机及其控制装置的制造企业，缺乏自主研发产品的技术力量，对于电机创新技术的需求，也是现代电机及其控制技术研究的重要推动力。

2. 不足

1）跟踪性研究居多，高水平原创性研究较少；重复性研究较多，有特色的深入研究不足；理论性分析较多，系统性试验研究不够。

2）产学研结合不够，影响了新技术的研发与推广应用。

3）基础工业制造、加工、测试能力制约了电机技术的发展。

4）虽然人才培养数量较多，但质量尚不能很好地满足社会需求。

5）国家对相关研究机构的资助连续性有待进一步提高。

四、发展趋势及展望

（一）未来 5 年的重点发展方向

未来电机产业的结构性调整是大势所趋，传统标准化电机的比重将有所下降，而非标准特种电机的比重将有所提升。标准化电机将以提高效能、节约材料、保护环境等为主要目标，而非标准电机将以满足特殊应用需求、实现特殊性能指标等为主要考虑因素。非标准电机（例如伺服电机）随着产品的细化、型谱的建立，也会逐渐演变为标准化电机。电机及其控制技术的发展重点既以电机产业的发展为目标，又要引领产业的发展，学科与产业发展密不可分。根据产业的发展与需求，本学科在未来 5 ~ 10 年甚至更长时间里的重点发展方向可以包括（但不局限于）以下几个方面。

1. 高效能电机系统

高效能是指在有限增加材料、体积、成本等的前提下，较为显著地改善效率、功率因素、功率密度或转矩密度、转矩平稳性、转速与/或转角控制精度、动态响应等性能指标。高效能的实现，离不开电机的优化设计、精密加工与新材料的应用，以及电力电子装置及控制算法的系统化应用，甚至需要后续传动装置及负载进行更高层级的系统优化。高效能电机系统的研究包括：

1）研究和推广高效率电机，例如用高效感应电机替代传统感应电机、用永磁电机替代感应电机等。

2）研究新型电机拓扑结构，提高电机转矩密度；也可优化电机后续传动装置的变速比以及负载的工作转速，进而提高电机的运行转速与功率密度。

3）根据负载需求（例如风机、泵类负载的流量要求），用调速电机系统代替恒速电机驱动装置，提高系统效率。

4）研究直接驱动的电机系统，省去电机与负载之间的机械传动装置或者减少传动装置的环节数量，提高系统效率。

5）研究多相、多电平电机系统，在现有电力电子器件的限制条件下实现更大功率的电机驱动能力和性能。

6）研究伺服电机系统，提升机床、医疗设备、办公设备乃至高档家用电器的性能。

7）研究模块化电机与模块化电力电子驱动器，提高电机系统的容错性、互换性、维护性以及组合应用的方便性。

2. 用于电气交通与运载中的电机系统

电机及其控制系统是电气交通及运载的动力核心，主要的发展重点包括：

1）电动（含混合动力）汽车的主驱动电机，要求具有高功率密度、高弱磁扩速能力、宽负载与转速范围内的高效率与高功率因数、高可靠性等优点，除了需要优越的动力性能外，还需要具有能量回馈制动等功能。

2）高效汽车与高档汽车内的车体元件电机，例如电动助力转向电机系统、尾气余能回收的涡轮发电系统等，可有效降低汽车能耗并提高安全性与舒适性。

3）铁路高速机车的驱动电机系统，不仅要求具有优越的功率密度与可靠性，而且要有适应车轮打滑、爬坡过载、能量回馈制动等功能。

4）城市轨道交通的电气动力装置不仅影响列车的动力性能，甚至也影响列车的爬坡能力和最小拐弯半径。为此，国内外许多线路采用直线电机作为城市（也包括山区）轨道交通的动力装置。

5）船舶推进电机及辅助电机，除了具有高效、高功率密度等特点外，还要能够耐受湿热、盐雾等恶劣环境，水下工作的电机系统还要具有密封与承受高压的能力。

6）在多电飞机中，电机系统正在逐步替代原有复杂、庞大和沉重的液压传动系统，电机系统的可靠性与小型化尤为重要；在太阳能飞机、全电飞机中，主驱动电机成为一个技术关键。

7）小型化、高效率、电磁干扰性能、环境适应能力是航天领域电机系统的研究重点。

8）电磁弹射系统中常采用直线电机系统，瞬间的大功率、大应力对电机本体、驱动器乃至储能装置都提出了挑战。

3. 新能源领域的电机系统

在新能源、可再生能源领域，大部分还是利用发电机系统（电机本体 + 电力电子功率变换装置）实现其他能源向电能的转换。由于原始能源各不相同，因此所使用的发电机系统也各有特点。例如，桨叶直接驱动的低速风力发电机系统与通过齿轮箱驱动的高速风力发电机系统、太阳能热发电系统中通过蒸汽轮机或斯特林机驱动的发电机系统、海浪发电中的直线发电机、以生物质气为燃料的燃气轮发电系统中的高速电动 / 发电一体机；等等。

无论是电机本体还是能量变换装置，均有很大差别，都需要进一步研究开发。此外，小型、微型的发电装置，例如振动式发电装置，常常用于野外收集微小能量，为无线传感网络、通信设备等提供电源，或者为电子设备应急充电。

4. 适于复杂、极端工况的电机系统

极端环境给电机系统提出了特殊的要求，例如，高温、低温、冲击、振动、高湿、高压、低压（甚至真空）、盐雾、粉尘、辐照，这些环境虽然不影响电机的电磁工作机理，但是可显著缩短绝缘材料、永磁材料、电刷装置、润滑介质、结构件、电子器件等的使用寿命甚至使之迅速失效，因此，需要根据极端环境对电机系统进行特殊的设计、制造与保护。还有些特殊环境，例如超净空间，虽然并未对电机本身产生影响，但是严格限制了电机系统对环境的影响，因此也需要特殊的设计、制造与防护。此外，很多负载对电机系统也提出了特殊要求，例如超高速运行、超低速运行、超精密控制，这些要求仅仅通过电机本体是难以实现的，而是需要电机与驱动控制器的匹配完成。还有些应用场合，例如多轴联动的高端机床，存在多个电机系统，每个电机系统须工作可靠、性能优越；同时，不同电机系统之间需要协同控制，这样的复杂电机系统颇具挑战性。

电机及其控制技术的发展，需要从多个层面、多种渠道来实现，包括研究与应用先进的电机设计方法与工程软件、新型的电机结构与材料、先进的制造设备与生产工艺、新型的电子元器件（包括功率器件、微处理器、专用控制芯片）以及先进的运动控制算法等。

（二）发展策略

1）国家应加大对于重大创新、具有影响力的技术研究支持力度，并确保投入维持一定的稳定性和持续性。

2）引导并加强高校研究机构与企业的合作力度，降低企业科研投入的风险，加速新技术、新理论的产业化推广及应用。

3）电机发展趋向于极端工况、极端性能的极致使用，需要加强多学科融合，开展多学科交叉的基础理论研究，为高性能电机系统奠定更为深厚的理论基础。

4）建立高水平、高影响因子学术期刊，吸引国外高水平学者的关注，促进国内外学术交流，推动我国电机领域相关技术的发展。

参 考 文 献

［1］唐任远，顾国彪，等. 中国电气工程大典 第9卷 电机工程［M］. 北京：中国电力出版社，2008.

［2］国家自然科学基金委员会，中国科学院. 未来10年中国学科发展战略·能源科学［M］. 北京：科学出版社，2012.

［3］中国电工技术学会. 电气技术发展综述［R］. 2011.

［4］ Erli F F，孙玉田. 国际大电网委员会旋转电机的新发展研讨会论文集［C］. 哈尔滨：黑龙江科学技术出版社，2011.

［5］ 赵争鸣，肖曦，王善铭，等. 第十四届国际电机与系统大会（ICEMS2011）综述［J］. 电工技术学报，2011，26（9）：1-4.

［6］ 贺益康，胡家兵，徐烈. 并网双馈异步风力发电机运行控制［M］. 北京：中国电力出版社，2011.

［7］ 王东，吴振新，郭云珺，等. 非正弦供电十五相感应电机谐波电压确定［J］. 中国电机工程学报，2012，32（24）：126-133.

［8］ 张岳，王凤翔，邢军强，等. 磁障转子无刷双馈电机［J］. 电工技术学报，2012，27（7）：49-54.

［9］ 刘慧娟，Longya Xu. 一种径向叠片磁障式转子双馈无刷电机的设计与性能分析［J］. 电工技术学报，2012，27（7）：55-62.

［10］ 程源，王雪帆，熊飞，等. 考虑饱和影响的绕线转子无刷双馈电机性能［J］. 电工技术学报，2012，27（5）：164-171.

［11］ 中国电力新闻网. 全球最多百万千瓦火电机组［EB/OL］. http://www.cpnn.com.cn/cpnn_zt/dlsn/zjsn/sjzz/.

［12］ 中国城市低碳经济网. 中国是世界上在建核电规模最大的国家［EB/OL］. http://www.cusdn.org.cn/news_detail.php?md=107&epid=233&id=260517.

［13］ 王凤翔. 永磁电机在风力发电系统中的应用及其发展趋向［J］. 电工技术学报，2012，27（3）：12-24.

［14］ 范坚坚，吴建华，李创平，等. 分块式 Halbach 型磁钢的永磁同步电机解析［J］. 电工技术学报，2013，28（3）：35-42.

［15］ 安跃军，温宏亮，安辉，等. 磁极调制式永磁电机的磁场分析与实验［J］. 电工技术学报，2012，27（11）：111-117.

［16］ 诸自强. Recent advances on permanent magnet machines［J］. 电工技术学报，2012，27（3）：1-11.

［17］ 吴迪，辜成林. 新型横向磁通永磁电机三维磁路分析［J］. 中国电机工程学报，2010，30（33）：90-95.

［18］ 林鹤云，刘恒川，黄允凯，等. 混合永磁记忆电机特性分析和实验研究［J］. 中国电机工程学报，2011，31（36）：71-76.

［19］ 夏长亮，方红伟. 永磁无刷直流电机及其控制［J］. 电工技术学报，2012，27（3）：25-34.

［20］ 王蕾，李光友，张强. 磁通反向电机的变网络等效磁路模型［J］. 电工技术学报，2008，23（8）：18-23.

［21］ 诸自强. Novel switched flux permanent magnet machine topologies［J］. 电工技术学报，2012，27（7）：1-16.

［22］ 郭希铮，温旭辉，游小杰，等. 双机械端口电机线性解耦控制［J］. 中国电机工程学报，2010，30（21）：73-78.

［23］ 杜世勤，江建中，章跃进，等. 一种磁性齿轮传动装置［J］. 电工技术学报，2010，25（9）：41-46.

［24］ 张凤阁，陈进华，刘光伟，等. 面贴式异向旋转双转子永磁电机的磁场解析计算［J］. 电工技术学报，2011，26（12）：28-36.

［25］ 寇宝泉，张鲁，邢丰，等. 高性能永磁同步平面电机及其关键技术发展综述［J］. 中国电机工程学报，2013，33（9）：79-87.

［26］ 李争，孙克军，王群京，等. 一种多自由度电机三维磁场分析及永磁体设计［J］. 电机与控制学报，2012，16（7）：65-71.

［27］ 金平，林鹤云，房淑华，等. 一种新型直线旋转永磁作动器的分析与实验［J］. 中国电机工程学报，2011，31（12）：65-70.

［28］ 盛旺，王晓琳，邓智泉，等. 单绕组无轴承永磁薄片电机短路容错运行［J］. 中国电机工程学报，2011，31（6）：66-72.

［29］ 姜海博，黄进，康敏. 单绕组五相永磁无轴承电机的SVPWM控制［J］. 电工技术学报，2011，26（1）：34-39.

［30］ 孙晓东，陈龙，杨泽斌，等. 考虑偏心及绕组耦合的无轴承永磁同步电机建模［J］. 电工技术学报，2013，28（3）：63-70.

［31］ 蔡炯炯，卢琴芬，叶云岳. 一种新型多齿开关磁链直线电机的关键问题［J］. 电机与控制学报，2012，16（3）：8-14.

［32］ 马名中，马伟明，郭灯华，等. 多定子直线感应电机模型及间接矢量控制算法［J］. 电机与控制学报，2013，17（2）：1–6.

［33］ 王大彧，郭宏，刘治，等. 直驱阀用音圈电机的模糊非线性 PID 控制［J］. 电工技术学报，2011，26（3）：52–56.

［34］ 寇宝泉，杨国龙，周维正，等. 双向交链横向磁通平板型永磁直线同步电机［J］. 中国电机工程学报，2012，32（33）：75–81.

［35］ 邢军强，王凤翔，张殿海，等. 高速永磁电机转子空气摩擦损耗研究［J］. 中国电机工程学报，2010，30（27）：14–19.

［36］ 张晓晨，李伟力，邱洪波，等. 超高速永磁同发电机的多复合结构电磁场与温度场计算［J］. 中国电机工程学报，2011，30（31）：85–92.

［37］ 沈建新，李鹏，郝鹤，等. 高速永磁无刷电机电磁损耗的研究概况（英文）［J］. 中国电机工程学报，2013，33（3）：62–74.

［38］ 戴兴建，邓占峰，刘刚，等. 大容量先进飞轮储能电源技术发展状况［J］. 电工技术学报，2011，26（7）：133–140.

［39］ 尹育聪，周盛强，陈超，等. 行波型旋转超声电机双路行波的运行机理［J］. 中国电机工程学报，2011，31（33）：101–108.

［40］ 陈培洪，王寅，黄卫清. 一种圆筒形压电直线电机的设计及实验研究［J］. 中国机械工程学报，2011，22（12）：1484–1488.

［41］ 杨凯，辜承林. 基于 SMA 弹簧紧凑型柔性电机的设计与研制［J］. 电工技术学报，2010，25（4）：59–64.

［42］ 王立军，张广强，李山红，等. 铁基非晶合金应用于电机铁心的优势及前景［J］. 金属功能材料，2010，17（5）：58–62.

［43］ 严陆光. Recent progress of superconducting magnet technology in China［J］. IEEE Trans. Appl. Superconduct., 2010, 20（3）：123–134.

［44］ 杨应昌. 新型各向异性稀土永磁材料产业化开发进展［J］. 新材料产业. 2011（2）：40–43.

［45］ 王文，夏宇. 导热绝缘材料的研究与应用［J］. 绝缘材料. 2012（1）：19–24.

［46］ Wei Hua, Zhang G, Cheng M, et al. Electromagnetic performance analysis of hybrid–excited flux–switching machines by a nonlinear magnetic network model［J］. IEEE Trans. Magnetics, 2011, 47（10）：3216–3219.

［47］ Raminosoa T, Blunier B, Fodorean D, et al. Design and optimization of a switched reluctance motor driving a compressor for a PEM fuel–cell system for automotive applications［J］. IEEE Trans. Ind. Electro., 2010, 57（9）：2988–2997.

［48］ Song X, Park Y, Li J, et al. Optimization of switched reluctance motor for efficiency improvement using response surface model and kriging model［J］. Proc. IEEE Int. Joint Conf. on Comp. Sci. and Opt.（CSO）, 2011, 259–260.

［49］ Wu L J, Zhu Z Q, Staton D, et al. An Improved subdomain model for predicting magnetic field of surface–mounted permanent magnet machines accounting for tooth–tips［J］. IEEE Trans. Magnetics, 2011, 47（6）：1693–1704.

［50］ Jian L, Chau K T, Gong Y, et al. Analytical calculation of magnetic field in surface–inset permanent magnet motors［J］. IEEE Trans. Magnetics, 2009, 45（10）：4688–4691.

［51］ Gaussens B, Hoang E, Barriere O, et al. Analytical armature reaction field prediction in field–excited flux–switching machines using an exact relative permeance function［J］. IEEE Trans. Magnetics., 2013, 49（1）：628–641.

［52］ Lubin T, Mezani S, Rezzoug A. Exact analytical method for magnetic field computation in the air gap of cylindrical electrical machines considering slotting effects［J］. IEEE Trans. Magnetics, 2010, 46（4）：1092–1099.

［53］ Gysen B L J, Ilhan E, Meessen K J, et al. Modeling of flux switching permanent magnet machines with Fourier analysis［J］. IEEE Trans. Magnetics, 2010, 46（6）：1499–1502.

［54］ Ilhan E, Gysen B L J, Paulides J J H, et al. Analytical hybrid model for flux switching permanent magnet machines［J］.

IEEE Trans. Magnetics, 2010, 46（6）: 1762－1765.

［55］ Hao L L, Sun Y G, Qiu A, et al. Steady－state calculation and online monitoring of interturn short circuit of field windings in synchronous machines［J］. IEEE Trans. Energy Conversion. 2012, 27（1）:128－138.

［56］ 王国海. 三峡右岸全空冷水轮发电机关键技术研究［J］. 中国电机工程学报, 2009, 29（15）: 74－79.

［57］ 霍菲阳, 李勇, 李伟力, 等. 大型空冷汽轮发电机定子通风结构优化方案的计算与分析［J］. 中国电机工程学报,2010,30（6）: 69－75.

［58］ 李伟力, 李勇, 杨雪峰, 等. 大型空冷汽轮发电机定子端部温度场与流体场的计算与分析［J］. 中国电机工程学报, 2009, 29（36）: 80－87.

［59］ 路义萍, 洪光宇, 汤璐, 等. 多风路大型空冷汽轮发电机三维流场计算［J］. 中国电机工程学报, 2013, 33（3）: 133－139.

［60］ 胡晓红, 袁益超, 刘聿拯, 等. 汽轮发电机转子气隙取气斜流通风系统试验研究［J］. 中国电机工程学报, 2009, 29（17）: 108－113.

［61］ 马有福, 袁益超, 刘聿拯, 等. 气隙取气汽轮发电机转子全隐式取风斗取风特性数值研究［J］. 中国电机工程学报, 2008, 28（11）: 120－125.

［62］ 李俊卿, 王丽慧. 汽轮发电机空心股线堵塞时定子温度场的数值仿真［J］. 中国电机工程学报, 2009, 29（12）: 70－74.

［63］ 管春伟, 李伟力, 郑萍. 超临界汽轮发电机定子股线堵塞对温度分布的影响［J］. 电机与控制学报, 2012, 16（12）: 28－35.

［64］ 国建鸿, 傅德平, 袁建华, 等. 300MW 汽轮发电机强迫循环蒸发冷却定子绕组温升计算［J］. 中国电机工程学报, 2008, 28（26）: 92－97.

［65］ 刘长红, 姚若萍. 自循环蒸发冷却电机定子铁心与绕组间的热量传递［J］. 中国电机工程学报, 2008, 28（11）: 107－112.

［66］ 陈昱, 袁益超, 马有福, 等. 蒸发冷却汽轮发电机冷凝器传热特性试验研究［J］. 中国电机工程学报, 2009, 29（32）: 71－75.

［67］ 国建鸿, 顾国彪, 傅德平, 等. 330MW 蒸发冷却汽轮发电机冷却技术的特点及性能［J］. 电工技术学报, 2013, 28（3）: 134－139.

［68］ 涂小涛, 辜承林. 新型横向磁通永磁电机无位置传感器磁链自适应直接转矩控制［J］. 中国电机工程学报, 2013, 33（9）: 97－103.

［69］ 张晓光, 孙力, 赵克. 基于负载转矩滑模观测的永磁同步电机滑模控制［J］. 中国电机工程学报, 2012, 32（3）: 111－116.

［70］ 陈家伟, 陈杰, 陈冉, 等. 变速风力发电机组自适应模糊控制技术［J］. 中国电机工程学报, 2011, 31（21）: 93－101.

［71］ 王高林, 张国强, 贵献国, 等. 永磁同步电机无位置传感器混合控制策略［J］. 中国电机工程学报, 2012, 32（24）: 103－109.

［72］ 陈家伟, 陈杰, 龚春英. 变速风力发电机组恒带宽最大功率跟踪控制策略［J］. 中国电机工程学报, 2012, 32（27）: 32－38.

［73］ 年珩, 周义杰, 李嘉文. 基于开绕组结构的永磁风力发电机控制策略［J］. 电机与控制学报,2013,17（4）: 79－85.

［74］ 朱景伟, 刁亮, 任宝珠, 等. 具有冗余特性的永磁容错电机短路故障分析与控制［J］. 电工技术学报, 2013, 28（3）: 80－85.

［75］ 廖勇, 甄帅, 刘刃, 等. 用谐波注入抑制永磁同步电机转矩脉动［J］. 中国电机工程学报,2011,31（21）: 119－127.

［76］ 王攀攀, 史丽萍, 张勇, 等. 采用一种混合骨干微粒群优化算法的感应电机转子断条故障诊断［J］. 中国电机工程学报. 2012, 32（30）: 73－81.

［77］ 李俊峰, 等. 中国风电发展报告［M］. 北京: 中国环境科学出版社, 2012.

［78］ Liserre M, Cárdenas R, Molinas M, et al. Overview of multi－MW wind turbines and wind parks［J］. IEEE

Trans. Ind. Electro. 2011, 58（4）: 1081–1095.

［79］ Semken R S, Polikarpova M, Roöyttaä P, et al. Direct–drive permanent magnet generators for high–power wind turbines: benefits and limiting factors［J］. IET Renew. Power Gener., 2012, 6（1）:1–8.

［80］ Weeber K R, Shah M R, Sivasubramaniam K, et al. Advanced permanent magnet machines for a wide range of industrial applications［J］. IEEE PES General Meeting, July 25–29, 2010, Mineaplis, MN, USA.

［81］ Ronghai Qu, Yingzhen Liu, Jin Wang. Review of superconducting generator topologies for direct–drive wind turbines［J］. IEEE Trans. Appl. Superconduct., 2013, 23（3）, Article#: 5201108.

［82］ Jianhu Yan, Heyun Lin, Yunkai Huang, et al. Magnetic field analysis of a novel flux switching transverse flux permanent magnet wind generator with 3–D FEM［J］. International Conference on Power Electronics and Drive Systems, Taipei, 2009.

［83］ Kobayashi K, Doi Y, Miyata K, et al. Design of the axial–flux permanent magnet coreless generator for the multi–megawatts wind turbine［C］// Proceedings of EWEC 2009, Parc Chanot, Marseille, 2009.

［84］ Mermet–Guyennet M. New power technologies for traction drives［C］// Proceedings of SPEEDAM' 2010, Pisa, Italy, 2010, 719–723.

［85］ Hillmansen S, Schmid F, Schmid T. The rise of the permanent magnet traction motor［J］. Railway Gazette International, 2011, 167（2）: 30–34.

［86］ Wallmark O, Galic Jansson M, Mosskull H. A robust sensorless control scheme for permanent–magnet motors in railway traction applications［C］// Int. Conf. on Electrical Systems for Aircraft, Railway and Ship Propulsion, Bologna, Italy, 2012.

［87］ Kalsi S S. Applications of high temperature superconductors to electric power equipment［M］. New Jersey: IEEE Press, 2011.

［88］ Kolondzovski Z, Arkkio A, Larjola J, et al. Power limits of high–speed permanent–magnet electrical machines for compressor application［J］. IEEE Trans. Energy Conv., 2011, 26（1）: 73–82.

［89］ Zwyssig C, Round S D, Kolar J W. An ultra high–speed low power electrical drive system［J］. IEEE Trans. Power Electronics, 2008, 55（2）: 577–585.

［90］ Huynh C, Zheng L, Acharya D. Losses in high speed permanent magnet machines used in microturbine applications［J］. J. Eng. Gas Turbines and Power, 2009, 131（2）: 22301–22306.

［91］ Yang Shihai, Zhang Zhenchao. Servo control system for friction drive with ultra–low speed and high accuracy［J］. Proceedings of the SPIE, 2008, 7019, 70192B–1.

［92］ Dorrell D G, Sze Song Ngu, Cossar C. Comparison of high pole number ultra–low speed generator designs using slotted and airgap windings［J］. IEEE Trans. Magn., 2012, 48（11）: 3120–3123.

［93］ Almeida A, Ferreira F, Quintino A. Technical and economical considerations on super high–efficiency three–phase motors［C］// Proceedings of IEEE Industrial & Commercial Power Systems Technical Conference, 2012.

［94］ Duan, Y, Ionel, D. A review of recent developments in electrical machine design optimization methods with a permanent magnet synchronous motor benchmark study［C］// 2011 IEEE Conference on Energy Conversion Congress and Exposition（ECCE）, 2011.

［95］ Sizov G Y, Zhang Z, Ionel D M, et al. Automated bi–objective design optimization of multi–MW direct–drive PM machines using CE–FEA and differential evolution［C］// ECCE 2011, 2011.

［96］ Besnerais L, Fasquelle A, Hecquet M, et al. Multiphysics modeling: electro–vibro–acoustics and heat transfer of PWM–fed induction machines［J］. IEEE Trans. Ind. Electron., 2010, 57（4）:1279–1287.

［97］ Liu X F, Ma L, Mathew J. Machinery fault diagnosis based on fuzzy measure and fuzzy integral data fusion techniques［J］. Mech. Syst. Signal Process., 2009, 23（3）: 690–700.

［98］ Seung–Ki Sul, Sungmin Kim. "Sensorless control of IPMSM: past, present, and future［J］. IEEJ Journal of Industry Applications, 2012, 1（1）:15–23.

［99］ Lopez O, Alvarze J, Jesus D G, Freijedo F D. Multilevel multiphase space vector PWM algorithm with switching state redundancy［J］. IEEE Trans. Ind. Electron., 2009, 56（3）: 792–804.

［100］Zhu Z Q, Leong J H. Analysis and mitigation of torsional vibration of PM brushless AC/DC drives with direct torque controller［J］. IEEE Trans. Ind. Appl., 2012, 48（4）:1296-1320.

［101］Arumugam P, Hamiti T, Gerada C. Modeling of different winding configurations for fault-tolerant permanent magnet machines to restrain interturn short-circuit current［J］. IEEE Trans. Ener. Conv., 2012, 27（2）: 351-361.

［102］Khan M, Rahman M A. A novel neuro-wavelet-based self-tuned wavelet controller for IPM motor drives［J］. IEEE Trans. Ind. Appl., 2010, 46（3）:1194-1203.

［103］Ghariani M, Hachicha M R, Ltifi A, et al. Sliding mode control and neuro-fuzzy network observer for induction motor in EVs applications［J］. International Journal of Electric and Hybrid Vehicles, 2011, 3（1）: 20-46.

撰稿人：王凤翔　李立毅　李伟力　曲荣海　沈建新　花　为

孙玉田　王善铭　王　东　张凤阁　寇宝泉　潘东华

管春伟　王立坤　王　晋　缪冬敏　张　淦　曹继伟

刘家曦　张成明

电动汽车电气驱动技术

一、引言

随着煤、石油、天然气等不可再生资源的日益枯竭，以及自然环境被破坏造成的水污染、大气污染、气候恶化等日趋严重，人类不得不面对危及人类生命健康和社会发展的两大难题：能源危机和环境恶化。电动汽车以其节能和环保的特点，近年来得到世界各国的重视并正在引起一场汽车工业革命。这不仅是考虑到石油枯竭后人类生活如何代步的问题，还关系到国家能源安全，具有重要的战略意义。

电动汽车的核心问题是用电气驱动系统取代其热机推进系统，用电池代替汽油作为车载能源，在实现零排放或少排放的前提下，满足燃油汽车各项性能、价格指标的要求。无论燃料电池电动汽车、纯电动汽车还是混合动力电动汽车，电气驱动技术既是关键技术又是共性技术。与普通工业用电机驱动系统不同，车用电机驱动系统工作环境恶劣、要求高性能、低成本，研发生产难度更高。为此，各国学术界、工业界都投入大量资金与人力开展电动汽车电气驱动技术研发。

综合来看，电动汽车电气驱动技术发展呈现出以下几个趋势：电机的功率密度和工作转速不断提高，永磁电机应用范围不断扩大；车用电驱动控制系统进一步小型化、轻量化、集成化和数字化；电驱动系统的混合度与电功率比不断增加，高效区范围不断拓宽，集成化和一体化趋势更加明显。

经过"九五"、"十五"和"十一五"期间我国对电动汽车用电气驱动技术的集中研发和示范应用，各科研机构和高等院校在该领域已取得了大量研究成果，电机本体、驱动器和控制策略等关键技术研发方面与国外基本同步。同时，科研成果的产业化进展迅速，生产企业已开发出满足各类电动汽车需求的电机系统产品，获得了一大批电机系统的相关知识产权，形成具有核心竞争能力的车用驱动电机系统批量生产能力。目前，我国自主研发的永磁同步电机、无刷直流电机、交流异步电机和开关磁阻电机等已经实现了整车产业化技术配套，电机重量比功率超过 1.3kW/kg，电机系统最高效率达到 93% 以上，系列化产品的功率范围覆盖了 200kW 以下电动汽车用电机动力需求，各类电机系统的关键技术指标均在相同功率等级下达到国际先进水平，可以满足国内外各类电动汽车的需求。但在科研生产方面与国外先进水平仍存在一定的差距，一方面，在面向车辆需求的高集成度、高可靠性、耐久性、安全与故障容错、标定与诊断等应用技术方面还有待深入研究；另一方面，成本控制、质量控制、大批量工艺流程和制造装备开发，以及系列化、规格化的产品系统开发还有待提高；此外，部分关键零部件，如功率电力电子器件等仍然依赖进口，某些国产零部件则还需要进一步提高性能，以达到世界先进水平。

二、我国电动汽车电气驱动技术的发展现状

（一）我国电动汽车电气驱动技术的最新进展

电动汽车电气驱动技术涉及电机学、电力电子技术、变流技术、自动控制理论等不同的学科领域。2008 年，由北京理工大学牵头完成的"纯电动客车关键技术及在公交系统的应用"项目获国家科学技术进步奖二等奖，意味着我国电动汽车电气驱动技术取得了关键突破。近 5 年来，我国学术界、工业界都投入大量资金与人力开展电动汽车电气驱动技术研发，取得了大量研究成果。

1. 电动汽车电机技术

电机是机电能量转换的执行装置。电动汽车运行工况十分复杂，要求车用驱动电机不仅需要具备宽范围节能、高效的特点，还要注重全速度范围内优良的转矩输出性能，包括低速大转矩区和宽广的高速恒功率区。而且由于经常运行于恶劣环境中且工况复杂，电动汽车驱动系统的可靠性尤其重要。近年来，我国在电动汽车电机技术方面取得的进展总结如下。

（1）满足多重目标和约束的电机电磁设计方法

电动汽车电机驱动系统的三个主要构成元素——电机本体、驱动器和控制算法是紧密关联的有机整体，三者均对电机参数的选择提出不同要求。因此，区别于工业传动电机，电动汽车电机的电磁设计需要满足电动汽车驱动系统的多重目标和约束。中国科学院电工研究所进一步发展了该方法，以磁链、直轴电感和凸极率等电机设计参数为自变量，将电机本体、驱动器和控制算法三方面的需求映射到同一运行性能设计空间，规划出特征参数的选择区域，以获得满足电动车辆多重目标和约束的参数集合[1]。这种方法提供了一种解析的、形式统一的简化电机数学模型，将在逆变器供电约束下面向变工况的电机参数设计问题转化为在设计平面上的区域选择问题，从而表达了电机电磁设计参数、运行工况和供电电压等因素对电机性能的影响规律，提供了一种系统化的电动汽车电机电磁分析设计手段。

（2）车用永磁电机热管理

永磁电机凭借其高效、高功率密度的优势在混合动力汽车与纯电动汽车中作为主要的驱动装置，但是铁损耗比例偏高，并随饱和情况变化，从而影响对效率及温升的预测。因此，需要对电机的铁损耗进行准确的评估。

近年来，我国多个研究团队对逆变器供电条件下永磁电机铁损耗的计算方法进行了深入研究。沈阳工业大学唐任远院士和王凤翔教授的团队在电机领域的研究较为深入，对电机定子铁损耗计算有较多研究成果[2, 3]，沈启平博士对于车用电机空载铁损耗和负载杂散损耗进行了详细的研究，从定子、转子和永磁体三方面对车用永磁同步电机的负载杂散损耗进行了理论分析和求解[4]。东南大学胡虔生教授的团队采用正交分解模型计算椭圆旋转磁化时的铁心损耗[5]；哈尔滨工业大学江善林博士、张洪亮博士在正交分解模型的基础上，考虑趋肤效应对涡流损耗系数的影响，得到适合高速电机铁心损耗计算的变系数正交分解模型[6, 7]，实验证明该计算模型在高、低频时都有较高的计算精度。这些研究表明，综合考虑了电机饱和情况、旋转磁化、趋肤效应、材料取向、三维结构以及逆变器供电导致的高频谐波等多方面的影响之后，在准确获得材料的损耗特性的前提下，永磁电机的铁损耗计算精度已能够满足电机设计和性能评估的需求。

另一方面，车用电机具有高动态性和多过载工况的特点，损耗随整车控制参数的调整而动态变化，从而导致电机温升大多处于非稳态过程；而车辆高速重载行驶或以峰值功率加速的工况下的非稳态温升严重影响电机可靠性和寿命，因此，准确预计各组件温升是保证电机持续可靠稳定运行的保证[8]。从分析对象来看，在传统电机设计流程中，温升计算的目的一般是核算电机中几个发热部件在额定运行时的稳态温升是否超过其允许的极限值，这显然已经不能满足应用要求。电机暂态温升的计算越来越受到重视；从分析方法来看，对温升计算边界条件的确定更倾向于采用耦合求解的方式，而随着大型商业软件的成熟，电机温度场计算继续向多物理场耦合的研究方向发展[9, 10]。在高功率密度电机的温升计算方面，哈尔滨工业大学、哈尔滨理工大学、沈阳工业大学、北京交通大学、上海大学等均开展了相关研究[7, 11-13]。

（3）电机振动与噪声分析

车辆的噪声、振动与声振粗糙度（NVH，即 Noise，Vibration，Harshness）问题是汽车行业普遍关注的问题之一，车用电机设计时须考虑到整车出于乘坐舒适性的目的而对电机的噪声和振动方面的要求。从20世纪70年代开始，噪声便是电机的主要技术指标之一。与电动汽车应用场合结合之后，永磁电机由于不平衡电磁力和逆变器供电所导致的振动和噪声问题成为新的挑战。

近5年来，国内研究机构在永磁电机的振动与噪声分析方面取得了一些进展。沈阳工业大学唐任远院士借助三维有限元软件进行了变频器供电盘式永磁电机的振动研究和实验对比，研究指出，采用变频器供电的永磁电机的振动噪声主要分布在开关频率及其倍数附近[14]。沈阳工业大学于慎波博士通过气隙径向电磁力的计算和谐波分析用数值方法找到了产生径向电磁力谐波的规律。将径向电磁力作用于模态分析模型，计算出所有点的位移、速度和加速度响应，为定子振动模态阶数与声辐射系数关系的研究及振动和噪声值的预估奠定了基础。天津大学采用叠加方法研究了槽极组合对不平衡磁拉力及脉动转矩的影响，揭示了槽极组合与径向及切向磁拉力之间的刚体相位调谐规律，澄清了现有文献结论之间的分歧[15]。中国科学院电工研究所建立了车用永磁同步电机沿空间分布的径向力波

电气工程 学科发展报告

解析式，从电磁力波角度研究分析永磁同步电机电磁振动成因，并分析其分布规律以及电磁振动相关的影响因素，从对实验样机高速下的振动和噪声特性进行实验测量和数值分析，径向电磁力波解析式得到了验证，模态分析结论与实验测试数据也取得了频谱特征的一致性[16]。

（4）电动汽车电机的新原理与新结构

除了异步电机、永磁同步电机、无刷直流电机和开关磁阻电机等传统电机类型之外，国内部分研究单位和高校，如清华大学、南京航空航天大学、上海大学、中国科学院电工研究所、华中科技大学、沈阳工业大学和哈尔滨工业大学等对一些新型结构的车用电机进行了积极研究，取得了前瞻性的成果，如电动轮毂、混合励磁电机、分数槽集中绕组电机、轴向磁通电机等。

（5）电动汽车机电耦合装置

随着国内外电动汽车快速发展，机电耦合传动技术正成为电动汽车关键技术研究的一个热点，并在系统功率分流管理、电机与变速箱参数匹配设计、动力系统机电耦合动力学特性及控制策略等方面有了一定的技术积累，混合动力核心关键零部件也有了一定的应用基础。其中，丰田 THS 系统、本田 IMA 系统、通用 AHS-2 双模系统、福特 FHS 系统、Timken 公司的双排结构、法国雷诺 IVT 双排结构、伊顿的基于 AMT 和 ISG 的系统、日产的基于双电机和 CVT 的系统等受到了业界的广泛关注，并且其中大多方案已经得到了成熟应用[17]。

国内不少汽车企业及科研单位也开展了机电耦合装置的开发工作，主要有固定轴式动力耦合装置（一汽和东风采用）、单轴并联式混合动力系统（玉柴）、基于 AMT 的并联式混合动力传动系统（清华大学）、基于双机械端口电机的 EVT 混合动力系统（中科院电工所与北汽）、双电机动力合成驱动装置（同济大学）、双电机与基于拉维娜复合式行星排动力耦合装置（上海华普汽车）、基于单行星排的双电机机电耦合传动总成（北京理工大学，用于纯电动大客车）、电机—两挡变速一体化传动系统（北京理工大学，用于混合动力）、双行星机构动力耦合无级变速系统（吉林大学等）等。其中部分的机电耦合装置已经得到了较多的应用，还有些机电耦合总成系统则由于综合效率不高、结构复杂或受制于国内行星齿轮性能和成本等问题还有待继续完善。

2. 电动汽车电机系统的变流技术

随着在电机调速系统中电力电子技术的应用，调速范围宽、调速精度高、动态响应快、功率因数高的高性能电机变频调速系统正朝着高性能、大功率、高电压、集成化、智能化方向发展。近几年，我国在先进的车用大功率电力电子装置集成和应用方面取得了大量的研究成果。

（1）电力电子器件

电力电子器件是车用控制器的关键部件之一，其成本（占电机控制器成本的 30%）和性能直接影响着车用驱动系统产业化实现。目前，应用于功率变换装置的功率半导体器件

2012—2013

116

主要有 GTO、BJT、MosFET、IGBT 和 IGCT 等。近年来，我国对电力电子器件的应用正向着大功率、高电压、集成化、智能化方面发展。传统的晶闸管元件正逐步让位于 IGBT 和 MosFET 等新型可关断电力半导体器件，时至今日，我国车用电机控制器基本已全部实现了 IGBT 化。

电动汽车用大功率 IGBT 模块在应用环境方面与工业用 IGBT 模块有较大区别，主要体现在汽车级 IGBT 模块工作环境恶劣（高温、振动）、驱动工况复杂、可靠性要求高（设计寿命 30 万千米）、成本控制要求高这几个方面。车用 IGBT 模块核心技术主要包括芯片设计与工艺、模块封装与互连技术、智能驱动保护电路、高压隔离和 EMC/EMI 技术等。

目前国内一些研究所和高校在对 IGBT 器件进行研究，其中成都电子科技大学从 1986 年开始研制 VDMOS 和 IGBT，西安电力电子技术研究所在"八五"国家攻关计划中进行了 IGBT 研制。"十一五"期间，在科技部"863"计划支持下，中科院电工所与江苏宏微、嘉兴斯达两家公司在国内率先开展电动汽车用 IGBT 模块封装设计、封装工艺研究和模块测试研究等工作，已研制出 600V/450A 和 600V/600A 样品，现正处于实车验证阶段[18-21]。

总的来说我国还没有形成独立自主的、完整的、强大的电力电子产业体系，与国外先进水平的差距很大，特别是车用 IGBT 模块全部依赖进口。国内研发车用大功率 IGBT 模块还处于萌芽状态，能够封装 IGBT 模块的厂家非常少，且都是从事工业级标准模块的封装，这已成为我国电动汽车产业化的关键技术瓶颈。

在硅器件继续发展的同时，下一代的功率器件——碳化硅（SiC）器件也发展迅速。目前，以硅器件为基础的电力电子器件的性能已随其结构设计和制造工艺的完善而接近其由材料特性决定的理论极限，依靠硅器件继续完善和提高电力电子装置与系统性能的潜力已十分有限。而 SiC 材料的宽禁带和高温稳定性使其在高温半导体器件方面拥有无可比拟的优势，基于其制成的 SiC 器件所具有的工作结温高、开关损耗小、耐压高等性质已接近理想器件。目前，采用 SiC 材料已制成了 MOSFET、JFET、BJT 等多种器件，工作温度均可达 500℃以上，可用于军用武器系统、航空航天等领域。尽管 SiC 功率器件取得了巨大进展，但是目前存在诸多挑战，如单晶硅材料价格昂贵、封装难度大、可靠性问题以及个别公司的市场垄断问题。目前，SiC 功率模块在电动汽车行业的大规模应用还需做大量工作。

在 SiC 器件方面，我国也一直在积极研究和开发。国内已经初步形成集 SiC 晶体生长、SiC 器件结构设计、SiC 器件制造为一体的产学研齐全的 SiC 器件研发队伍[22]。我国是 SiC 材料的生产大国，但是中国企业对 SiC 晶片的应用还很少，SiC 产业的下游企业还没有形成规模。因此，我国还需要持续地大力支持 SiC 材料、器件的研究和应用。

（2）电力电子集成

机、电、热的一体化集成是电力电子技术发展的必然趋势。电力电子集成技术是解决目前车用控制器原材料和生产成本高，以及功率密度小的最佳方案。电力电子集成是将主电路、驱动、保护和控制电路等全部集成在一个硅片上，一般应用于小功率范围。在中大功率范围内，采用混合集成的办法，即将多个不同工艺的器件棵片封装在一个模块内，现在广泛使用智能功率模块（IPM）就是一个范例。

智能功率模块是电力电子集成技术应用最广泛的形式，包括的技术主要有：芯片的封装与互连技术、智能驱动保护电路、高压隔离和 EMC/EMI 技术等，高度集成化可简化设计与制造、减小体积、降低成本以及提高性能和可靠性。目前，智能功率模块是国外大公司的垄断技术，但我国的学术界及时关注了电力电子系统集成这一重要发展趋势，西安交通大学和西安电力电子技术研究所开展的研究最为广泛，浙江大学、中科院电工所、海军工程大学、清华大学、同济大学、南京航空航天大学和沈阳工业大学等单位都相应地开展了电力电子系统集成的初步研究。但总体而言，智能功率模块产品及集成技术基本为国外大公司所垄断，国内尚未研发出成熟的相关产品。

3. 电动汽车电机系统的控制技术

近 5 年来，数字化控制在国内企业已基本得到普及。基于数字化控制技术，为了实现快速转矩响应、宽转速范围运行和电动发电多象限运行等复杂的运行特性，矢量控制技术、直接转矩控制技术与脉宽调制技术相结合，相继应用于电动汽车电机驱动控制并逐渐成熟，而滑模控制、模糊控制、模型预测控制等智能控制技术也有大量的尝试和研究。目前，电动汽车驱动电机控制技术的研究有两大难点，一是弱磁控制技术，这一技术致力于拓宽永磁同步电机的转速范围，并提高高速运行下的稳定性和动稳态性能；二是无传感器控制技术，这方面的研究致力于减小异步电机和永磁同步电机运行对于速度或位置传感器的依赖，从而减小成本，增加系统的可靠性。

（1）矢量控制技术

近年来，现代控制理论的发展、新型大功率电力电子器件的出现以及微机数字控制技术日臻完善，直接促进了变频调速技术的迅速发展。现代控制理论和电机控制技术的融合使得许多控制方法如模型参考自适应控制（MRAC）、自调整控制（STC）、变结构控制（VSC）等得到研究和应用。目前广泛应用于电动汽车的异步电机高性能控制方法，以磁场定向矢量控制或在此基础上加以改进、发展的各种控制方法为主。

在永磁电机矢量控制技术方面，具有高变频调速性能的永磁电机矢量控制方法也已基本被国内企业掌握，并基于矢量控制方法实现了精确转矩控制和弱磁控制，从而能够实现低速大转矩和高速恒功率控制目标，即可使得电机在全工作范围内实现精确而稳定地控制，满足驱动电机要求。随着微处理器向更高速更高性能发展，更为复杂、性能更好、可靠性更高的控制技术得以在电驱动系统中应用，如智能控制、故障在线诊断等，但国内研究机构还有较多工作需要做。精确的参数辨识是电机控制性能进一步提升的关键，我国目前在该技术面向应用的研发上与国际先进水平还有差距。

（2）直接转矩控制技术

直接转矩控制技术是继矢量控制之后又一高性能的交流变频调速技术，该技术省略了对其他一些物理量的中间控制过程，提高了控制运算速度，而且计算中只涉及定子电阻，降低了系统对电机参数的依赖性。

该技术在电动汽车中应用的主要问题是由于不控制电流波形，导致电流谐波成分增加，并且在启动时容易过流；而且由于采用了 Bang-Bang 调节器，使输出转矩脉动严重，低速时尤为明显，限制了调速范围。针对这些问题，近年来，研究者们提出了平行的双 PWM 结构逆变器、新型的离散空间矢量调制、改进开关表、结合预测控制机制等各种改进方案。进一步地，传统的直接转矩控制带来的电流畸变、转矩脉动大和开关频率不固定等缺点，也可以通过使用空间矢量脉宽调制技术（SVPWM）代替查表输出的单一电压矢量来克服。因为这种方法能够获得任意相位的空间电压矢量，所以以将有助于减小低速下的转矩脉动，提高低速性能，而且能够实现逆变器恒定开关频率运行。此外，转矩跟踪预测方法和间接转矩自控制法近年来也得到不断发展和改进[23]。

随着现代控制理论的发展，这些理论成果也被结合到电机控制中来。如文献［24］中就利用传统电机发电制动的过程具有减小转矩的特点，提出了一种适用于电动汽车的神经网络滑模直接转矩控制的方法以增强系统的稳定性。将矢量控制与直接转矩控制相结合也是一个研究方向。

（3）宽范围调速技术

电动汽车要求电驱动系统在基速以下能够输出大转矩以适应快速起动、加速、负荷爬坡、频繁启停等要求，基速以上恒功率、宽范围调速以适应最高车速和超车等要求。另一方面，车载电源电压的调节范围比电机调速范围要窄，这就要求电驱动系统充分利用有限的电压来实现宽范围、大功率的输出。目前，实际电动汽车项目中大多数驱动电机至少一半以上的调速范围需要进行弱磁控制。与宽范围调速相关的技术包括弱磁技术、宽范围磁场定向、过调制技术等。

电机运行在弱磁区域时，弱磁控制策略很大程度上决定了电机的转矩输出能力。对于异步电机而言，考虑到电动汽车高速超车的要求，很多文献着眼于在弱磁区实现转矩的最大化，以满足电动汽车对电机驱动系统的高转矩输出要求。文献［25］提出了一种电动汽车用异步电机的定子磁链弱磁控制方法，采用定子参考电压与母线电压对应值的比较，仅需简单计算即能实现恒转矩、恒功率、降功率区域的平滑过渡。针对弱磁区内传统的直接转矩控制方法存在转矩输出不足，受电机参数影响较大的问题，文献［26］也提出了一种弱磁区内感应电机转矩最大化保持方法。也有文献从别的角度提出不同的弱磁策略，如文献［27］基于矢量控制提出一种恒交轴电压弱磁控制方法。而文献［28］则根据从高速弱磁区内电动汽车对电驱动系统的实际要求出发，提出一种考虑负载转矩的异步电机弱磁控制策略。

永磁同步电机由于其高效率、高功率密度等特点，广泛用于电动汽车驱动电机。由于励磁磁场不可调节，永磁同步电机的运行必须采用弱磁控制技术，通过精确控制电枢电流的幅值和相位来调节气隙磁场，以满足车辆低速大转矩和宽转速范围运行的应用需求。国外学者从 20 世纪 80 年代已经开始对永磁电机弱磁控制技术的研究，其基本原理已被学术界和工业界普遍理解和掌握[29]，但在电动汽车的实际应用中，弱磁控制仍存在两方面的困难，一是以提高输出功率和效率为目的，需要对电机的电流轨迹进行优化。由于电机参数难以准确测量，并且随工况实时变化，难以同时保证电流的可跟踪性与输出功率的最优；二是弱磁控制时控制系统的稳定性。由于高速运行时控制增益的变化和电机交叉耦合的影响，弱磁控制时容易出现响应速度下降、振荡和失控等现象。文献［29 ~ 32］针对永磁同步电机传统双电流调节器弱磁控制策略进行了分析和改进，为解决永磁同步电机深度弱磁时由交叉耦合引起的稳定性问题，提出了一种结合单电流调节器控制与电压角度控制的深度弱磁控制策略，从而使电机的弱磁运行倍数显著提高。

（4）无速度/位置传感器控制技术

目前，国内已有不少文献针对异步电机无速度传感器运行进行研究。不过速度传感器成本对电动汽车电驱动来说所占比例很小，目前在电动汽车上使用无速度传感器控制的需求还不太迫切。

近年来，国内对永磁电机无传感器控制技术也进行了较深入研究，现有研究成果可分为适用于低速和中高速两类方法[33]。低速时主要利用电机凸极特性获取位置信息[34, 35]，包括旋转高频信号注入法、脉振高频信号注入法、高频方波信号注入法、INFORM 法、载波频率成分提取法等。中高速则通过反电动势获取位置信息，主要有模型参考自适应法[36]、滑模观测器法[37-39]、扩展卡尔曼滤波器法、有效磁链估计法等。由于内置式永磁同步电机（IPM）具有凸极结构，因此更适合无传感器控制应用场合。

采用以上某一种单一的方法，可以正常工作的速度范围有限，在低速或零速时机械特性很软且误差变得较大，无法进行调速，因此不适于在电动汽车驱动中应用。为了实现全速域无传感器运行，需将上述两类方法结合，形成无传感器混合控制系统。近年来对无传感器混合控制技术的研究已取得一些成果[33, 40]，各具特色，主要思路是通过转速信息进行融合。为了进一步提高混合控制方法的实用性，目前仍需对两类方法的融合方式及鲁棒性等问题做更深入研究。

（5）效率优化控制技术

车用电机驱动系统的高效率、高性能控制问题已成为目前各国汽车制造商及科研机构的研究及开发热点，国内山东大学、中国科学院电工研究所、清华大学、北京理工大学等都做了不少有意义的工作。现有控制策略基本可归纳为两类：基于输入功率搜索的策略和基于损耗模型的最优励磁策略[41]。山东大学曾较为系统全面地综述过感应电机效率优化控制的研究进展与现状，并针对 HEV 专用电机弱磁调速区宽、铁心损耗较普通电机严重等特点，将相关研究成果拓展和改进后应用于 HEV 控制领域，使得电机效率优化问题更具实际意义。

（二）学术建制和人才培养上的进展

1. 学术机构建设

我国电动汽车电气驱动技术的基层学术机构目前主要依托于原拥有电气工程学科的各大高校和研究院所，其科研业务范围一般由电力电子与电力传动，电机与电器两个二级学科所涵盖，有些高校的电工理论与新技术学科对该领域也有所涉及。这些基层学术机构通过国家研究任务、企业委托的研究项目、技术转让、样机试制等服务，在巩固产、学、研合作关系，促进国内、外技术交流，提高我国电动汽车电气驱动技术的科研水平等方面作出了重要贡献。此外，经过"九五"、"十五"和"十一五"期间的发展建设，目前全国各地成立了很多省、市级的电动汽车重点实验室和工程中心，电动汽车电气驱动技术作为电动汽车关键技术之一成为其工作重点。

截至 2013 年，在电动汽车领域我国已经成立了四所国家级重点实验室及工程技术中心，包括依托于北京理工大学的电动车辆国家工程实验室、依托于清华大学的汽车安全与节能国家重点实验室、依托于同济大学的新能源汽车及动力系统国家工程实验室以及依托于上海市科学技术委员会的国家燃料电池汽车动力系统工程技术研究中心。

此外，中国科学技术协会下辖的中国电工技术学会和中国汽车工程学会分别成立了电动车辆专业委员会和电动汽车分会。学会在组织开展国内外学术交流，开展继续教育和技术培训，普及电动汽车科技知识，开展科技规划、产业发展战略和重大技术经济问题的探讨与研究以及开展社会公益事业等方面作出了突出贡献。

2. 学术交流情况

电动汽车电气驱动技术是各科技强国的发展重点，国际学术交流广泛频繁，各国合作深入密切。我国在该学科的发展过程中十分重视国内外的学术交流，取彼之长，补己之短。学术交流形式多样，包括各种层级的参观访问、学术论坛、学术会议、教育培训乃至成立联合学术机构，等等。

目前，与电动汽车电气驱动技术相关的国际会议包括 ICEMS（International Conference on Electrical Machines and Systems）、ECCE（Energy Conversion Congress and Exposition）、VPPC（Vehicle Power and Propulsion Conference）、IAS（IEEE Applications Society Annual Meeting）、IPEMC（IEEE Power Electronics and Motion Control）、EVS（Electric Vehicle Symposium & Exhibition）等，我国科研人员在这些学术会议上十分活跃，发表了大量高质量论文。近年来，我国学术机构也多次承办了该领域的国际会议，如 ICEMS2008、ICEMS2011、VPPC2008、EVS25 和 FISITA 2012。

由政府主导的国际学术交流同样发展迅速，2009 年中美两国政府共同出资 1.5 亿美元建成中美清洁能源联合研究中心。未来几年内，中德两国几个部门也将对电动汽车领域的很多项目给予支持，在跨学科合作的框架下系统地进行探索，建立长期稳固合作。同时，还计划在两国之间进行大量的学生与科学家的交流。这种合作模式具有极大潜力，很有可能进一步扩大和发展为包括更多国家的国际合作联盟。

3. 专业人才培养

近 5 年来，我国相关领域的专业人才数量稳步增长。这得益于我国电气工程学科良好的发展基础以及政府部门和社会各界长期以来对本学科的重视。电动汽车电气驱动技术涉及电力电子技术、变流技术、自动控制理论以及电机学等不同的学科领域的交叉。长期以来，电气工程学科的传统专业为该领域提供了大量的高素质人才储备。而近年来，电力电子与电力传动、电机与电器等二级学科提供了包括电力电子技术、新型电机及其控制技术等方向的专业人才。经统计，目前我国有 100 多所高校开设了电力电子与电力传动专业，近 60 所高校开设了电机与电器专业。

4. 研究平台建设

（1）北京理工大学电动车辆国家工程实验室

电动车辆国家工程实验室由国家发改委于 2008 年授权，在北京理工大学电动车辆工程技术中心的基础上成立，是国内最早从事电动车辆研究的单位，其下辖的电驱动系统及控制技术研究部，长期以来一直从事电动车辆电机驱动系统及动力耦合系统的试验测试技术研究和匹配标定分析，获得国家级 CNAS 认证和 CMA 认证，是我国汽车新产品公告电机驱动系统的检测认证部门之一。

（2）中国科学院电力电子与电气驱动重点实验室

中国科学院电力电子与电气驱动重点实验室成立于 2011 年，依托于中国科学院电工研究所。该实验室的高功率密度电力电子驱动控制应用方向主要由 1997 年成立的中国科学院电工研究所电动汽车技术研究发展中心发展而来，电动汽车电气驱动技术是其持续发展的主要技术领域之一。"九五"至"十一五"期间，电动汽车技术研究发展中心先后承担了与电动汽车相关的 37 项国家科技部、中国科学院、北京市和企业委托的重大科研任务，与我国一汽、二汽、长安、北汽等主要汽车生产厂商开展了卓有成效的合作，逐步发展成为国内重要的电动汽车电气系统研发基地。此外，其下辖的北京市电驱动系统大功率电力电子器件封装技术北京市工程实验室，在国内率先建立了高频场控功率器件及装置产品第三方检测平台，可以全面满足工业级及汽车级 IGBT 模块及其装置产品电气特性、热特性及可靠性测试的需要。

（3）清华大学电机系与南车时代电动汽车公司

清华大学电机系电动汽车电驱动系统课题组依托电力系统及发电设备控制与仿真国家重点实验室，在电机控制技术方面有数十年的积累和沉淀。"八五"至"十一五"期间，该课题组多次承担科技部"863"电动汽车重大专项中电机及其控制系统的相关研究课题，对电动汽车电机控制系统中的一些关键问题进行了多年深入的研究，并取得了一批研究成果。清华大学电机系和清华大学汽车系、南车集团时代电动汽车股份有限公司、中瑞蓝科电动汽车公司等建立了长期的合作关系，是产学研合作的成功范例。

（4）同济大学新能源汽车及动力系统国家工程实验室

同济大学新能源汽车及动力系统国家工程实验室于 2009 年 2 月由国家发改委下文批准组建。工程实验室在已经具备的开发平台、人才队伍、核心技术的基础上，构筑了面向全国汽车行业的新能源汽车及动力系统技术研发公共服务平台，积聚和培养汽车行业高级人才。通过承担国家重大科研项目，掌握新能源汽车及动力系统关键共性技术，形成可持续的技术创新能力，并向整车和零部件企业转移技术，提供服务。工程实验室以新能源汽车及动力系统集成与匹配技术、控制技术、试验技术、燃料供应技术为主要研发方向，实现了技术突破，形成了新能源汽车动力系统成套技术，推动新能源汽车相关标准、法规的制订，引领了汽车行业的发展。

（5）上海电驱动有限公司

上海电驱动有限公司由上海安乃达驱动技术有限公司、中国科学院北京中科易能新技术有限公司、宁波韵升股份有限公司和核心团队共同发起成立。公司集中国内优势资源，主要从事新能源汽车电驱动系统的研发、生产和销售。公司目前正和国内主流企业进行产品的同步开发，开展了高密度车用电机系统的热、机、电、磁、噪声振动等多物理域的综合研究。经过多年的探索、实践和应用积累，掌握车用驱动电机系统的工艺技术，积累了相当经验，尤其是专业工艺、生产工艺和成本控制方面。产品达到国际同类产品的先进水平，拥有自主知识产权。

（6）精进电动科技有限公司

精进电动科技有限公司创立于 2008 年，作为我国新能源汽车电机领域的领军企业，致力于新能源汽车驱动电机系统的研发和规模化生产。目前精进电动的全系列驱动电机产品的产量、销量和出口量均位居全国榜首，并跻身于国际独立驱动电机供应商前五强。

（7）大洋电机新动力科技有限公司

大洋电机新动力科技有限公司是中山大洋电机股份有限公司旗下的全资子公司之一，是一家致力于提供新能源汽车用永磁同步电机及控制系统卓越解决方案的大型民营企业。2009 年 3 月，大洋电机与北京理工大学电动车辆国家工程实验室正式合作，合作开发的永磁同步电机及驱动系统产品已取得了阶段性成功。目前，公司已和北汽控股（含福田汽车）公司、一汽集团、重庆长安汽车、东风汽车等中国著名车企建立了密切的联系。

三、国内外研究进展比较

（一）国际上研究热点与前沿技术

进入 21 世纪以来，世界各科技强国均投入大量科研力量开展对电动汽车电气驱动技术的研发。例如，美国能源部组织开展了 FCVT 计划以改变美国当前的能源消费结构，促进能源安全，在 FCVT 项目中有 7 个子项目，电力电子与电机是其中之一。在美国能源部的组织下，由多个研究机构和汽车厂商等相关公司组成了 Freedom Car 联盟，共同开展面向汽车应用的先进电力电子技术的研究，已取得显著进展，同时国际汽车巨头、电气厂商也取得了很大成绩。

1. 电动汽车电机技术

在学术界，近年来国外在汽车电机技术方面的研究热点与国内基本一致，重点关注与电动汽车运行工况相关的多物理场耦合电机设计方法、电机系统热管理、振动与噪声分析以及新结构电机等方面。在电磁分析方法方面不断创新，发展了磁网络法等能有效处理复杂三维磁路结构的电机建模方法[42]。在热管理方面，对脉宽调制导致的谐波铁损耗以及电机三维旋转磁化导致的铁损耗开展了深入研究，使永磁电机铁损耗模型对电机损耗的描述更为精确。从电机类型上看，对多相电机、分数槽集中绕组电机、轴向磁通电机、新型磁阻电机、混合励磁电机等开展了广泛的研究。总的来讲，在电动汽车领域新型电机结构层出不穷，我国学术界在重点研究方向与国外基本同步，而在其他方向仍在跟踪国际上的新进展。

2. 电动汽车电机系统的变流技术

在变流技术方面，为了进一步提高电机控制器功率密度和散热能力，新型功率器件、定制型无源器件和高散热系数底板等相关技术被广泛关注和应用。模块封装相关技术和系统集成设计相关技术是两个国际研究热点[43]。

在模块封装相关技术方面，通过采用高耐温硅基 IGBT 芯片和新型碳化硅器件，功率半导体模块最高结温已提升至 175℃以上；通过采用铝带键合、铜线键合、超声波端子焊接技术和烧结芯片焊接技术，模块内各回路连接的可靠性及模块寿命都得到了提高；通过采用新型散热结构和底板材料，模块结壳热阻，壳与环境之间的热阻进一步减小，模块的散热能力得到提高，从而在相同损耗下降低了芯片结温，提高了模块运行的可靠性[44]。

系统集成设计相关技术的发展主要集中在单个元件的多功能集成、功率器件的封装结构等方面。此外，电容的集成可以使得双电机控制器、DC-DC 变换器等采用同一个支撑电容，直接封装式的功率器件，可大大提供冷却液和器件的使用温度范围。更进一步的，采用先进的集成设计思想，PCU、ECU、逆变器、升压转换器、DC-DC 转换器等可以全部集成为一个组件，实现器件的共用，这成为新一代控制器小型化、低价格化的关键。

3. 电动汽车电机系统的控制技术

在控制技术方面，国外研究者更注重矢量控制等传统高性能控制技术在电动汽车驱动中的实用化改进，诸如电流轨迹规划、解耦控制、死区管压降补偿、调节器设计、深度弱磁等着眼于改善控制品质的技术逐渐成熟。此外，滑模控制、模糊控制等非线性控制技术的应用取得了一些进展。永磁或磁阻电机的无位置传感器控制以及异步电机的无速度传感器控制仍是当下的研究热点。

（二）我国存在的优势与不足

1. 我国电动汽车电气驱动技术的发展优势

我国电动汽车电气驱动技术的发展优势主要体现在资源、市场、政策和人才四个方面。

由于目前大部分稀土矿均产自中国，而且储量也是世界第一，因此我国在车用永磁电机方面具有明显的资源优势。由于近年来我国已将稀土类元素列为战略资源，并且进行了严格出口限制，美国和日本等国家均在寻求可替代永磁体的技术方案，但目前均未找到较好的办法。在可以预见的将来，高性能稀土永磁材料仍然是车用电机发展的资源基础之一。

我国国内汽车市场已连续三年成为世界第一产销大国。目前我国57%的石油依赖进口，且即将突破60%的安全线，中国发展新能源汽车比任何国家都更加紧迫。我国的汽车产业刚刚发展起来，因而在汽车动力系统发展战略选择上有更大的自由度，在新能源汽车研发和产业化方面具有比较优势，推广应用新能源汽车的阻力也会小得多，因此，电动汽车电气驱动技术的发展具有较大的市场需求支撑。

在政策层面，2012年4月18日《节能与新能源汽车产业发展规划（2012—2020年）》在国务院常务会议上讨论通过。规划提出，到2015年，纯电动汽车和插电式混合动力汽车累计产销量要达到50万辆，到2020年超过500万辆；2015年当年生产的乘用车平均燃料消耗量将降至每百公里6.9升，到2020年降至5.0升；特别指出，新能源汽车的动力电池及关键零部件技术整体上达到国际先进水平。在"十二五"期间，电动汽车零部件将成为重点扶植和培育的对象。

在人才队伍方面，多年来，电气工程学科中电力电子与电力传动、电机与电器等专业为该领域提供了大量人才储备。我国已经成为世界上该领域人才最为集中的国家之一，国际上一些知名企业、院校和科研机构中的高级技术人才也多数具有中国背景。因此，充分的人力资源也成为我国电动汽车电气驱动技术高速发展的保障。

2. 我国电动汽车电气驱动技术存在的不足

与国外相同功率等级的电机系统相比较，国内车用电机系统在一些关键技术指标如功率密度、转矩密度、高效区等方面与国外基本相当，完全可以满足国内外各类电动汽车需求。但在面向汽车产品需求的高集成度、高度可靠耐久性、系列化、规格化的产品系统开发，低成本、高质量、大批量工艺流程和制造装备开发，安全与故障容错、标定与诊断等应用技术方面，仍存在较大的差距。

我国在该领域与国外的差距主要表现在以下几方面：

1）电机、控制器、DC/DC的体积和质量普遍偏大。

2）模块化设计不足，插接件标准不统一，工程化程度较低。

3）与发动机或传动系统的一体集成化设计和研究需要加强。

4）对可靠性与使用寿命考核办法不明确，考核工作不足。

5）环境适应性的研究考核不足。

6）安全与故障容错技术研发的投入不足。

7）关键电力电子元器件需要进口。

四、我国未来的发展趋势与对策

（一）未来五年的发展趋势

我国未来车用电气驱动系统的发展呈现出以下几个趋势：

1）电机的功率密度不断提高，永磁电机应用范围不断扩大。混合动力车用电机向高性能和小尺寸发展。不断提高电机本身的功率密度，用相对小巧的电机发挥出大的功率成为各汽车及电机厂商的发展方向。

2）电气驱动系统的集成化和一体化趋势更加明显。汽车动力的电气化成分越来越高，不同耦合深度的机电耦合动力总成系统，使得电机与变速箱两者之间的联系变得越来越紧密。

3）机电耦合动力总成系统的混合度与电功率比不断增加。电功率占整车功率的比例正在混合动力汽车领域逐渐提高，电机已不再单单作为发动机的附属设备。小排量发动机和大功率电机正逐渐被运用在汽车驱动上。

4）电驱动控制系统的数字化与集成化程度不断加大。高速高性能微处理器使得电驱动控制系统进入一个全数字化时代。在高性能高速的数字控制芯片的基础上，高性能的控制算法、复杂的控制理论得以实现，大大提高了电机及其控制系统的性能。车用电控制系统集成化程度也不断加大，将电力电子设备进行不同方式的集成正在成为发展趋势。

（二）发展策略

1. 我国电动汽车电气驱动技术的发展策略

我国电动汽车电气驱动技术的发展策略需要上升到国家战略的高度，在坚持节能与新能源汽车"过渡与转型"并行互动、共同发展的总体原则指导下，进一步确立"汽车动力电气化"技术转型战略，支持知识创新，力争实现与国际先进水平基本同步的目标。

电动汽车电气驱动技术要从高等院校、科研院所和企业的对接来实现技术和市场的结合，而且在有优势的领域要领先国际水平，突破瓶颈，突出亮点。科研工作要紧密围绕整车的发展需要，一方面满足国内需要，另一方面可以在满足内需市场带动下，尽快将我国有优势的技术推广到全球市场。

电动汽车电气驱动技术领域应开展更深入的国际合作，加强对国际上技术创新的关注力度，充分分析论证，对有前景的技术要重点支持，积极引导科研力量的部署。

电动汽车电气驱动技术领域应提高对基础科研的重视，在资源分配上对材料、工艺、器件和平台建设等方面适当倾斜，完善和优化本学科的底层架构。

充分调动社会各界研究机构、高校、企业的积极性，开展科学研究、保证研究专题计划的实施。建立一支集项目研究、技术开发、人才培养为一体，跨院校、科研院所、相关企业的研究开发队伍，培养一批新能源汽车开发和研究的领军人才。

2. 我国电动汽车电气驱动技术的发展重点

电动汽车电气驱动技术未来的发展重点包括：

（1）进一步提高电机及其控制系统的性能指标，提高集成度

1）高密度、高集成度、高效率设计技术。

2）车载环境下的电机及其控制系统的热管理技术。

3）符合车用需求的电磁兼容技术。

4）电机及其控制系统的减振降噪技术。

（2）电机及其控制系统的可靠性、耐久性预测和评估方法研究与环境适应性研究

1）电机及其控制系统的器件、组件可靠性模型研究。

2）工作条件（如振动、环境温度、车载突变工况等）的等效模拟方法。

3）与瞬时失效分析相关的综合物理场和场路结合分析方法。

4）与长时耗损失效分析相关的综合物理场和场路结合分析方法。

5）电机及其控制系统的多应力可靠性模型和多应力等价加速寿命模型。

6）电机及其控制系统的可靠性试验方法。

（3）新型车用电机与集成系统技术

1）电动轮毂技术。

2）车用混合励磁电机技术。

3）车用轴向磁通电机技术。

4）双机械端口能量变换器电机技术。

（4）电力电子集成技术

1）电力电子集成封装与互连技术。

2）电力电子集成的多物理场耦合设计技术。

3）叠层母排与电容模块化结构设计技术。

4）多功能全数字控制电路小型化与 EMC 技术。

（5）高性价比的电机及其控制系统关键材料和关键部件相关技术

1）汽车级电力电子模块的芯片。

2）高可靠性电容器（包括电解电容与薄膜电容）。

3）低成本高可靠传感器及其专用信号处理芯片。

4）低成本、高性能、高稳定性的永磁材料。

5）适合高速运行、高功率密度要求的高导磁、高抗拉强度的软磁材料。

6）耐高电压变化率、冲击率、耐高温及温度变化率的电磁线。

7）车用工况的绝缘和导热材料。

（6）电机及其控制系统产品化应用技术

1）电机及其控制系统的机械、电气接口的标准化。

2）符合容错与安全控制要求的系统硬件和软件设计与开发规范。

3）在线标定、故障检测与诊断技术的研究和开发。

（7）批量生产工艺和低成本控制技术

1）提高绕组槽满率、缩短绕组端部的工艺方法。

2）电机定子、转子铁心的低成本批量生产制造技术。

3）转子整体充磁技术。

4）低成本、大功率电力电子系统应用技术。

参 考 文 献

［1］ Tao F, Qi L, Xuhui W, et al. Design space methodology and its application in interior permanent magnet motor design［C］// Electrical Machines and Systems（ICEMS）2011 International Conference, 2011.

［2］ 王继强, 王凤翔, 孔晓光. 高速永磁发电机的设计与电磁性能分析［J］. 中国电机工程学报, 2008, 28（20）.

［3］ 孔晓光, 王凤翔, 徐云龙, 等. 高速永磁电机铁耗的分析和计算［J］. 电机与控制学报, 2010, 14（9）.

［4］ 沈启平. 车用高功率密度永磁同步电机的研究［D］. 沈阳: 沈阳工业大学, 2012.

［5］ 聂亚林, 黄允凯, 胡虔生. SPWM 供电时电机铁心损耗的研究与测试［J］. 电机与控制应用, 2009, 36（10）.

［6］ 江善林. 高速永磁同步电机的损耗分析与温度场计算［D］. 哈尔滨: 哈尔滨工业大学, 2010.

［7］ 张洪亮. 永磁同步电机铁心损耗与暂态温度场研究［D］. 哈尔滨: 哈尔滨工业大学, 2010.

［8］ Wang Y, Xuhui W, Zhang L, Jian Z. Design and experimental verification of high power density interior permanent magnet motors for underwater propulsions［C］//Electrical Machines and Systems（ICEMS）2011 International Conference, 2011.

［9］ 胡继伟. 汽轮发电机定子流体场的计算与分析［D］. 保定: 华北电力大学（河北）, 2009.

［10］ 胡淑环. 永磁电机热计算研究［D］. 沈阳: 沈阳工业大学, 2009.

［11］ 黄旭珍. 高功率密度永磁电机的损耗及温升特性的研究［D］. 哈尔滨: 哈尔滨工业大学, 2008.

［12］ 许明宇. 防爆型水冷电机发热, 换热与温度场计算研究［D］. 哈尔滨: 哈尔滨理工大学, 2008.

［13］ 杨超南. 电动汽车用永磁电机温度场分析［D］. 北京: 北京交通大学, 2012.

［14］ 唐任远, 宋志环, 于慎波, 等. 变频器供电对永磁电机振动噪声源的影响研究［J］. 电机与控制学报, 2010, 14（3）.

［15］ 王世宇, 霍咪娜, 修杰, 等. 永磁电机不平衡磁拉力及脉动转矩相位调谐分析［J］. 天津大学学报, 2012, 6.

［16］ 张磊. 高性能永磁同步电机驱动系统关键技术研究［D］. 北京: 中国科学院研究生院, 2012.

［17］ 高建平, 何洪文, 孙逢春. 混合动力电动汽车机电耦合系统归类分析［J］. 北京理工大学学报, 2008, 28（3）.

［18］ Zhang P, Wen X, Zhong Y. Parasitics consideration of layout design within IGBT module［C］//Electrical Machines and Systems（ICEMS）2011 International Conference, 2011.

［19］ Zhong Y, Wen X, Liu J, et al. Common-mode EMI problem & solution in designing an IPM［C］// Electrical

Machines and Systems（ICEMS）2011 International Conference，2011.

［20］钟玉林，温旭辉，刘钧，等. 国产 450A-600V 车用智能功率模块的研发［J］. 吉林大学学报（工学版），2011，2.

［21］Jinlei M, Xuhui W, Yulin Z, et al. A method for thermal resistance calculation of power module considering temperature effect on thermal conductivity［C］//Power Electronics and Motion Control Conference（IPEMC）2012 7th International，2012.

［22］张波，邓小川，张有润，等. 宽禁带半导体 SiC 功率器件发展现状及展望［J］. 中国电子科学研究院学报，2009，4（2）.

［23］张星，瞿文龙，陆海峰，等. 无 PI/P 调节器的异步电机间接转矩自控制算法［J］. 清华大学学报（自然科学版），2008，48（4）.

［24］彭凤英，韩亚军，朱亚红. 一种用于电动汽车的异步电机神经网络滑模直接转矩控制［J］. 伺服控制，2012.

［25］张星，瞿文龙，陆海峰，等. 一种异步电机定子磁链弱磁控制方法［J］. 电工电能新技术，2008，27（3）.

［26］龙波，曹秉刚，胡庆华，等. 电动汽车用感应电机弱磁区电磁转矩最大化控制［J］. 2009.

［27］窦汝振，辛明华，杜智明. 基于矢量控制的电动汽车用异步电动机弱磁控制方法［J］. 电机与控制应用，2009，36（5）.

［28］樊扬，瞿文龙，陆海峰，等. 一种考虑负载转矩的异步电机弱磁控制策略［J］. 清华大学学报，（自然科学版），2009（4）.

［29］朱磊，温旭辉，薛山. 车用永磁同步电机弱磁控制技术发展现状与趋势［C］// 第五届智能交通年会，2009.

［30］朱磊. 集成起动发电永磁同步电机弱磁控制技术研究［D］. 北京：中国科学院大学，2012.

［31］朱磊，温旭辉，赵峰，等. 永磁同步电机弱磁失控机制及其应对策略研究［J］. 中国电机工程学报，2011，31（18）.

［32］Lei Z, Xuhui W, Feng Z, et al. Deep field-weakening control of PMSMs for both motion and generation operation［C］//Electrical Machines and Systems（ICEMS）2011 International Conference，2011.

［33］王高林，张国强，贵献国，等. 永磁同步电机无位置传感器混合控制策略［J］. 中国电机工程学报，2012，32（24）.

［34］刘颖，周波，李帅，等. 转子磁钢表贴式永磁同步电机转子初始位置检测［J］. 中国电机工程学报，2011，31（18）.

［35］高宏伟，于艳君，柴凤，等. 基于载波频率成分法的内置式永磁同步电机无位置传感器控制［J］. 中国电机工程学报，2010（18）.

［36］王庆龙，张崇巍，张兴. 基于变结构模型参考自适应系统的永磁同步电机转速辨识［J］. 中国电机工程学报，2008，28（9）.

［37］苏健勇，李铁才，杨贵杰. 基于四阶混合滑模观测器的永磁同步电机无位置传感器控制［J］. 中国电机工程学报，2009（24）.

［38］鲁文其，胡育文，杜栩杨，等. 永磁同步电机新型滑模观测器无传感器矢量控制调速系统［J］. 中国电机工程学报，2010，30（33）.

［39］周扬忠，钟技. 用于永磁同步电动机直接转矩控制系统的新型定子磁链滑模观测器［J］. 中国电机工程学报，2010（18）.

［40］邹海晏，黄苏融，洪文成，等. 内置式永磁同步电机无位置传感器控制［J］. 电机与控制应用，2009，36（9）.

［41］束亚刚，程明，孔祥新. 基于损耗模型的定子双馈电双凸极电机在线效率优化实验研究［J］. 微电机，2009，42（3）.

［42］Lee ST. Development and Analysis of Interior Permanent Magnet Synchronous Motor with Field Excitation Structure［J］. Doctoral Dissertations，2009.

［43］ Cadix L. Power Modules Packaging Technologies & Market［C］// Electronic Components and Technology Conference，2013.

［44］ Chang H-R，Bu J，Hauenstein H，et al. 200 kV·A compact IGBT modules with double-sided cooling for HEV and EV［C］//Power Semiconductor Devices and ICs（ISPSD）2012 24th International Symposium，2012.

撰稿人：温旭辉　陆海峰　王又珑

分布式发电与微电网

一、引言

　　随着包括风电、光伏等可再生能源和清洁高效的化石燃料在内的新型发电技术的发展，分布式发电系统（Distributed Generation，DG）日渐成为满足负荷增长需求、减少环境污染、提高能源综合利用效率和供电可靠性的一种有效途径。分布式发电通常是指发电功率小于 10MW 的小型模块化、分散式、布置在用户附近的高效、可靠的发电单元，其典型结构如图 1 所示。分布式发电种类主要包括风力发电、光伏发电、燃料电池发电、微型燃气轮机发电、小水电、生物质能发电、海洋能发电、地热能发电等。例如，风力发电是一种以风能作为动力，带动发电机进行发电的装置；光伏发电是利用半导体"光生伏特效应"将太阳辐射能直接转换为电能的发电方式；燃料电池是一种使用氢气或者富含氢的燃料，加上氧气，产生电能和热能的电化学设备；微型燃气轮机是一类新近发展起来的小型热力发动机，主要以天然气、沼气、汽油、柴油、酒精等作为燃料。这些分布式能源具有投资省、发电方式灵活、与环境兼容等特点，因此具有广阔的应用前景。

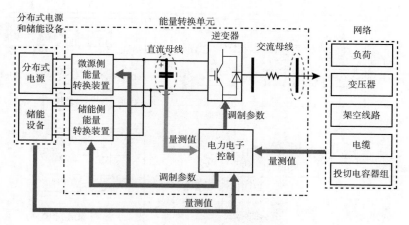

图 1　分布式发电系统组成与结构

分布式发电技术的应用会带来诸多好处，主要包括：可实现用户侧可再生能源的规模化利用、与传统电网配合可为用户提供高可靠性电力供应、在意外灾害发生时可保证重要用户不间断供电、可减少输配电网损和运行成本、可为大电网安全运行提供支援等。另一方面，为了消除可再生能源发电的随机性、间歇性、难以调控等不利影响，往往还需要配备其他的调控手段（如储能）加以辅助。这些需求就成为近年来分布式发电技术迅速发展的内生动力，但大量分布式电源接入会导致用户侧配电系统出现潮流双向流动，使得常规的配电系统成为多源的电力传输分配系统，这使得配电系统的规划、运行和控制更加复杂。

为有效降低大量 DG 单独并网运行对配电系统可能造成的不利影响，同时积极发挥DG 技术在提高能源综合利用效率，提高电网运行的安全性、经济性、灵活性等方面的潜在作用，微电网（Micro-grid）技术应运而生，并在近年来得到广泛关注。微电网是由DG、储能设备、能量变换设备、相关负荷、监控和保护装置汇集而成的小型发配电系统，是一个能够实现自我控制、保护和管理的自治系统，既可以与配电系统并网运行，也可以孤立运行，典型的微电网结构如图 2 所示。通过对微电网内部不同形式能源（冷 / 热 / 电、风 / 光 / 气等）的科学调度，以及微电网与微电网、微电网与配电系统之间的优化协调，可以达到能源高效利用、满足用户多种能源需求、提高供电可靠性等目的。目前，微电网研究刚刚起步，有关微电网的建模，微电网与电力系统的交互影响机理分析，含微电网电力系统的仿真技术、优化规划方法、保护与控制、运行优化等基础理论和关键技术将成为微电网技术未来大规模工业化应用的关键。

分布式电源、储能系统、电动汽车以及智能终端等大量接入后，具备一定的主动调节和优化负荷的能力，具有主动管理能力的配电网称为主动配电网或智能配电网。它通过引

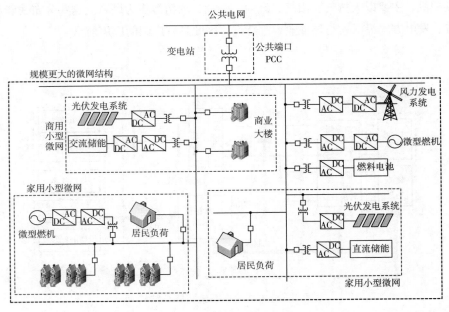

图 2　微电网结构

入分布式电源及其他可控资源，辅助以灵活有效的协调控制技术和管理手段，实现配电网对可再生能源的高度兼容和对已有资产的高效利用，还可以延缓配电网的升级投资、提高用户的用电质量和供电可靠性。主动配电网的实施与发展关键在于"优化"，即从规划、运行、管理、评价等几个方面入手，彻底改变已有配电网的规划、设计以及运行方式，实现电网的效益最大化。然而，先进的量测体系和通信设备的广泛应用使得配电网的数据海量化，大量具有随机性和间歇性的分布式能源的接入使得系统的运行更加复杂，未来配电网对可靠性、电能质量、资产利用率的要求越来越高，人们对环境的关注和电网效益的综合化，均使得配电系统规划与运行面临着新的挑战。同时，这些丰富多样的资源也是实现配电网智能化、主动化的机遇。很多高级控制功能更加受到关注，例如：网络重构、电压 / 无功控制、最优潮流、需求侧响应等，使得可控设备日益增多、网络结构更加多变、运行方式更加灵活，运行优化策略的实施也将会更多地成为现实。

为了更好地理解微电网与主动配电网的含义，这里将二者简单进行比较：一是从设计理念上，微电网是一种自下而上的方法，能集中解决网络正常时的并网运行以及当网络发生扰动时的孤岛运行，而主动配电网采用自上而下的设计理念，从整体角度实现系统的优化运行；二是从运行模式上，微电网是一个自治系统，可以与外部电网并网运行，也可以孤岛运行，而主动配电网是由电力企业管理的公共配电网，常态方式下不孤岛运行；三是从系统规模上，微电网是实现 DG 与本地电网耦合较为合理的技术方案，但其规模和应用范围往往受限，而主动配电网旨在解决电网兼容及应用大规模间歇式可再生能源，是一种可以兼容微电网及其他新能源集成技术的开放体系结构；四是从资源利用上，微电网强调的是能量的平衡，满足能量上的自给自足和自治运行，而主动配电网更强调信息价值的利用，通过高级量测系统和先进的通信技术达到全网资源的协调优化。

本报告针对国内分布式发电与微电网最新研究情况进行分析，论述了当前分布式发电与微电网的关键技术体系的具体内容和技术现状，并结合国外研究进展进行比较，从而总结了我国微电网的发展前景，以及促进和规范分布式发电与微电网发展和应用的相关建议。

二、国内最新研究进展

（一）发展现状

分布式发电是指利用各种可用的分散存在的能源，包括可再生能源（太阳能、生物质能、小型风能、小型水能、波浪能等）和本地可方便获取的化石类燃料（主要指天然气）进行发电供能，是分布式能源最清洁、最高效的利用方式。随着全球能源领域竞争的加剧，世界各国日益重视自身可持续发展战略的实施，作为这一战略的核心技术之一，分布式发电技术的研究日益受到各国关注。随着各国在相关领域投资的不断加大，分布式发电技术得到了迅速发展，其发电成本越来越低，采用燃气机组的冷 / 热 / 电联供（CCHP）系统的经济性远高于传统的发电方式，而风力发电的成本已接近传统发电方式。

分布式发电是提高可再生能源利用水平，解决当今世界能源短缺和环境污染问题的重要途径。据有关方面研究报告指出，2007年全球可再生能源发电容量达到了24万兆瓦，比2004年增加了50%，全球并网太阳能发电容量增加了52%，250万个家庭使用太阳能照明。

分布式电源并网运行可提高分布式供电系统供能质量，有助于可再生能源的高效利用，对分布式发电技术的大规模应用具有重要意义。分布式发电与大容量集中式发电相结合，可以有效地减少大规模互连电网存在的安全隐患，提高配电网供电可靠性，而且用电高峰期时可减轻电网负担，缓解用电矛盾。对分布式电源用户多余的电能进行收购，可以提高可再生能源或清洁能源的利用效率。现有研究和实践表明，将分布式发电系统以微电网形式接入大电网并网运行，与大电网互为支撑，是发挥分布式发电供能系统效能的最有效方式。目前，智能电网刚刚起步，未来智能电网的核心是智能配电网，而微电网将是智能配电网的重要组成部分。微电网的灵活运行模式大大提高了负荷侧的供电可靠性。同时，微电网通过单点接入电网，可以减少大量小功率分布式电源接入电网后对电网的影响。另外，微电网将分散的不同类型的分布式电源组合起来供电，能够使分布式电源获得更高的利用效率。未来配电网络中必将包含众多的微电网，其关键技术研究将成为分布式发电供能技术投入大规模工业化应用的关键。

（二）关键技术研究

微电网的最终目标是实现各种分布式电源的无缝接入，即用户感受不到网络中分布式电源运行状态改变（并网或退出运行）及出力的变化而引起的波动，表现为用户侧的电能质量完全满足用户要求。现阶段国内关于分布式发电与微电网的关键技术研究主要分为以下几个方面：

1. 含分布式电源及微电网的配电系统综合分析方法

目前国内开展研究了分布式发电供能系统综合仿真与能量优化管理方法，主要是含各种类型分布式电源、各种规模微电网的配电系统稳态及动态分析方法，物理与数字仿真方法。分析分布式电源间、微电网间、微电网与配电系统间的交互影响，主要包括：对电能质量的影响，对配网的计量、通信及可靠性等方面的影响，对配电网规划和运行的影响，对配电系统保护及自动化的影响等。

其中利用仿真技术研究系统的稳态和动态行为是电力系统研究中最常用的方法，也将是分布式发电供能系统相关领域的重要研究手段。分布式发电供能系统优化运行的目的是通过对微电网中各种分布式电源的科学化调度，实现能源利用效率的最大化。二者的关联之处在于都需要研究分布式发电供能系统的建模方法，前者可以作为后者的基础性研究工具。与大规模互联电力系统的仿真和优化运行相比，分布式发电供能系统在许多方面有其特殊性。微电网系统的综合仿真与优化运行在思路和方法上都有很多不同之处。目前，针对微电网的仿真方法研究刚刚起步，有关分布式发电供能系统优化运行理论的研究也还没有取得重要进展。发展分布式发电供能系统的全过程数字仿真方法，构建灵活、模块化、通用性强的综合仿真实验平台，在此基础上研究分布式发电供能系统的能量优化管理理论和方法，对于分布式发电供能系统的设计、运行、保护与控制等都具有重要价值。

此外，还重点研究了微电网的运行特性并解决高渗透率条件下的微电网与大电网二者相互作用的本质，发展相关的理论和方法，为含微电网大电网系统的稳定性分析与控制奠定理论基础。这是因为分布式发电供能系统具有电源类型多样、控制方式复杂、运行模式多变的特点。微电网中既可能包含冷／热／电联供微型燃气轮机等易于控制的电源，也可能包含如风力发电、光伏发电等具有间歇性和不易控制的电源，同时还需要配置各种类型的储能装置；在考虑用户电能需求的同时，也要考虑用户的冷／热能量需求；微电网既要能够与大电网并网运行，又要能够孤网独立运行，还需要实现运行模式的无缝切换；更重要的是，微电网与大电网并网运行时必然相互作用，尤其在微电网渗透率水平比较高的情况下，可能会对二者的稳定运行产生重大影响。研究微电网在不同模式下的运行特性及高渗透率下与大电网相互作用的机理等，正成为国际分布式发电供能系统研究领域的热点问题。美国电力科学研究院（EPRI）以及欧盟最近都针对这一问题给予了重点研究资助，内容涉及稳态电压变化、暂态过电压、稳定性、故障响应特性、储能影响等多方面。但所取得的成果还大多局限于案例分析和实验性结果方面，尚缺乏可信的基础理论和方法的支持，进而影响到对其中一些机理问题的深刻揭示。高渗透率下微电网与大电网相互作用的机理是分布式发电供能系统推广应用过程中必须解决的基础性科学问题，相关的研究会为分布式发电供能系统的大规模应用奠定理论基础。

2.含分布式电源及微电网的配电系统协调规划理论与方法

科学地规划配电系统，对于降低微电网接入大电网的成本，提高微电网渗透率水平具有重要科学意义和经济价值。配电系统规划是一个十分复杂的带约束、非线性、混合整型组合优化问题，属于NP难问题，其复杂性使得单纯由规划人员依靠以往工作经验进行规划已无法满足实际工作的要求。由于微电网中的热／冷／电负荷不断变化，尤其还存在风能、太阳能这样的间歇式电源，使得微电网既可以作为负荷运行，从配电系统吸收电能，也可以作为电源向配电系统供电。配电系统由原来单一电能分配的角色转变为集电能收集、电能传输、电能存储和电能分配为一体的新型电力交换系统，因而，原有的将配电系统作为无源系统进行规划的方法已不再适应新环境下的系统规划要求。原配电系统规划中涉及的分区负荷预测、电源位置和容量选择、网络规划等方法和内容都需随之改变，需要构建适用于含微电网的新型电力交换系统的规划模型、理论和方法。因此，研究新环境下的系统规划理论和方法具有重大的理论指导意义。同时，发达国家配电系统建设已相当成熟，其分布式发电供能系统的规划思路和我国必然有很大不同，结合我国实际发展相关规划理论和方法无疑更加具有现实意义。

微电网优化规划设计是在满足差异化用户供电可靠性要求的前提下进行的科学化的

微电网能源构成和拓扑结构设计，其核心包括优化规划设计方法、建立设计和规划理论及决策支持系统。研究微电网系统本身的优化设计方法，包括微电网结构的优化设计、分布式电源类型、容量、位置的选择和确定等；建立适合分布式电源和微电网特点的配电网设计和规划理论，主要包括：有助于微电网接入的配电系统结构设计方法，含微电网配电系统的综合性能评价指标体系以及新型配电系统优化规划理论和方法；开发出具有空间负荷预测、分布式电源（微电网）容量与位置优化、配电网络优化、分布式能源结构优化等功能，适用于微电网发展的电网规划决策支持系统。

在微电网的规划设计中，分布式电源出力的间隙性、微电网元件运行模式的多样性等，增加了微电网潮流计算、可靠性评估、薄弱环节辨识等建模的复杂性；同时规划还需计及复杂的约束条件和优化目标（能效、可再生能源利用率、用能成本等），计算复杂性大。我国在微电网评价与规划设计方面的研究还处于起步阶段，主要涉及配电网扩展规划中分布式电源的选址和定容、含分布式电源的经济模型和孤立电网的规划模型、考虑静态电压稳定约束的分布式发电规划模型和基于遗传算法的模型求解方法、在满足谐波畸变约束下的分布式电源准入功率最大优化计算模型等。国内的研究关注配电网中分布式电源的选址和定容，但在方法和理论上的研究还缺乏深度，在量化评价体系和规划设计工具方面还属空白。

3. 分布式电源与微电网并网及其保护控制技术

分布式发电供能微电网系统中的电源类型多、运行特性复杂，微电网有时作为配电系统的负荷运行，有时又作为电源向配电系统供电，这种角色的轮换大大复杂化了配电系统的保护与控制，需要更高水平的配网保护及控制系统与之相适应；微电网由于既能并网运行又能够独立运行，并且需要在不同运行模式切换过程中尽可能地平稳过渡，其保护与控制将变得十分复杂；此外，微电网中存在的大量电力电子逆变并网装置也使得电能质量的控制问题更加令人关注。微电网及含微电网配电系统的保护与控制包含多方面的含义：保护既包含以切除故障元件、确保非故障系统安全运行为基本目标的常规意义下的保护问题，又包含切机、切负荷、解列、微电网保护等与微电网接入密切相关的问题；既要克服微电网接入对传统配电系统保护带来的影响，又要满足含微电网配电系统对保护提出的新要求；控制既包含微电网并网控制、微电网的频率与电压控制，又包含电能质量综合控制、分布式储能单元的协调控制等。这些保护与控制问题有些属于微电网内部问题，有些则属于含微电网配电系统的问题，这方面的研究工作是保证分布式发电供能系统可靠运行的关键。从目前分布式发电供能系统的运行实践来看，尚没有完全达到上述要求的保护和控制系统。微电网及含微电网配电系统的保护和控制问题是目前分布式发电供能系统广泛应用的主要技术瓶颈之一。

我国目前在保护和控制方面开展的研究有：以实现高效、用户友好型并网发电为目的的分布式电源及微电网并网技术，包括模块化分布式电源即插即用型并网技术、含多类型多功能分布式电源的微电网并网技术；微电网中多种分布式电源协调控制与保护技术，含

136

有分布式电源和微电网的配电系统新型保护原理和方法；大量分布式电源和微电网存在条件下的配电系统自动化技术，电能质量检测治理技术，智能调度策略等；紧急情况下多微电网配电系统并网和孤岛模式下协调控制的原理与技术；微电网的孤岛运行与黑启动技术，大电网故障下，利用分布式电源进行短时孤岛运行进而提高供电可靠性的方法。

4. 含分布式电源及微电网的主动配电网运行优化

从政策、经济、技术等多方面，电力行业都急需引入需求侧资源和更加灵活高效的系统运行管理手段，以应对新能源电力系统的发展和用电负荷的急剧增加。一方面，主动配电网鼓励和促进用户参与电力系统的运行和管理，支持用户使用分布式电源，为客户提供灵活定制、多种选择、高效便捷的服务；另一方面，辅助服务市场不断发展和完善，需求侧资源将参与辅助服务市场的竞价，而基于市场价格激励的需求侧响应计划可以鼓励用户调整自己的用电方式以实现配电网的优化运行。在电网与电力用户的双向互动下，配电网的运行将依赖于电动汽车充放电、智能家居、分布式电源与微网、分布式储能等与传统调控方式相互配合的源—网—荷互动分布式系统优化调控策略。对此，还有很多问题需要解决和探索：首先，由于用户用电行为具有随机性、意愿性与时变性的特点，对其还缺乏完善、恰当的用电负荷特性分析方法；其次，如何将智能用电负荷形成主动负荷，实现用户负荷的参与电网协调控制，还需合理、可行的激励措施和电价机制；再次，目前的研究开始关注分布式电源和储能系统等"源"在运行优化中所发挥的作用，并将其与"网"侧的调控手段进行结合，但是对电价引导机制、需求侧管理等"荷"与"网"、"源"之间的配合还未能深入研究。虽然欧洲和美国等发达国家已经有了一定的研究成果，但从电力市场开放程度、用户用电习惯、居民住宅模式和负荷构成情况等方面，中国有自己独特的国情特点，需要结合我国实际开展相应的关键技术研究。

面对大量随机性和间歇性分布式能源的接入以及更加协调和灵活的方式运行，采用基于时间点的确定性优化策略已无法满足要求。研究日前、日内、实时多周期优化及它们之间的协调优化技术，是实现有效控制电网运行成本，提高能源利用效率，实现大范围资源优化配置的有效途径之一。传统的优化调度采用三级调度，根据不同时间级的负荷预报，采用不同时间级的调度优化，包括日调度时间级、预调度时间级、在线调度时间级。借鉴该思想，有研究提出了两阶段优化策略，通过日前优化和日内调整来保证满足运行要求前提下的系统优化运行，并给出了多周期优化及其协调配合的初步思想，即：在日前优化中，对不可控 DG 和负荷进行预测，并根据可控 DG 用户和响应负荷的竞价制定分布式电源的发电计划和无功辅助计划、电压调节方案等；在日内调整中，为了应对外部环境的变化和偶然事件的发生，实时调整发电计划，改变 DG 用户和响应负荷的功率，以及改变网络拓扑结构等，寻找经济最优运行点。但是，目前的市场竞价机制尚不够完善，如何通过多时空尺度的协调调度达到"多级协调、逐级细化"，DG 用户和响应负荷参与电网优化的主动管理成本如何计算都还有待探索。

5. 分布式电源及微电网并网标准及运营机制

在中国，为确保微电网的合理有序发展，必须制定相应政策。这些政策的制定需要政府部门组织，采纳并融合相关各方意见，在充分考虑中国国情的基础上形成。制定科学的分布式电源及微电网并网标准，体现电网对分布式电源及微电网并网的一般性要求，电能质量（电压，频率偏差，谐波，电压波动和闪变，直流分量，电压不平衡度）要求，保护与控制要求，电网异常时分布式电源及微电网的响应特性要求，分布式电源和微电网的并网测试要求等。研究有助于分布式电源和微电网规模化发展的市场运营机制，包括不同可再生能源发电类型、不同资源条件、不同装机规模、不同发电技术水平的电价机制，电力市场环境下分布式电源及微电网的运行管理机制等。目前国内外并没有专门面向微电网的技术标准，而对于分布式发电则有 IEEE Std.1547、G59/1 标准等。为了促进分布式电源和微电网科学规范地发展，急需启动设备规范、设计标准、孤岛运行、并网标准等有关技术标准的制定工作，并广泛开展国际合作，积极参与国际标准的制定工作。

（三）微电网试点工程

目前我国已有一些微电网试点工程建成投运，主要包括：

河南郑州财专光储微电网试点工程。该项目是国家电网公司智能电网试点项目中的微电网试点工程，配置 350kW 的光伏发电，200kW/200（kW·h）的锂电池储能，接入 380V 用户侧。项目于 2010 年上半年开工建设，目前已安装调试完毕，完成了并离网切换试验，能够初步实现独立运行。

广东佛山冷热电联供微电网系统。该项目属于国家"863"项目，以局季华路变电站大院的建筑楼群为依托，是一个基于兆瓦级燃气轮机的高效天然气电冷联供试点系统，配置 3 台 CCHP 燃气轮机，总发电量 570kW，最大制冷量 1081kW，研究重点为基于燃气轮机的分布式供能系统及其关键单元技术，出于成本考虑未配置储能系统。系统中的燃气轮机接入 0.4kV 电压等级，既可独立运行，也可并网运行。由于仅有一种电源，且不含储能设施，因此该项目更接近于一个分布式供能系统接入项目，微电网的很多特殊功能都没有实现。

广东珠海东澳岛风光柴蓄微电网项目。2009 年国家"太阳能屋顶计划"政策支持的项目之一。该微电网压等级为 10kV，包括 1.04MWp 光伏、50kW 风力发电、1220kW 柴油机、2000kW·h 铅酸蓄电池和智能控制，多级电网的安全快速切入或切出，实现了微能源与负荷一体化，清洁能源的接入和运行，此外还拥有本地和远程的能源控制系统。由于只能独立运行，微电网中的很多特殊功能也未能实现。

浙江东福山岛风光储柴及海水淡化综合系统项目。该微电网属于孤岛发电系统，采用可再生清洁能源为主电源，柴油发电为辅的供电模式，为岛上居民负荷和一套日处理 50 吨的海水淡化系统供电。工程配置 100kWp 光伏、210kW 风电、200kW 柴油机和 2000A·h 蓄电池，总装机容量 510kW，接入 0.4kV 电压等级。由于只能独立运行，也未能实现微电网的技术特征。

河北廊坊新奥未来生态城微电网项目。微电网以生态城智能大厦为依托，是生态城多能源综合利用的基础试验平台，装机规模 250kW，配置 100kWp 光伏、2kW 风电、150kW 三联供机组和 100kW×4h 锂离子电池，接入 0.4kV 电压等级，既可独立运行，也可并网运行。

北京左安门微电网试点工程。该系统配置 50kWp 光伏、30kW 三联供机组和 72kW·h 铅酸电池，接入 0.4kV 电压等级，既可独立运行，也可并网运行。

天津中新生态城智能营业厅微电网试点工程。微电网以智能营业厅为依托，装机规模 35kW，配置 30kWp 光伏、5kW 风电和 25kW×2h 锂电池。电压等级为 380V，目前还在建设中。

内蒙古呼伦贝尔盟陈巴尔虎旗赫尔洪德移民村微电网工程。配置 30kWp 光伏、20kW 风电和 42kW×1h 锂离子电池，接入 0.4kV 电压等级，既可独立运行，也可并网运行。在陈巴尔虎旗赫尔洪德移民村选取 24 户居民和挤奶站作为微电网负荷，建设并网型微电网试点工程，主要研究并网型微电网，目前尚处于设计和建设阶段。

三、国内外研究进展比较

智能电网的核心在于构建具备智能判断与自适应调节能力的多种能源统一入网和分布式管理的智能化网络系统，在智能电网中如何安全可靠地接入大量分布式电源是其面临的一大挑战。原有电力系统互连技术标准，主要是为大型集中发电和中央控制调度的模式而制定的，不适用于小容量分布式电源低电压等级接入情况。20 世纪末，英、美、日等国开始对分布式发电的并网技术问题开展研究，在分布式电源研究、开发及应用方面处于领先地位。它们的许多发电设备制造公司与电力公司联手，进行了分布式发电技术的商业化试验，使其在商业化推广方面积累了丰富的经验。欧盟在第五、第六和第七框架计划（The 5th, 6th and 7th Framework Programme）的"能源、环境与可持续发展"主题下，支持了一系列与可再生能源和分布式发电接入技术有关的研究项目。美国政府则通过资助其国内为数众多的研究机构、高等学校、电力企业和国家实验室，开展专门的或交叉项目的研究。日本新能源产业技术综合开发机构 NEDO（New Energy and Industrial Technology Development Organization）资助了"含可再生能源的区域性电网 2003—2007"示范性微电网的建设，核准了 3 个示范项目。NEDO 在 2004 年又资助了大阪和仙台地区的两个新型供电网络项目 2004—2007，目的是发展含分布式电源和无功补偿装置的新型配电网络。这些项目的实施为分布式发电技术的成熟化、规模化应用奠定了良好基础。同时，各国陆续制定了自己的法律法规、指导方针和标准等，例如美国能源部（DOE）、美国电科院（EPRI）等官方和民间机构成立了研究分布式电源的部门，通过分析分布式电源并网对电力系统的影响，为分布式电源的研究和应用提供指导。美国电气电子工程师学会也研究制定了分布式电源接入系统的相关准则，即 IEEE 1547 标准。英国颁布了分布式电源接入系统的 G59/1、G83/1 及 G75 标准。

国外开展的项目主要涉及以下几方面工作：分布式发电系统本身的各种技术问题；分布式电源并网的相关技术，包括接入标准和规范的制定，以及分布式发电系统对大电网的相互影响；分布式电源及其所属网络的控制与保护策略；分布式发电系统的能量管理与优化运行等。虽然其各自的研究内容有所区分，但这些项目具有同一个目标：将可再生能源和分布式电源接入未来电网，使其在未来激烈的竞争环境下能够向工业界提供持久可靠的电力供应。通过对国外已完成项目的分析研究，可以得到如下启示：

1）从早期的强调"分布式电源并网"已经转移到了目前的强调"分布式电源与电力系统的整合"，相应地，从传统的集中控制思想已经转变到新的分布式控制理念，此时DE 不再被认为是网络的有源附属，而是与系统融为一个整体。

2）未来电网将会在很大程度上依赖于电力电子技术与 ICT（Information and Communications Technology）技术的应用。例如：分布式智能控制等技术虽然早已应用于其他工业部门，但对电力部门来说还处于起步阶段，应加以深入研究。

3）必须重视大容量 DE 给输配电网带来的可靠性、安全性和电能质量等问题，应从系统的角度加以解决。

4）分布式发电技术的应用可降低集中发电的容量，提高系统的安全性，并可有效降低电力系统的总费用和二氧化碳的排放量。这些优势必将给电力工业带来巨大的变革。

虽然我国可再生能源资源经过一些开发，但整体利用水平依然很低，在发展速度和水平上还远低于大多数发达国家。我国针对分布式电源及微电网并网问题的研究起步较晚，已经就分布式电源并网后给系统带来的影响等问题开展了理论研究。我国已于 2006 年 1月 1 日正式实施了《可再生能源法》，并由国家发改委编制了《可再生能源产业发展指导目录》，为可再生能源的发展提供了政策支持。另外，在《国家中长期科学和技术发展规划纲要（2006—2020 年）》中，能源被放在了重点发展领域的首位，特别是其中第四和第五个优先主题都考虑了分布式发电技术的开发利用问题。2009 年，科技部通过"973"计划项目专门资助了分布式发电供能系统的相关基础研究，为我国在这一领域的基础性研究提供了有力支持。但是我国在这一领域的研究还面临着很多问题，缺乏统一的组织协调和规划，我国与此相关的政策、法规及技术标准严重空缺，没有出台扶持鼓励家庭、单位等购买使用分布式电源的政策，缺少允许分布式电源并网的法规及明确各方责任义务的法律，分布式新能源发电并网标准远不如传统发电厂并网标准齐全和成熟，这严重制约了分布式发电的发展。

四、发展趋势及展望

分布式发电与微电网的最终发展目标是保证分布式电源及微电网高渗透率下智能配电系统的可靠运行，实现各种分布式电源及微电网的安全、可靠、方便的接入，为各种可再生能源发电、洁净能源发电的并网运行提供便捷的平台。同时，使分布式发电与大容量集中发电相结合，互为补充，一方面减少大规模互连电网存在的安全隐患，提高供电可靠性；另一方面提高分布式发电系统供能质量；此外在用电高峰时减轻电网负担，缓解用电矛盾。该领域关键技术的分阶段发展目标如下：

第一阶段（2010—2015 年）：针对不同类型分布式电源及微电网并网运行存在的问题，发展出相关的仿真优化方法并建设综合仿真实验平台，先进的分布式电源及微电网并网技术、保护与控制技术、含分布式电源和微电网的电力系统协调规划方法；结合智能电网建设试点工作的推进，在国内建立一批可再生能源接入及微电网综合示范工程，并据此制定出相关的并网运行导则。

第二阶段（2016—2020 年）：提高分布式发电及微电网并网技术和应用水平；以国家能源发展战略为导向，制定出较为完善的并网标准和管理规范并颁布配套的政策和法规；明确分布式电源和各种用户微电网的运营管理规范，在全国范围内提升分布式电源并网运行水平。

第三阶段（2021—2030 年）：结合实际运行经验，对运行中出现的问题进行总结研究并予以解决；提高第一、第二阶段理论及技术成果的应用水平；对并网标准、管理规范、政策和法规进行修改和完善。配电系统可以全额接纳可再生能源发电，分布式电源即插即用以及与用电需求侧的灵活互动，微电网最终将大量存在于配电系统中，并与智能配电系统实现有机融合。

当前，分布式发电技术和微电网技术分别处于不同的发展阶段。其中，部分分布式发电技术已经比较成熟，处于规模化应用的关键阶段，政策上的支持加快了分布式发电技术的推广与应用，影响分布式发电技术发展的关键问题并不是分布式发电本身的技术问题，而是其并网后带来的电网运行问题。微电网技术从局部解决了分布式电源大规模并网时的运行问题，同时，它在能源效率优化等方面与智能配电网的目标一致，本质上公用微电网已经具备了智能配电网的雏形，能够很好地兼容各种分布式电源，提供安全、可靠的电力供应，实现网络层面的能量优化，起到了承上启下的作用。微电网技术的成熟和完善关系到分布式发电技术的规模化应用以及智能配电网的发展，目前技术上可以实现简单微电网的设计与运行。分布式发电技术和微电网技术推动了当前智能配电网的发展。

在世界范围内，智能电网的研究与建设均处于起步阶段，一些发展较好的国家或地区也大多仅完成了智能表计的铺设，准确把握智能电网技术的发展方向有利于提高我国电力工业的自主创新能力与技术装备水平。为此，我们宜站在智能配电网的高度，统领分布式发电技术与微电网技术的发展，做到分工明确、统一协调。政府、电力企业、科研院校、设备制造商分别做好在标准制定、理论研究、工程示范与应用推广等方面的工作，要扎实推进、平稳有序，规划、设计、安排好当前配电网向智能配电网的过渡。历史上，我国的配电系统建设投资远小于发电和输电系统，智能电网技术在配电系统层面将有更大的作为。结合我国现状，在智能配电系统的发展过程中，应遵循智能表计是基础，智能网络是重点，智能运行是关键的整体思路；应优先安排好相关的科学论证与理论研究工作，为智能配电网的实施奠定基础；应尽早推动 AMI 的实施，为智能配电网提供通信支持；应着力推广微电网的示范工程建设，以便于智能配电网的验证、完善与推广。

［1］ Yang X, Song Y, Wang G, et al. A comprehensive review on the development of sustainable energy strategy and implementation in China ［J］. IEEE Trans on Sustainable Energy, 2010, 1（2）: 57-65.

［2］ A.Ipakchi, F. Albuyeh. Grid of the Future ［J］. Power and Energy Magazine, 2009, 7: 52-62.

［3］ S.M. Amin, A. M.Giacomoni. Smart grid, safe grid ［J］. IEEE power & energy magazine, 2012, 10（1）: 33-40.

［4］ S.Chowdhury, S. P. Chowdhury, P. Crossley. Microgrids and Active Distribution Networks ［R］. The Institution of Engineering and Technology, 2009.

［5］ F. Katiraei, J. R. Aguero. Solar PV Integration Challenges ［J］. IEEE power & energy magazine, 2011, 9（3）: 62-71.

［6］ European Research Project. IRED-Integration of Renewable Energy Sources and Distributed Generation into the European Electricity Grid ［EB/OL］. http://www.ired-cluster.org/.

［7］ J. Mahseredjian, V. Dinavahi, J. A. Martinez. Simulation tools for electromagnetic transients in power system: overview and challenges ［J］. IEEE Trans on Power Delivery, 2009, 24（3）: 1657-1669.

［8］ J. I. S. Martin, I. Zamora, J. J. S. Martin, et al. Hybrid fuel cells technologies for electrical microgrids ［J］. Electric Power Systems Research, 2010, 80（9）: 993-1005.

［9］ J. M. Guerrero, J. C. Vasquez, J. Matas, et al. Hierarchical Control of Droop-Controlled AC and DC Microgrids—A General Approach Toward Standardization ［J］. IEEE Transactions on Industrial Electronics, 2011, 58（1）: 158-172.

［10］ M. R. Miveh, M. Gandomkar, S. Mirsaeidi, et al. A review on protection challenges in microgrids ［C］// 2012 Proceedings of 17th Conference on Electrical Power Distribution Networks（EPDC）, 2012: 1-5.

［11］ S. N. Bhaskara, B. H. Chowdhury. Microgrids-A review of modeling, control, protection, simulation and future potential ［C］//Power and Energy Society General Meeting, 2012: 1-7.

［12］ 王成山, 李鹏. 分布式发电、微网与智能电网的发展与挑战 ［J］. 电力系统自动化, 2010, 34（2）: 10-14.

［13］ 袁越, 李振杰, 冯宇, 等. 中国发展微网的目的 方向 前景 ［J］. 电力系统自动化, 2010, 34（1）: 59-63.

［14］ 撖奥洋, 邓星, 文明浩, 等. 高渗透率下大电网应对微网接入的策略 ［J］. 电力系统自动化, 2010, 34（1）: 78-83.

［15］ 丁明, 张颖媛, 茆美琴. 微网研究中的关键技术 ［J］. 电网技术, 2009, 33（11）: 6-11.

［16］ 冯庆东. 分布式发电及微网相关问题研究 ［J］. 电测与仪表, 2013, 50（566）: 54-59.

［17］ 韩奕, 张东霞, 胡学浩, 等. 中国微网标准体系研究. 电力系统自动化, 2010, 34（1）: 69-72.

［18］ 程军照, 李澍森, 冯宇, 等. 发达国家微网政策及其对中国的借鉴意义 ［J］. 电力系统及自动化, 2010, 34（1）: 64-68.

［19］ 余贻鑫. 智能电网的技术组成和实现顺序 ［J］. 南方电网技术, 2009, 3（2）: 1-5.

［20］ 栾文鹏. 高级量测体系 ［J］. 南方电网技术, 2009, 3（2）: 6-10.

［21］ 张东霞, 林湘宁, 梁才浩. 微电网接入对电网分析、规划和运行的影响研究 ［R］. 中国电力科学研究院, 2010.

［22］ 王成山, 李鹏. 2011 年国际供电会议系列报道——分布式能源发展与用户侧电能的高效利用 ［J］. 电力系统自动化, 2012, 36（2）: 1-5.

［23］ 郭力, 王成山, 王守相, 等. 微型燃气轮机微电网技术方案 ［J］. 电力系统自动化, 2009, 33（9）: 81-85.

［24］ 郭力，王成山. 含多种分布式电源的微电网动态仿真［J］. 电力系统自动化，2009，33（2）：82-86.

［25］ 罗卓伟，胡泽春，宋永华，等. 大规模电动汽车充放电优化控制及容量效益分析［J］. 电力系统自动化，2012，36（10）:19-26.

［26］ 于文鹏，刘东，余南华. 馈线控制误差及其在主动配电网协调控制中的应用［J］. 中国电机工程学报，2013，33（13）:108-115.

［27］ 尤毅，刘东，于文鹏. 主动配电网技术及其进展［J］. 电力系统自动化，2012，36（18）:10-16.

撰稿人：贾宏杰　李　鹏

电工新材料

一、引言

随着我国国民经济和现代科学技术的迅猛发展，电工材料及其相关应用技术发生了深刻的变革。因此，很有必要对国内外在电工材料领域的最新研究进展进行总结分析。

随着电工材料在国防、空间研究等领域的拓展，研究极端条件（高温、高真空、空间等）下的电工材料特性及其调控也成为一个新的前沿。通过研究在高功率陡脉冲、辐照以及相关极端条件（高温、高真空、空间等）典型电工材料中电荷的产生、迁移、积累、分布规律对材料介电性能的影响规律，研究极端条件下电工材料介电性能与剩余寿命的表征方法，建立起电工材料在极端条件下的性能演变的微观机制、介观机制和宏观机制之间的联系，为新型电工材料设计制备和新型绝缘结构的设计开发提供理论支持。

随着电机电压等级和容量的提高、电子集成密度的增加、LED 封装功率的增大，采用有效方法解决结构散热和研制导热绝缘材料成为当务之急，也是世界各国电工绝缘材料研究的热点，其发展方向主要有纳米导热填料及其分散技术、高取向导热填料、新型导热树脂、填料改性及传热结构的设计等。

20 世纪 90 年代中后期，"环境友好技术"、"环境友好产品与服务"、"环境友好企业"等概念相继出现，环境友好电工材料的研究也成为一个前沿。

本篇从绝缘材料、导电材料、磁性材料、半导体材料和新能源材料等几个方面介绍了我国电工材料研究的最新进展，并对国内外研究进展进行了比较，提出了未来需要重点关注的发展方向，供相关的科技人员参考并提出宝贵意见。

二、我国电工材料的最新研究进展

（一）绝缘材料

1. 纳米电介质材料

纳米电介质是指在高聚物基体中掺杂尺度在 1 ~ 100nm 无机粒子组成的复合物，由 T. J.

Lewis 于 1994 年在文章"Nanometric Dielectrics"中首次提出。纳米粒子具有量子尺寸效应、小尺寸效应、表面效应和隧道效应等，将其加入到不同类型的基体中形成纳米复合材料，在电学、力学、热学、化学等方面表现出区别于微米粒子复合材料的功能特异性[1]。纳米电介质的发展引起了国内外学者的广泛兴趣，我国于 2009 年 6 月召开了"纳米电介质的多层次结构及其宏观性能"的第 354 次香山科学会议。

近年来，广大学者重点关注有机聚合物材料纳米掺杂改性的研究，尤其是在聚烯烃材料如聚乙烯（PE）、聚丙烯（PP）、环氧（EP）和人造橡胶类如聚酰亚胺、聚酰胺、硅橡胶等方面有了明显进展，采用的纳米粒子主要有 Al_2O_3、TiO_2、MgO、SiO_2、SiC、层状硅酸盐等。例如，通过共混法对低密度聚乙烯（LDPE）和环氧树脂（EP）进行纳米 Al_2O_3、TiO_2、MgO 等掺杂改性，可有效提高复合电介质的玻璃化转变温度，改善其热力学性能，大幅度提高交、直流的击穿场强，耐电晕性能以及空间电荷的抑制等电气性能，在工程应用上具有重要的意义[2-5]。

目前，纳米掺杂对纳米电介质性能的作用机理还不清楚，多数学者认为纳米掺杂会在纳米粒子和聚合物基体之间引入界面交互区，纳米掺杂改性作用主要通过界面交互区予以解释。界面交互区是区别于聚合物基体和纳米粒子的独立第三相，主要取决于纳米粒子和聚合物基体间的相互作用，对纳米电介质的宏观电气性能、机械性能、热力学性能等起着至关重要的作用。也有观点认为，这种界面类同于介质中陷阱的界面效应[6]。

纳米电介质材料的研究开发尚处于起步阶段，制备方法相对落后，粒子分散不均匀；表征与测试技术不完善；测试结果重复性差，甚至相互矛盾。但是纳米电介质材料的应用前景极为广阔，随着人们对纳米电介质材料组成、制备、结构与性能的深入研究，它作为一种性能优异的新型绝缘材料，必将发挥更大的作用。

2. 环境友好材料

"环境友好"的概念是随着人类社会对环境问题认识水平的不断深化而逐步形成的。1992 年在巴西里约热内卢召开的联合国环境与发展会议《21 世纪议程》中，正式提出了"环境友好"概念。2003 年 2 月，欧盟的《官方公报》公布了欧洲议会和欧盟部长理事会共同批准的《报废电子电气设备指令》（Waste Electrical and Electronic Equipment，WEEE）和《关于在电气电子设备中禁止使用某些有害物质指令》（Restriction of the Use of Certain Hazardous Substances in Electrical and Electronic Equipment，RoHS）。欧盟的这两个指令要求自 2006 年 7 月 1 日起，禁止在欧盟市场销售含有铅、汞、镉、六价铬、多溴二苯醚（PBDE）和多溴联苯（PBB）六种有害物质的电气电子设备。

绝缘材料的种类繁多，通常有固体、液体和气体等形态。在其生产、使用和废弃的整个生命周期中都不可避免地对自然环境和人类健康造成影响，比如绝缘材料的不可自然降解性，阻燃性能差，或者分解释放有毒气体等。因此，要满足电气产品的"环境友好"设计要求，开发"环境友好"的绝缘材料和应用对环境危害较小的工艺设备是必要的。

近年来，环境友好型绝缘材料的开发取得了一定进展。在固体绝缘方面，通过纳米掺杂可以改善有机绝缘材料的力学性能、耐热性、阻燃性等。研究表明可以通过不同制备工艺，制备出降解活化能低，废弃后容易降解的绝缘材料[7]。在液体绝缘方面，矿物绝缘油广泛应用于电力设备中，但矿物油燃点低，生物降解性能差，一旦发生泄漏会对水土资源造成污染，并且面临着紧缺和枯竭的困境。通过对基础植物油精炼改性，可以得到优良的高闪点、高击穿场强的植物绝缘油。植物油纸绝缘比矿物油纸绝缘具有更强的热稳定性，植物绝缘油已经引起了国内外广泛关注，认为是矿物绝缘油的良好替代品[8, 9]。气体绝缘方面，工程上常用的 SF_6 温室效应非常强，是一种对环境有很大危害的气体，因此，寻找"环境友好"的 SF_6 替代气体成为研究热点。C_4F_8/CF_4 混合气体是一种 SF_6 潜在替代气体[10]，该混合物气体的大部分性能和 $SF_6–N_2$ 混合物的性能相近，在满足高压电力设备绝缘要求的同时，大大降低了对环境的影响。

"环境友好型"电气产品的快速发展，对绝缘材料提出了新的要求。虽然我国"环境友好"型绝缘材料已具备了一定的发展基础，但是"环境友好"型绝缘材料的开发和应用水平还不高，在气体、液体和固体绝缘方面，环境友好绝缘材料的前景广阔。

3. 高介电常数材料

高介电常数材料是一种应用前景非常广泛的绝缘材料，具有很好的储存电能和均匀电场的性能，主要应用于电容器和电绝缘体当中。现有的高介电常数材料中，常用的主要有无机陶瓷和有机复合材料等。

钛酸钡陶瓷在室温时介电常数仅为1400，通常采用掺杂改性、表面包覆等手段来提高其储能密度和电性能，介电常数可达4000以上，击穿强度可高于 3kV/mm[11]。2000 年发现了巨介电常数钛酸铜钙（CCTO）陶瓷，室温下其介电常数可达 10^5 数量级，并具有较好的温度和频率稳定性，从而引起了国内外广大学者的兴趣和关注。近几年我国学者主要从配方和制备工艺[12, 13]等方面研究提高其性能，但是，高介电损耗问题始终没有得到解决，成为其实际应用的瓶颈。

与传统的陶瓷介质相比，高介电常数聚合物复合材料具有重量轻、易于成型、耐电强度高等优点，介电常数低是其主要缺点。通常，提高聚合物介电常数的方法主要是将高介电常数陶瓷粉末添加到聚合物基体中形成复合材料[14]。有研究提出，通过碳纳米管掺杂提高聚合物介电常数[15]，并发现碳纳米管填料的形状和尺寸对复合材料介电性能的影响很大。文献［16］从理论模型、制备方法、掺杂改性以及测量条件等方面详细综述高介电聚合物的最新研究进展，认为掺杂改性高介电聚合物的理论模型还不完善，提出添加物和基体之间的界面问题仍是提高聚合物材料性能的关键，添加物的尺寸、形状和浓度对聚合物性能都有重要影响。可见，纳米粒子和聚合物基体的选择以及制备过程中工艺条件的控制，是研究开发兼具高介电强度和高介电常数复合材料的重点。

4. 极端环境下绝缘材料和绝缘技术

由于普通绝缘材料在极端环境下如高温、低温、辐照或者盐雾环境下的适用性及可靠性得不到满足，需要研究开发新型绝缘材料。

耐热绝缘漆方面，虽然国内学者开展了耐热漆包线绝缘漆的研究[17, 18]，但是我国漆包线漆行业中耐高温漆种生产规模小，大部分依赖进口。阻燃型绝缘材料方面，阻燃型电缆、硅橡胶、乙丙橡胶、多层复合绝缘材料等是研究热点[19, 20]。低温和超低温情况下，绝缘材料在介电常数、电阻率、损耗、起始放电电压以及工频、直流击穿电压与常温相比存在较大差异，有学者对比研究了电缆纸、聚丙烯层压纸（PPLP）、聚酰亚胺薄膜（PI）、低密度聚乙烯薄膜（LDPE）等材料在常温和超低温下的性能，但还没有得到一致的结论[21, 22]。因此，有必要深入研究绝缘材料在超低温下的电气性能。

高海拔、污秽、覆冰等极端条件下外绝缘特性研究方面，在大型多功能人工气候室内，可以模拟清洁干燥、淋雨、覆冰以及人工污秽下盐/灰密等条件下绝缘子串的操作冲击闪络特性[23]，但仍有许多科学问题没有解决。在绝缘材料表面构造超疏水表面，或者在金属导线表面构造超疏水表面，可以提高表面抗覆冰性能，将该技术应用于实际工程中还需要做大量的研究和开发工作。

高能电子辐照会导致介质发生物理和化学结构的不可逆变化。高能电子辐照后，负电荷积聚导致局部区域出现极高的局部电场；高能电子辐照还会造成高分子介质材料物理缺陷（微孔）和化学缺陷（极性端基和低分子杂质），导致介质介电性能迅速劣化。辐照对绝缘介质性能的影响已引起广泛重视，并取得一些研究成果，但对辐照环境下介质老化的寿命评估尚无有效方法和标准，理解其老化机理还需要更深的研究。

5. 绝缘介质中空间电荷和电荷输运

宏观固体物质通常可划分为一些相同的结构单元，一般来讲，每个结构单元应该是电中性的，如果在一个或多个这样的结构单元内正负电荷不能互相抵消，则多余的电荷称为相应位置上的空间电荷。空间电荷的存在、转移和消失会直接导致电介质内部电场分布的改变，对介质内部局部电场起到削弱或加强作用。由于空间电荷对电场的畸变作用，空间电荷对绝缘材料的电导、击穿破坏、老化等电气特性都有明显影响[24]。

采用各种测量手段，针对不同类型绝缘介质的空间电荷特性进行了研究，尤其是对电力电缆用交联聚乙烯绝缘介质，分别从微观形态、纳米添加剂掺杂改性、空间电荷包、电荷输运与绝缘击穿等角度，在考虑不同场强等级、场强类型、温度、电极材料等条件下，测量研究了空间电荷在绝缘材料内的形成机理、起始注入阈值场强、积聚分布与衰减特性等，并进行了细致的实验测量和仿真研究，取得了有益进展[25-27]。针对聚合物空间电荷现象提出了若干理论，包括：空间电荷陷阱理论、空间电荷的注入抽出理论、电介质的热电子理论、电介质的降解理论，其中较为成熟的是从聚合物内部微观形态出发解释空间电荷现象的空间电荷陷阱理论[28]。目前对空间电荷形成机理的研究，正朝着将聚合物中空间电荷的积聚、消散特性和输运特性，与材料的电树枝、水树枝老化现象和直流交流击穿特性结合研究的方向发展，以此寻找空间电荷微观机理和电气宏观特性间的联系。

因此，研究空间电荷和电荷输运特性有助于理解物理化学微结构和电气性能之间的关系，改进绝缘材料的绝缘性能，为评估电力设备使用寿命提供参考依据。

（二）导电材料

1. 高分子导电材料

结构型导电高分子材料包括聚乙炔、聚苯胺、聚吡咯、聚噻吩等数十种。我国对高分子结构导电材料的研究主要集中在吸波隐身材料、显示材料以及纳米传感器等领域。通过电解质共混、电化学氧化等方法制备的吲哚类、聚噻吩衍生物等多种导电高分子材料[29-31]，表现出了优异的电致变色性能。而利用手性两性分子自组装体为模板和"种子"可以合成的具有手性介孔和螺旋外形的导电高分子纳米纤维，该螺旋纳米纤维有望在手性识别与分离、纳米生物传感器上得到应用[32]。导电高分子材料研究要突破的瓶颈主要是使用温度范围窄、使用寿命短，高强度、可加工、低成本导电高分子将是今后的研究重点。

2. 碳纤维材料

除了结构型导电高分子材料，可以通过与导电填料（如碳黑、石墨、碳纤维、碳纳米管、金属粉末、金属纤维等）复合方式制备复合型导电高分子材料，其中碳纤维具有高强度、高模量的优点，且导电性能好，是理想的导电填料。通过金属包覆碳纤维与 ABS、环氧树脂和聚烯烃等基体树脂复合，可制备在较宽频率范围内具有优异屏蔽性能的导电复合材料[33, 34]。2009 年，我国第一条镀镍碳纤维生产线正式投入生产，产品达到国外同类产品水平，打破了国外企业对我国先进导电塑料填料的技术垄断。

3. 超导材料

1986 年，IBM 研究实验室的物理学家柏诺兹和缪勒发现了临界温度为 35K 的镧钡铜氧超导体。这一突破性发现导致了一系列铜氧化物高温超导体的发现。我国科学家获得了临界温度超过 40K 的非铜氧化物超导体——铁基超导材料[35]，突破了"麦克米兰极限"。

第二代高温超导带材在超导电缆、电机、限流器等方面具有巨大应用潜力，能够减轻器件重量、减小体积、使器件更安全高效运行。2010 年通过研究隔离层、超导层、保护层的连续化生长，自主研制成功我国第一根百米级第二代高温超导带材[36]，使我国跻身稀土氧化物第二代高温超导带材研究领域世界先进国家行列。

（三）磁性材料

1. 有机磁性材料

传统强磁材料均含铁族或稀土族金属元素的合金和氧化物等无机材料，其强磁性源于原子磁矩。相较于密度大、加工困难的无机材料，目前研究热点是不导电、比重轻、透光性好、溶于普通溶剂、可塑性强、易于复合加工成型有机磁性材料，可应用在航天、微波、光磁、生物兼容等领域。

纯有机铁磁体一般磁含量和居里温度较低，稳定性差，而含过渡金属元素的结构型有机铁磁体磁含量和居里温度一般较高。国内学者对有机磁性材料合成方法及其对性能的影响给予了极大重视。通过水热法合成了二维粒子的碳酸盐配位聚合物［Fe（pyoa）$_2$］$_\infty$展示了场诱导金属磁性行为[37]；合成了三种开链二嗪 Schiff 碱基配位体叠氮键桥 Mn 的复合物，发现头—尾和尾—尾相连的叠氮键桥的相互交替使得聚合物具有铁磁和反磁相互作用[38]。这些合成方法的改进和探索对于有机铁磁材料的工程应用具有重大意义。

国内学者在其磁性产生的内在机理和磁性控制方面进行了深入研究，例如，报道了在 6K 时矫顽力为 52kOe 的［Co（hfac）$_2$·BPNN］，可能是最大矫顽力的硬磁体[39]；报告了对卤键驱动的氮氧自由基与 1,4- 二碘全氟苯复晶磁性材料的研究[40]，有效控制有机化合物中电子自旋的相对取向而得到具有不同磁学行为的磁性材料。

2. 非晶合金

非晶合金是采用超急冷凝固得到的长程无序、没有晶粒晶界的固态合金，具有许多独特性能，如优异的磁性、耐蚀性、耐磨性、高的强度、硬度和韧性，高的电阻率和机电耦合性能等。已将非晶合金用于变压器铁心，制造了比硅钢片铁心变压器的空载损耗下降 75%、空载电流下降 80% 的理想节能配电变压器。

对非晶软磁合金研究已经由铁基非晶合金转向纳米晶软磁合金。非晶合金制备方法是国内学者的研究重点，主要的制备方法有水淬法、铜模吸铸法、定向凝固和高能球磨等[41]。利用 La-Al-TM 系、Zr-Al-TM 系等合金的超塑性，通过纳米级精密成型得到了具有高强度、高硬度和高韧性的非晶合金材料[42]，为改进制备方法提供了新的思路。

非晶合金的电磁性能及其影响因素的研究是近年国内研究热点。主要成果有，发现了具有高非晶形成能力的合金体系，提出并验证了相似元素的共存能够显著提高非晶合金形成能力的思想；研发的直径 35mm 新型镧基金属玻璃体系提供了一个具有低温温度窗口和充足试验时间的理想材料[43]；开发了具有高饱和磁感和低高频损耗的纳米晶软磁合金及制品，是大功率开关电源用软磁材料的最佳选择。

3. 强永磁材料

永磁材料又称为硬磁材料，一经磁化就能保持恒定磁性，通常具有宽磁滞回线、高矫顽力和高剩磁，目前主要研究的永磁材料分为铝镍钴系永磁合金、铁铬钴系永磁合金、永磁铁氧体、稀土永磁材料和复合永磁材料等。美国 2008 年启动了磁能积大于等于 716kJ/m^3 的新型永磁材料研究项目[44]，表明世界科技强国都加快了强永磁材料的研究进度。

由于发现了高磁晶各向异性化合物，国内外学者致力于提高永磁材料的矫顽力，目前得到的 Nd-Fe-B 磁能积已达 40MGOe 以上，远大于最初使用的不足 1MGOe 碳钢。虽然

Ba、Sr 铁氧体仍是用量最大的永磁材料，但许多应用正逐步被 Nd-Fe-B 类材料取代。采用磁体循环烧结方法或涂覆 Al-Cr 涂层探究对 Nd-Fe-B 磁体性能的影响[45, 46]。

伴随纳米粉末混合和包覆研究的兴起，采用各种方法研究纳米耦合效应对复合纳米晶磁体性能的影响也成为永磁领域的新方向。通过提高含铁量、添加表面活性剂的纳米掺杂和改变合金相成分等方式探究了 SmCo 永磁体的磁性能[47, 48]。我国在国际上率先研制出 SmCo 高温磁体，并发明了多织构整体烧结成型技术等。这些稀土类永磁材料由于磁能积高、温度系数低、磁性稳定、矫顽力高，正成为取代铁氧体永磁材料的新星材料。

（四）半导体材料

半导体材料的发展经历了以硅（Si）、锗（Ge）为代表的第一代半导体材料，以砷化镓（GaAs）、磷化铟（InP）为代表的第二代半导体材料和以碳化硅（SiC）、氮化镓（GaN）、氧化锌（ZnO）等为代表的第三代宽禁带半导体材料。半导体材料在大规模集成电路、电力电子器件、光电材料、太阳能电池材料、压敏陶瓷材料等领域均有广泛应用。

硅材料是半导体中应用最广泛的一类，其优良的性能使其在射线探测器、整流器、集成电路、硅光电池、传感器等各类电子元件中占有极为重要的地位[49]。近年来，Si 功率器件的性能指标已接近其材料特性决定的理论极限，以 SiC 为基础的功率器件越来越引起研究人员的关注[50]。目前，SiC MOSFET 突破了高工作电压 10kV（50A），攻克了栅氧化层的可靠性难关；SiC_p-IGBT 已突破大芯片面积（6.7mm × 6.7mm）的高关断电压（15kV）等关键技术；SiC_n-IGBT 已突破大芯片面积的高关断电压（12.5kV）等关键技术；基于 12 ~ 15kV SiC IGBT 的突破，使其有望在格栅互联电网的智能变电站中发挥更大的作用[51]。

砷化镓单晶材料具有耐高温、抗辐射能力强的特征，广泛应用于 LED 光电材料中。近年来，随着第三代半导体材料 GaN 在应用上的突破和蓝光、绿光、白光发光二极管的相继问世，GaN 基的 LED 将取代白炽灯和荧光灯成为照明市场的主导，促进新兴半导体照明产业的崛起。

近年来，太阳能电池材料成为研究热点。太阳能电池的发展经历了从最初的晶体硅（单晶硅、多晶硅）太阳能电池到现在的薄膜太阳能电池（硅基类、无机化合物类、有机类、染料敏化类）。其中，GaAs 太阳能电池单结电池效率已经超过 25%，和理论值相当，已经成为航天飞行器的空间主电源。新材料制成的太阳能电池层出不穷，其中虽然多元化合物制备的太阳能电池转换率高，但因材料制备加工要求苛刻，工艺复杂，有毒，不适合在民用市场广泛发展，而聚合物和染料敏化太阳能电池起步均较晚，技术尚不成熟，距离大规模的工业化生产仍有距离[52, 53]。

以 ZnO 等为代表的压敏半导体陶瓷材料因其优良的非线性欧姆特性，用于抑制电压浪涌及过电压保护。近年来，关于压敏半导体材料的基础理论研究有所减少，但在压敏材料的制造工艺、纳米粉料的制备以及数字模拟技术方面取得了很大进步。许多新的微观表征技术直接从原子尺度探测材料，对于进一步理解压敏半导体材料有很大的帮助。目前，压敏陶瓷材料的研究集中在各种新型压敏陶瓷材料、高梯度 ZnO 压敏电阻材料及阀片、低压压敏电阻器和微型压敏电阻器的开发，以及作为高分子复合材料中的功能性填充物等方面。伴随着 p 型 ZnO 薄膜材料的新发现，对 ZnO 的新一轮研究已经开始。

当前，基于量子效应、库伦阻效应以及非线性光学效应等的低维纳米半导体材料逐渐成为人们在半导体材料领域的研究热点，以此材料为基础的新一代微电子、光电子器件和电路的发展与应用极有可能触发新的技术革命。这些新型半导体材料将会随着研究的不断深入而获得广泛的应用，推动半导体材料进一步发展。

（五）新能源材料

1. 太阳能电池材料

近年来，有机太阳能电池材料逐渐成为研究热点。将掺杂稀土氟化物（YF3:Eu3+）引入染料敏化电池的光阳极，利用掺杂稀土化物的转换发光和掺杂效应双功能，可显著提高电池的光电转化效率[54]；与未掺杂体系比较，掺 YF3:Eu3+ 电池的光电转化效率提高了 35%。我国研究人员设计合成了一系列一维 D–A–D 有机小分子电子给体，与富勒烯衍生物电子受体 PC71BM 共混制备的全小分子电池效率可达 3.7%[55]；用该电子给体与 PC71BM 共混制备的全小分子太阳能电池，在未经任何后处理的情况下，能量转换效率高达 4.3%，为基于同类型太阳能电池的最高效率。我国研究者的相关成果已经引起了国际上的广泛关注，在今后的研究中，有机小分子太阳能电池材料的性能有望得到进一步改善从而推动其应用。

2. 燃料电池材料

在经历了质子交换膜燃料电池的研究热潮以后，第三代燃料电池——固体氧化物燃料电池正在引起人们的广泛关注。固体氧化物燃料电池是一种直接将储存在燃料和氧化剂中的化学能高效、环境友好地转化成电能的全固态化学发电装置，其单体主要由电解质、阳极或燃料极、阴极或空气极和连接体或双极板组成。对中温固体氧化物燃料电池的传统连接材料 $LaCrO_3$ 进行掺杂改性[56]，可以开发新型混合稀土陶瓷连接材料（$Pr_{0.5}Nd_{0.5}$）$_{0.7}Ca_{0.3}CrO_3$，该材料在电池共烧温度下，具有与其他组件很好的高温化学稳定性和匹配性，可获得致密连接材料薄膜。而通过中温固体氧化物燃料电池阴极材料 $LaSrCoO_4$ 经氢化物改性后[57]，在中温范围内具有良好的氧化还原反应催化性，加入高活性纳米银离子可使其电化学性能得到进一步提高。

三、国内外研究进展比较

国外对纳米电介质的研究不仅局限在对复合物基本介电性能的基础上，除了对其基本理论进行拓展和进一步验证，还从其生物领域的应用、极限环境的影响和分散技术的提高等方面入手，提出一些新的探讨。基本性能方面，日本早稻田大学在纳米电介质材料方面有深厚的研究基础，在典型双酚A环氧树脂基体上分别填充氧化铝、二氧化钛和二氧化硅，对比了三种填料对复合材料介电性能的影响[58]。英国南安普顿大学验证了纳米二氧化硅掺杂对聚乙烯复合材料介电响应和吸水性的影响[59]。制备技术方面，美国伦斯勒理工学院在单峰聚二甲基硅氧烷刷接枝的基础上，进一步通过理论计算和实验观察完成了表面双峰配位技术，得到了分散性良好的高折射率纳米复合材料[60]。日本Kobayashi A.等[61]也提出了一种新的微/纳米掺杂的热辐射交联方法。其他领域应用方面，日本Shundo C.等[62]从小鼠的胚胎干细胞中的毒性评价了磁铁矿纳米粒子的性能，预计了其在医疗领域的应用；Karpagam R.等[63]也探讨了伽马射线对环氧树脂复合材料电气和机械性能的影响，考虑了纳米电介质在辐射环境下的应用问题。上述研究对我国学者探索纳米复合电介质未来的方向有一定的指引作用和参考价值。

除了纳米复合电介质外，电荷输运和空间电荷作为研究电介质材料的一个基本理论和有效方式，一直受到国内外学者的青睐。英国南安普顿大学从伽马射线入手，探索了其对低密度聚乙烯中空间电荷捕获特性的影响，提出了伽马射线曲线族作为陷阱能级表征手法的设想[64]。荷兰NATL研究所发现了一种三维计算电力电缆绝缘层中水树附近空间电荷电场和击穿电压的方法[65]。法国图卢兹大学通过对聚乙烯基体中双极性空间电荷的瞬态和稳态限制电流进行研究，描述了两种典型陷阱能级分布模型，并证实了陷阱分布对空间电荷限制电流的影响[66]。半导体材料中空间电荷的影响尤其是国外最近研究的重点：英国伦敦大学通过电子器件的电压—电流曲线的数值模拟修正了有机半导体中空间电荷限制电流的扩散方程，并对模型进行拟合讨论对太阳能电池材料聚苯乙炔光电流与带点缺陷的情况[67]。阿尔及利亚Saadoune A.等[68]提出了用有效空间密度取代耗尽电压对半导体材料损伤情况进行评价的方法。美国康奈尔大学则探索了硅电容和晶体管栅极绝缘体间的相变材料中空间电荷极化对介电响应的影响情况，认为空间电荷极化诱导对低频介电常数起主要影响作用，且与氧空位等的存在导致的不稳定状态有关[69]。此外还有对油纸绝缘电介质中油老化对空间电荷的形成和迁移行为的影响等研究，从各种绝缘介质角度对空间电荷的产生、性质和影响因素等方面进行了理论阐述和实验验证。

学术研究与实际应用是分不开的，由于未来社会对环境友好材料、高介电常数材料和极端环境下绝缘材料等方面的需求越来越大，国外学者对电介质材料的研究也不局限于基本的陶瓷、聚合物等，除纳米电介质以外，还采用共混、掺杂、涂覆等方法对基本材料进行改性，以进一步提高材料性能，并实现环境友好等方面要求。英国南安普顿大学将高密度和低密度聚乙烯以20∶80进行共混，并进行非等温结晶处理，得到具有高击穿强度和高温力学刚度的慢结晶聚乙烯材料，作为可回收利用的新型电缆材料替代交联聚乙烯，指引了环境友好材料的一种新的可能[70]。日本青山学院改变复合石墨的排列方向、匹配2.0GHz频率，得到了一种具有交叠结构的超薄高介电常数微波吸收材料[71]。美国康奈尔大学也通过复合石墨烯和四氧化三铁，得到了 GNS-Fe$_3$O$_4$/SPS 高介电常数材料，比纯 SPS 高 42 倍[72]。这些高介电常数材料的应用对于电力器件小型化、轻型化起到了良好作用。关于极端环境下绝缘材料性质的探索，国外学者对高温、辐照等情况下材料介电性能的改变和改进方法进行了研究。德国齐根大学通过使用电子回旋共振等离子体辅助在金属和陶瓷基片上形成无定型、高硬度、耐氧化的 Si-BCNO 涂层，并对这种几十个纳米厚度的涂层进行了高温下摩擦性能的评估[73]。Karpagam R. 等对环氧树脂复合材料在伽马射线辐照之下的电气和机械性能的变化进行了分析和实验探索[70]，对辐照条件下复合材料的改性有了更深的理解。

国外学者近期对于导电材料的研究重点集中在碳纤维和导电高分子上。韩国 Yang SH 等对具有高导电性的碳纤维增强复合聚合物的电磁波反射系数进行了检测[74]。波兰西波美拉尼亚大学对单壁碳纳米管进行选择性氧化，从而影响半导电纳米管电化学性质[75]。西班牙 Miranzo P. 等用一种新型的单步法将石墨烯和 SiC 进行纳米复合，得到导电性能明显增强的石墨/碳化硅纳米复合材料[76]。导电高分子材料由于具有良好的导电性和电化学可逆性，可用作充电电池的电极材料。澳大利亚联邦科学与工业研究组织 Graeme A 等研究了利用导电聚合物制作电极的超级电容器，他们对现有的主要导电聚合物材料，如聚苯胺、聚吡咯、聚噻吩以及聚噻吩衍生物进行了一系列的实验，发现导电聚合物超级电容器具有较高的贮能密度和电容，同时能够相对较快地提供能量。并且与金属氧化物相比，成本更低，机械性能更优异，往往导电性能也更优异。这些高导电性新材料可以用在微机电系统、制动系统、微型涡轮机或微型转子等特殊电学领域。

关于半导体材料性质的研究，国外学者不仅将目光局限在三代半导体材料的介电特性上，更从光学等方面特性进行探索，力图将电、光、热、力统一起来。除 ISIK M. 等[77] 对 Ga$_{0.75}$In$_{0.25}$Se 单晶的空间电荷限制电流、电阻的温度依赖性和光电导进行了测量外，美国物理研究所使用飞秒探测脉冲对高纯度单壁碳纳米管半导体的相干单色光特性的探索[78]、德国 Verdenhalven E. 等[79]对半导体和金属碳纳米管的激子吸收强度的计算等都是学者们不同领域的尝试。

国外学者对磁性材料的研究经常与半导体材料相结合，并采取纳米掺杂等手段研究材料的电磁性能。韩国浦项大学利用 X 射线吸收精细结构研究了 n 型铁磁薄膜 Zn$_{1-x}$Co$_x$O 中的钴离子分布情况，认为钴离子占据了薄膜中的锌离子位，并且钴和锌离子是不均匀分布的[80]。美国弗吉尼亚联邦大学根据密度泛函理论计算了过渡金属掺杂碲化锌纳米线结构的电磁特性[81]，进一步揭示了掺杂结构的反铁磁性质。

太阳能作为一种可持续清洁能源一直是新能源材料的首要考虑方向，美国新泽西理工学院对在 n（+）-CdS/p-CdTe 薄膜上蒸发铜作为主要接触材料的太阳能电池进行了 TDCS 测试，作为空间电荷层厚度和陷阱深度的表征方式[82]。西班牙 Garcia R.A. 等对 a-Si:H 结太阳能电池的结构进行了模拟[83]。美国 Alam M.K. 等则采用亚晶胞互联结构对多结太阳能电池的结构进行了优化[84]。除了太阳能电池，新型燃料电池也是近年新能源材料的研究热点。英国的 Vepa R.，德国的 Schultze M.，法国的 De Bernardinis A. 和西班牙的

Eric D. Wachsman 等[85]分别从状态估计、反馈回路、电气结构和降低燃料电池工作温度等角度进行了研究，讨论了燃料电池电化学性能的改善方法，并拓宽了燃料电池的应用领域。

四、发展趋势及展望

（一）电工材料微纳米层次的尺度效应与界面效应

传统的电工材料介电理论服从热力学极限的宏观体系，其几何尺度远大于其物理尺度，因此传统的介电理论并未涉及材料尺度与物理尺度相近时的介电现象与输运特性的研究。近年来，研究微纳米结构特别是表面及界面结构对电工材料的介电、击穿、老化等特性的影响已经成为电气工程学科发展的前沿与热点。

研究电工材料表面与界面的特性与作用。组成界面的各相均有自己的热力学性质，纳米或分子尺度的相界面属于过渡区，有必要开展过渡的长程相互作用力对电工材料纳米尺度结构介电性能的影响规律和机理的研究。此外，过渡区微结构中存在界面相间的相互作用，需要深入研究复合材料（0-3 结构）、界面相作为被动电介质和界面作为敏感单元等条件下界面相间相互作用的特性。

研究电工材料极化的尺度效应。对液体、高聚物和铁电薄膜的研究均表明，纳米尺度的限域将使分子协同运动尺寸下降，分子链取向发生极大改变。因此，很有必要开展微纳米尺度范围内电工材料极化的新特点研究，从而进一步丰富介电理论。

研究电工材料输运过程中的尺度效应。主要研究载流子扩散输运中的界面及其调控作用、电极表面场发射及导电的尺度效应。

研究电工材料击穿和破坏过程中的尺度效应。包括击穿过程的典型尺度判据、纳米尺度的界面击穿或弱点击穿、表面（沿面）闪络放电、不同尺度的放电特性等。

研究电工材料老化过程中的尺度特征。包括老化尺度特征、纳米尺度缺陷的空间电荷老化特征等，特别注意缺陷从原子、分子、纳米级微缺陷、微 / 纳米级缺陷到寿终期和事故期的变化过程。

（二）极端条件（高温、高真空、空间等）下的电工材料特性

以研究高功率陡脉冲、辐照以及相关极端条件（高温、高真空、空间等）典型电工材料中电荷的产生、迁移、积累、分布规律对材料介电性能的影响规律为主线，研究不同脉冲宽度的陡脉冲及其协同因子作用下的电工材料的沿面闪络机理、研究空间环境中辐照导致电工材料老化与破坏机理、研究辐照老化过程中陡脉冲协同作用导致电工材料的破坏规律、研究极端条件下电工材料介电性能与剩余寿命的表征方法，建立起电工材料在极端条

件下的性能演变的微观机制、介观机制和宏观机制之间的联系，以支撑新型电工材料设计制备和新型绝缘结构的设计开发。

针对高温、高真空、空间环境中广泛应用的典型电工材料（环氧体系、氟塑料体系、交联聚苯乙烯、介电陶瓷等），研究不同的微/纳米共混改性技术、电工材料表面处理技术、表面高介电性能材料涂层技术等对材料介电性能的提高成效，研究高介电性能梯度陶瓷和铁电陶瓷的性能设计和材料制备技术，全面提高现有电工材料的介电性能、闪络击穿特性、耐老化特性，以适应武器装备高性能、小型化设计的需要。

以高介电性能设计为核心，通过多应力场（电场、磁场、力场、热场等）仿真，从体积绝缘和表面绝缘两个不同角度，设计、开发高性能武器装备用新型电工材料绝缘结构。

（三）导热绝缘材料

随着电机电压等级和容量的提高、电子集成密度的增加、LED封装功率的增大，采用有效方法解决结构散热和研制导热绝缘材料成为当务之急，也是世界各国电工绝缘材料研究的热点，其发展方向主要有：

1）纳米导热填料及其分散技术。研究导热填料的热导率、纯度、分散性等对聚合物复合材料导热性的影响，研究填料的表面处理技术及其对分散性和导热性能的影响，研究无机填料的纳米化及添加量对复合材料导热性能的影响。

2）高取向导热填料。设计并研究结晶取向度高、结晶完整的纤维状导热填料对纤维轴向及其他方向上导热率的影响规律和机制，研究高取向导热填料的添加量和表面处理技术对于不同方向导热性能的影响。

3）新型导热树脂。研究树脂分子结构中引入苯、萘、蒽等刚性结构对分子链规整性和导热性的影响，研究液晶或结晶型树脂的导热性能。研究开发具有热固性的液晶，固化后具有规整性或结晶结构的树脂，对其导热性和电气浇注、浸渍技术等的关联开展研究。研究在新型导热树脂中添加导热填料进而更大幅度提高其导热性的新方法和新技术。

4）填料改性及传热结构的设计。研究导热填料的表面改性、各种形状和尺寸导热填料的配合使用等对提高其分散性和导热性的作用，研究导热填料的组装控制和最佳填充效果，研究声子传热的最佳通道及其与导热性能的关系。

参 考 文 献

［1］李盛涛，尹桂来，王威望，等. 纳米复合电介质的研究进展及思考［C］// 第十三届全国工程电介质学术会议，2011.

［2］S. T Li, G. L. Yin, G. Chen, et al. Short-term Breakdown and Long-term Failure in Nanodielectrics: A Review［J］. IEEE Tran. Dielectr. Electr. Insul., 2010, 17: 1523-1535.

［3］S. T. Li, G. L. Yin, Y. X. Zhang, et al. A New Potential Barrier Model in Epoxy Resin Nanodielec［J］.

IEEE Tran. Dielectr. Electr. Insul., 2011, 18: 1535–1543.

[4] 赵洪, 徐明忠, 杨佳明, 等. MgO/LDPE 纳米复合材料抑制空间电荷及电树枝化特性 [J]. 中国电机工程学报, 2012, 32: 196–202.

[5] J. W. Zha, H. T. Song, Z. M. Dang, et al. Mechanism analysis of improved corona–resistant characteristic in polyimide/TiO$_2$ nanohybrid films [J]. Appl. Phys. Lett., 2008, 93: 192911.

[6] 罗杨, 吴广宁, 彭佳, 等. 聚合物纳米复合电介质的界面性能研究进展 [J]. 高电压技术, 2012, 38: 2455–2464.

[7] 张剑秋, 蔡培, 俎建华, 等. 苯酚介质中双酚 A 缩水甘油醚／乙二胺环氧树脂降解工艺与动力学研究 [J]. 高校化擘工程学报, 2012, 26: 353–359.

[8] 李剑, 张召涛, 邹平, 等. 植物油纸绝缘的介电与热稳定性能 [J]. 电力科学与技术学报, 2010, 25: 75–80.

[9] 李剑, 陈晓陵, 张召涛, 等. 植物油纸绝缘的微水扩散特性 [J]. 高电压技术, 2010, 36: 1379–1384.

[10] 张刘春, 肖登明, 张栋, 等. c-C$_4$F$_8$/CF$_4$ 替代 SF$_6$ 可行性的 SST 实验分析 [J]. 电工技术学报, 2008, 23: 14–18.

[11] 王亚军, 武晓娟, 雷庆轩. 高储能密度钛酸钡基复合材料 [J]. 科技导报, 2012, 30: 65–71.

[12] J. Y. Li, X. T. Zhao, S. T. Li, et al. Intrinsic and Extrinsic Relaxation of CaCu$_3$Ti$_4$O$_{12}$ Ceramics: Effect of Sintering [J]. J. Appl. Phys., 2010, 108: 104.

[13] 叶中郎, 朱泽华, 高红霞, 等. 液相法制备 CCTO 及其巨介电机理的研究 [J]. 功能材料与器件学报, 2011, 17: 436–439.

[14] 苑金凯, 党智敏. 高储能密度全有机复合薄膜介质材料的研究 [J]. 绝缘材料, 2008, 41: 1–4.

[15] S. H. Yao, Z. M. Dang, M.J. Jiang, et al. BaTiO$_3$–carbon nanotube/polyvinylidene fluoride three phase composites with high dielectric constant and low dielectric loss [J]. Appl. Phys. Lett., 2008, 93: 182905.

[16] Zhi-Min Dang, Jin-Kai Yuan, Jun-Wei Zha, et al. Fundamentals, processes and applications of high–permittivity polymer–matrix composites [J]. Progress in Materials Science, 2011, 57: 660–723.

[17] 李楠, 赵华鹏. 含氟聚酰胺酰亚胺自粘电磁漆的合成与性能研究 [J]. 现代涂料与涂装, 2010, 13: 1–9.

[18] 樊良子, 虞鑫海, 吴爽, 等. 耐高温漆包线漆的研究进展 [J]. 绝缘材料, 2012, 45: 30–33.

[19] 夏正军, 周井隆, 常恩泽, 等. 耐高温阻燃电缆料的研究 [J]. 现代塑料加工应用, 2011, 23: 24–27.

[20] 胡乃昌. 阻燃型乙丙橡胶的电绝缘性能的研究 [J]. 化学工程师, 2010, 176: 68–69.

[21] 王之碹, 邱捷, 吴招座, 等. 冷绝缘超导电缆绝缘材料测试综述 [J]. 超导技术, 2008, 36: 14–18.

[22] 牛田野, 张贵峰, 张皓. 液氮中绝缘材料的击穿特性研究 [J]. 电工文摘, 2010, 5: 68–70.

[23] 董冰冰, 蒋兴良, 盛道伟, 等. LXY4—160 型绝缘子串覆冰操作冲击闪络特性 [J]. 高电压技术, 2013, 39: 54–59.

[24] 周远翔, 王宁华, 王云杉, 等. 固体电介质空间电荷研究进展 [J]. 电工技术学报, 2008, 23: 17–19.

[25] 陈广辉, 王安妮, 李云强, 等. 交流电场下 XLPE 绝缘空间电荷研究综述 [J]. 电网与清洁能源, 2012, 28: 31–34.

[26] 夏俊峰. 低密度聚乙烯中空间电荷界面注入与体输运的仿真与实验研究 [J]. 上海: 同济大学, 2010.

[27] 周渠, 伍能成, 廖瑞金, 等. 不同交联程度交联聚乙烯的空间电荷特征 [J]. 高电压技术, 2013, 39: 294–300.

[28] 沈健. 低密度聚乙烯／蒙脱土纳米复合材料空间电荷特性研究 [D]. 重庆: 重庆大学, 2011.

[29] G. M. Nie, H. J. Yang, S. Wang, et al. High–quality inherently organic conducting polymers electrosynthesized from fused–ring compounds in a new electrolytic system based on boron trifluoride diethyl etherate [J]. Critical Reviews in Solid State and Materials Sciences, 2011, 36: 209–228.

[30] G. M. Nie, L. J. Zhou, Q. F. Guo, et al. A new electrochromic material from an indole derivative and its application in high–quality electrochromic devices [J]. Electrochemistry Communications, 2010, 12: 160–163.

[31] G. M. Nie, L. J. Zhou, H. J. Yang. Electrosynthese of a new polyindole derivative obtained from 5–formylindole and its electrochromic properties [J]. Journal of Materials Chemistry, 2011, 21: 13873–13880.

［32］C. X. Fan, H. B. Qiu, J. F. Ruan, et al. Formation of Chiral Mesopores in Conducting Polymers by Chiral-Lipid-Ribbon Templating and Seeding Route ［J］. Advanced Functional Materials, 2008, 18: 2699-2707.

［33］王睿, 万怡灶, 何芳, 等. 碳纤维连续镀镍生产工艺及其屏蔽复合材料［J］. 复合材料学报, 2010, 27: 19-23.

［34］周勇. 镀镍碳纤维/环氧树脂复合材料的制备及吸波性能研究［D］. 武汉: 武汉理工大学, 2011.

［35］X. H. Chen, T. Wu, G. Wu. Superconductivity at 43 K in $SmFeAsO_{1-x}F_x$［J］. Nature, 2008, 453: 761-762.

［36］李贻杰. 第二代高温超导带材功能层制备关键技术研究［J］. 中国科技成果, 2013, 4: 25-29.

［37］Y. Z. Zheng, X. Wei, M. L. Tong, et al. A two-dimensional Iron (II) carboxylate linear chain polymer that exhibits a metamagnetic spin-canted antiferromagnetic to single-chain magnetic transition［J］. Inorg. Chem., 2008, 47: 4077-4087.

［38］YUE Y F, Gao E Q, FANG C J, et al. Three azido-bridged Mn (II) complexes based on open-chain diazineschiff-base ligands:crystal structures and magnetic properties［J］. Cryst. Growth Des., 2008, 8: 3295-3301.

［39］ISHII N, OKAMURA Y, CHIBA S, et al. Giant coercivity in a one-dimensional cobalt-radical coordination magnet［J］. J. Am. Chem. Soc., 2008, 130: 24-25.

［40］庞雪, 申前进, 孙豪岭. 卤键驱动的氮氧自由基与1,4-二碘全氟苯复晶磁性材料的研究［C］// 中国化学会第28届学术年会第15分会场摘要集, 2012.

［41］冯娟, 刘俊成. 非晶合金的制备方法［J］. FOUNDRY TECHNOLOGY, 2009, 30: 486-489.

［42］闫相全, 宋晓艳, 张久兴. 块体非晶合金材料的研究进展［J］. 稀有金属材料与工程, 2008, 37: 931-936.

［43］Qiaoshi Zeng, Hongwei Sheng, Yang Ding. Long-Range Topological Order in Metallic Glass［J］. SCIENCE, 2011: 1404-1406.

［44］李卫, 朱明刚. 高性能金属永磁材料的探索和研究进展［J］. 中国材料进展, 2009: 62-65.

［45］Jin Woo Kim, Sun Yong Song, Young Do Kim. Effect of cyclic sintering process for NdFeB magnet on microstructure and magnetic properties［J］. J. of Alloys Compd., 2012, 540: 141-144.

［46］Shu-li He, Hong-wei Zhang, Chuan-bing Rong. Investigation on magnetic properties of oriented nanocomposite $Pr_2Fe_{14}B/\alpha$-Fe permanent magnets by micromagnetic finite-element method［J］. Journal of Magnetism and Magnetic Materials, 2012, 324: 3966-3969.

［47］Zhe-Xu Zhang, Xiao-Yan Song, Wen-Wu Xu. Phase constitution, evolution and correlation with magnetic performance in nominal $SmCo_{9.8}$ alloy［J］. J. of Alloys Compd., 2012, 539: 108-115.

［48］Liyun Zheng, Baozhi Cui, Lixin Zhao. Sm_2Co_{17} nanoparticles synthesized by surfactant-assisted high energy ball milling［J］. J. of Alloys Compd., 2012, 539: 69-73.

［49］代淑芬. 半导体硅材料的发展现状及趋势［J］. 无锡南洋学院学报, 2008, 7: 30-32.

［50］李亮, 默江辉, 邓小川, 等. 8.9W/mm高功率密度SiC MESFET器件研制［J］. 半导体器件, 2013, 38: 20-24.

［51］赵正平. SiC新一代电力电子器件的进展［J］. 半导体技术, 2013, 38: 81-88.

［52］李丽, 张贵友, 陈人杰, 等. 太阳能电池及关键材料的研究进展［J］. 化工新型材料, 2008, 36: 1-4.

［53］章诗, 王小平, 王丽军, 等. 薄膜太阳能电池的研究进展［J］. 材料导报, 2010, 24: 126-131.

［54］J. H. Wu, G. T. Yue, Y. M. Xiao, et al. An ultraviolet responsive hybrid solar cell based on titania/poly (3-hexylthiophene)［J］. Scientific Reports (Nature Series), 2013, 3: 1-6.

［55］Y. Lin, Y. Li, X. Zhan. Small molecule semiconductors for high-efficiency organic photovoltaics［J］. Chemical Society Reviews, 2012, 41: 4245-4272.

［56］Y. D. Ding, X. Y. Lu, Y. H. Chen, et al. Stable and easily sintered $(Pr_{0.5}Nd_{0.5})_{0.7}Ca_{0.3}CrO_{3-\delta}/Sm_{0.2}Ce_{0.8}O_{1.9}$ composite interconnect materials for IT-solid oxide fuel cells［J］. Journal of Power Sources, 2011, 196: 2075-2079.

［57］ B. Peng, G. Chen, T. Wang, et al. Hydride reduced LaSrCoO$_{4-\delta}$ as new cathode material for Ba（Zr$_{0.1}$Ce$_{0.7}$Y$_{0.2}$） O$_3$ based intermediate temperature solid oxide fuel cells［J］. Journal of Power Sources, 2012, 201：74-178.

［58］ J. Katayama, Y. Ohki, N. Fuse. Effects of Nanofiller Materials on the Dielectric Properties of Epoxy Nanocomposites［J］. IEEE Tran. Dielectr. Electr. Insul., 2013, 20：157-165.

［59］ K. Y. Lau, A. S Vaughan, G. Chen. On the dielectric response of silica-based polyethylene nanocomposites［J］. Journal of Physics D-Applied Physics, 2013, 46：122-127.

［60］ Li Y., Tao P., Viswanath A. Bimodal Surface Ligand Engineering: The Key to Tunable Nanocomposites［J］. LANGMUIR, 2013, 29：1211-1220.

［61］ A. Kobayashi, A. Oshima, S. Okubo. Thermal and radiation process for nano- /micro- fabrication of crosslinked PTFE. Nuclear Instruments and Methods In Physics Research Section B-Beam［J］. Interactions With Materials and Atoms, 2013, 295：76-80.

［62］ C. Shundo, H. Zhang, T. Nakanishi. Cytotoxicity evaluation of magnetite（Fe$_3$O$_4$）nanoparticles in mouse embryonic stem cells［J］. Colloids And Surfaces B-Biointerfaces, 2012, 97：221-225.

［63］ R. Karpagam, R. Sarathi, T. Tanaka. Understanding the impact of gamma irradiation on electrical and mechanical properties of epoxy nanocomposites［J］. Journal of Applied Polymer Science, 2012, 125：415-424.

［64］ Tang Chao, Liao Ruijin, Zhou Tianchun. Influence of Gamma Irradiation on Space Charge Trapping Characteristics in Low Density Polyethylene［J］. Proceedings of the CSEE, 2012, 32：188-194.

［65］ C. Stancu, P. V. Notingher, P. Notingher. Influence of space charge related to water trees on the breakdown voltage of power cable insulation［J］. Journal of Electrostatics, 2013, 71：145-154.

［66］ C. Laurent, G. Teyssedre, S. Le Roy. Charge Dynamics and its Energetic Features in Polymeric Materials［J］. IEEE Tran. Dielectr. Electr. Insul., 2013, 20：357-381.

［67］ T. Kirchartz. Influence of diffusion on space-charge-limited current measurements in organic semiconductors［J］. Beilstein Journal of Nanotechnology. 2013, 4：180-188.

［68］ A. Saadoune, S. J. Moloi, K. Bekhouche. Modeling of Semiconductor Detectors Made of Defect-Engineered Silicon: The Effective Space Charge Density［J］. IEEE Transactions on Device and Materials Reliability, 2013, 13：1-8.

［69］ S. H. Lee, M. Kim, S. D. Ha. Space charge polarization induced memory in SmNiO$_3$/Si transistors［J］. Applied Physics Letters, 2013, 102：72-77.

［70］ C. D. Green, A. S. Vaughan, G. C. Stevens. Recyclable Power Cable Comprising a Blend of Slow-crystallized Polyethylenes［J］. IEEE Tran. Dielectr. Electr. Insul., 2013, 20：1-9.

［71］ T. Fujita, T. Yasuzumi, Y. Tsuda. Alternate Lamination of High-Permittivity Dielectric Materials for Super Thin Wave Absorber［C］. 2012 7th European Microwave Integrated Circuits Conference, 2012：786-789.

［72］ F. He, K. Lam, D. Ma. Fabrication of graphene nanosheet（GNS）-Fe$_3$O$_4$ hybrids and GNS-Fe$_3$O$_4$/ syndiotactic polystyrene composites with high dielectric permittivity［J］. CARBON, 2013, 58：175-184.

［73］ H. Abu Samra, A. Kumar, J. Xia. Development of a new generation of amorphous hard coatings based on the Si-B-C-N-O system for applications in extreme conditions［J］. Surface & Coatings Technology, 2013, 223：52-67.

［74］ S. H. Yang, K. B. Kim, H. G. Oh. Non-contact detection of impact damage in CFRP composites using millimeter-wave reflection and considering carbon fiber direction［J］. NDT & E International, 2013, 57：45-51.

［75］ P. Lukaszczuk, E. Mijowska, R. Kalenczuk. Selective oxidation of metallic single-walled carbon nanotubes［J］. Chemical Papers, 2013, 67：1250-1254.

［76］ P. Miranzo, C. Ramirez, Roman-Manso B. Insitu processing of electrically conducting graphene/SiC nanocomposites［J］. Journal of the European Ceramic Society, 2013, 33：1665-1674.

［77］ M. Isik, N. M. Gasanly. Temperature-dependent electrical resistivity, space- charge-limited current and photoconductivity of Ga$_{0.75}$In$_{0.25}$Se single crystals［J］. Physica B-Condensed Matter, 2013, 421：53-56.

［78］ Y. Honda, E. Maret, A. Hirano. Coherent monochromatic phonons in highly purified semiconducting singlewall carbon nanotubes［J］. Applied Physics Letters, 2013, 102: 209-222.

［79］ E. Verdenhalven, E. Malicacute. Excitonic Absorption Intensity of Semi-conducting and Metallic Carbon Nanotubes［J］. Journal of Physics: Condensed Matter, 2013, 25: 245-302.

［80］ S. Y. Seo, E. S. Jeong, C. H.Kwak. X-ray absorption fine structure study of cobalt ion distribution in ferromagnetic $Zn_{1-x}Co_xO$ films［J］. Journal of Physics: Condensed Matter, 2013, 25: 256-261.

［81］ Mukherjee P., Gupta B.C., Jena P. Electronic and magnetic properties of pristine and transition metal doped ZnTe nanowires［J］. Journal of Physics: Condensed Matter, 2013, 25: 266-269.

［82］ P. R. Kharangarh, D. Misra, G. E. Georgiou. Characterization of space charge layer deep defects in n(+)-CdS/p-CdTe solar cells by temperature dependent capacitance spectroscopy［J］. Journal of Applied Physics, 2013, 113: 144-151.

［83］ R. Vepa, Mary Queen. Adaptive State Estimation of a PEM Fuel Cell［J］. IEEE Transactions on Energy Conversion, 2012, 27: 457-467.

［84］ M. Schultze, S. Helmut, J. Horn PEM fuel cell system power control based on a feedback-linearization approach［C］. 2012 20th Mediterranean Conference on Control and Automation, 2012: 439-444.

［85］ A. De Bernarldinis, E. Frappe, O. Bethoux. Electrical architecture for high power segmented PEM fuel cell in vehicle application［C］// 2012 1st International Conference on REVET, 2012: 15-22.

撰稿人: 李盛涛 李建英 徐 曼 赵学童

于是乎 贾 然 蔺家骏

电力储能技术

一、引言

化石能源储量的限制，环境的压力，用电需求的迅速增加等因素，促使发电用一次能源将向多元化发展。根据我国"节能减排'十二五'规划"，至2015年，非化石能源消费总量要占到一次能源消费比重的11.4%，可再生能源发电和基于化石能源的高效发电将在电力系统中得到广泛应用，这种趋势将导致电网的结构、运行、管理、控制方式发生变革，电力储能系统将成为未来电网中的关键装备。储能在电力系统中将发挥如下作用：一是抑制风能、太阳能等可再生发电的波动性、随机性和间歇性，增大其接入比例；二是减小负荷峰谷差，提高系统效率以及输配电设备的利用率；三是靠近用户端的分布式储能系统，使得电力供应变得灵活，不仅有助于改善供电可靠性和电能质量，还可以满足用户对电能的个性化和互动化需求；四是增大系统的备用容量，提高电网的安全稳定裕度[1-3]。

按照能量转换形式，储能可以分为物理储电、化学储电和电磁储电三类（表1）。

表1 储能类型

储能类型	技 术 名 称
物理储能	抽水蓄能、压缩空气储能、飞轮储能
化学储能	铅蓄电池、锂离子电池、液流电池、钠硫电池
电磁储能	超级电容器、超导储能

就现有各种电力储能技术而言，每种储能技术都有它的优势和不足，均有其适用场合。当多种储能技术在电网中互补应用时，它们的潜力可以得到充分发挥，是更加理想的应用方式，也是我们应对电网规模不断扩大、可再生能源发电大量接入、电网安全稳定和电能质量问题日益突出等问题的研究探索方向。

二、我国的发展现状

近年来，针对可再生能源发电大规模并网和电动汽车储电等国家能源电力重大需求，国家电网公司、南方电网公司、中科院、高校和一些高新技术企业均开展了大容量电力储能技术的研发和示范工作[4]。

（一）抽水蓄能

目前，我国抽水蓄能电站的土建设计和施工技术已经处于世界先进水平，机组核心设备的国产化进程正在加快，设备安装水平正在大幅度地提高，在25万千瓦以下的抽水蓄能机组监控、励磁、调速、保护及自动化系统中国产化达到一定水平，但有待提高，而25万千瓦及以上设备国产化在国内尚属空白，不能适应电网快速发展的需要。目前研究工作主要集中在：高抗拉强度和焊接特性的新材料的开发及运用；水轮机数值仿真与优化设计技术的应用，结构和流体的一体化设计；高水头、高转速、大容量化抽水蓄能机组以及分档或连续变速抽水蓄能机组，沥青混凝土结构在水坝建设中的应用；信息化施工技术，TBM隧道掘进机开挖技术；在系统集成方面主要发展抽水蓄能电站无人化管理以及集中式管理控制技术等[5]。

东方电机厂和哈尔滨电机厂通过技术引进与自主研发，实现了抽水蓄能机组的国产化，并在中低水头抽水蓄能机组研发方面取得了突破性进展，但还不具备高水头/扬程（300m及以上）、单机容量（200MW及以上）蓄能机组的技术储备和生产能力。到2010年底我国投产的抽水蓄能电站共25座，总容量17245MW，在建抽水蓄能电站10座，总容量10400MW。

（二）压缩空气储能技术

我国对压缩空气储能系统的研发和应用起步较晚，目前尚无商业运行的压缩空气储能系统。随着电力储能和可再生能源并网需求的快速增加，压缩空气储能技术相关研究和应用已受到重视，并取得了较好的研究进展[6]。中国科学院工程热物理研究所、华北电力大学、西安交通大学、华中科技大学等单位对压缩空气储能电站的热力性能、经济性能、商业应用前景等进行了研究，但大多集中在理论和小型实验层面。其中，中国科学院工程热物理研究所近几年开始从事液化空气储能和先进超临界空气储能系统的研究，目前15kW超临界压缩空气储能系统已建成并实现实验运行，1.5MW集成示范系统已建成，10MW工程示范项目已启动。此外，巴彦淖尔市人民政府、内蒙古电力（集团）有限责任公司、大唐集团大唐新能源公司正在联合开展200MW级压缩空气储能系统示范工程选址和前期预研。

（三）钠硫电池储能技术

我国钠硫电池储能技术研发总体处于国际先进水平，中科院上海硅酸盐研究所在钠硫电池关键材料、制作工艺、电池模块化、中试生产线、应用示范方面开展了比较系统的研究工作，取得了较好的进展[7]。中科院上海硅酸盐研究所同上海电力公司合资成立了上海钠硫电池储能公司，已建成年产 2MW 钠硫电池能力的中试生产线，成功研制出650A·h 钠硫电池单体电池，能量 1300W·h，最大工作电流 80A，前 200 次循环的退化率 <0.01%，接近国外先进水平。成功制备了 5kW/40（kW·h）级储能电池模块，模块集成了所有控制与电池系统，能独立进行工作，包括保温箱、电池、温控系统、电池切换单元管理、BMS 等，可实现对电池充放电、温度、效率计算等的管理，模块可独立工作，也可实现相互间的组合。基于 5kW 电池模块研制成功 100kW/800（kW·h）钠硫电池储能系统，成为国家电网上海世博园智能电网综合示范工程的一部分。此外，清华大学也在从事钠硫电池的研究工作；北京市佳昊新能源投资有限公司也与中国科学院物理所等科研单位积极合作，致力于钠硫电池的研究。

（四）液流电池储能技术

我国液流电池储能技术研发总体处于国际先进水平，近年来，为解决大规模可再生能源发电并网面临的间歇性和随机波动性等问题，对液流电池的研究和开发工作十分活跃。中国科学院大连化学物理研究所、中国人民解放军防化研究院、清华大学、化工大学、中国地质大学、北京大学、东北大学、中南大学、北京普能世纪科技有限公司等开展了液流储能电池技术的研发和产业化工作[8]。中科院大连化物相继研发成功 10kW 和 22kW 级电堆的全钒液流电池系统，标志我国全钒液流电池系统的研究进入新的发展阶段。北京普能世纪科技有限责任公司是我国全钒液流电池生产的代表企业，该公司为丹麦国家实验室、西班牙国家新能源研究中心等多个智能电网和微网示范项目提供了全钒液流电池系统，并为国家电网公司张北风光储输项目一期提供了 2MW 全钒液流电池。2013 年，由大连融科储能公司负责建设的 5MW/10（MW·h）的液流电池示范工程通过项目验收。防化研究院、清华大学、化工大学等在液流电池新体系方面做了多方面的开创性研究工作，如单液流锌 / 镍储能电池、单液流铜 / 铅储能电池、单液流有机储能电池、单液流四氯醌 / 镉电池等。

（五）锂离子电池储能技术

我国对锂电池技术的主要研究方向包括适合锂离子电池的关键正负极材料、电解质体系、封装材料、器件设计、储能系统设计、全固态电池制造工艺等。锂离子电池的循环寿命在浅充放模式下可以达到 2000 ~ 10000 次充放电循环，能量密度和功率密度分别为

75 ~ 200（W·h）/kg 和 150 ~ 315W/kg[9]。近年来，我国在锂离子电池用于电网储能方面进行了大量的研究与实践。国家电网公司建立了锂离子电池的研究与测试平台，能够对不同生产厂家、不同类型的锂离子电池进行全面的特性实验研究；开展了 20kW 以下级别的锂离子电池成组的研发，为锂离子电池大规模成组奠定了基础；系统分析了不同梯级应用场合对电池性能的要求、影响因素及相关表征量，建立了锂离子电池梯级利用的检测和评价体系。比亚迪公司于 2009 年 7 月率先建成了我国第一座兆瓦级磷酸铁锂电池储能电站，用于平抑峰值负荷以及光伏电站的稳定输出。国家电网公司在张北国家风电研究检测中心电池储能实验室开展了 1MW 锂离子电池系统与风电机组的联合运行实验，以评估锂离子电池在可再生能源发电接入方面的应用。南方电网正在建设 5MW/20（MW·h）锂离子电池储能示范电站，电池采用车用锂离子电池技术，以 10kV 电缆接入深圳 110kV 碧岭站，其主要功能定位为移峰填谷。锂离子电池在我国储能领域获得了广泛的应用，最具影响力和示范意义的张北国家风光储输示范工程（一期）14MW 磷酸铁锂电池储能系统已全部投产。公开数据显示，到 2013 年我国的锂离子电池储能项目已有 20 个，装机总规模达到 39.575MW。

（六）铅碳电池技术

铅碳电池可以克服传统铅酸电池寿命短、能量密度和功率密度低等缺点，近年来受到国内外电池领域重视。中国人民解放军防化研究院、哈尔滨工业大学、华南师范大学、中南大学等单位在负极炭材料、电容器电极与铅酸电池电极的并联方式、电池的设计与制备工艺、掺杂泡沫炭导热、导电性能的影响规律及作用机制、电容炭与铅负极的复合技术等方面开展了深入研究[10]。浙江南都电源动力股份有限公司、浙江天能能源科技有限公司、湖南丰日电源电气股份有限公司、中国人民解放军防化研究院、哈尔滨工业大学、华南师范大学、中南大学等单位投入了研发与产业化推广。

（七）飞轮储能技术

总体上，我国在飞轮储能技术的研究与应用上与国际先进水平相比差距较大，目前大部分研究工作处于关键技术和小容量的原理验证，还没有成熟的飞轮储能装置和产品。我国从事飞轮储能技术研发的单位有：清华大学、北京航空航天大学、中科院电工研究所、海军工程大学、华中科技大学等，在飞轮轴承、转子、系统控制等方面取得了一些研究成果[11, 12]。清华大学在飞轮储能系统设计、关键技术研发、系统试验等方面开展了系统的研究工作，前后研制出 6 套飞轮储能技术系统样机。2008 年研制了一套 1kW·h/20kW 储能飞轮样机，支承方式为永磁卸载结合机械轴承，飞轮体为合金钢，质量 100kg，试验转速达到 280r/s，近期正在开展 100kW 电动/500kW 发电飞轮储能工程样机的研制。中科院电工研究所在电磁浮轴承、超导磁浮轴承、飞轮储能系统控制等方面开展了大量的理论研究与样机试制工作。2013 年研发成功基于钢转子、机械轴承和永磁卸载技术的飞轮储能阵列实验装置，该飞轮储能阵列由 3 个飞轮组成，每个飞轮的功率为 35kW，可利用储能量为 350W·h，转子运行于 4000 ~ 8000rpm 转速区间[9]。

（八）超导储能技术

在超导储能技术领域，国内外的技术水平接近，我国从事超导储能技术研究的单位有中国科学院电工研究所、清华大学、华中科技大学、中国电力科学研究院等。近几年研究工作重点在于超导储能装置的创新结构及其在电网中的应用技术。中国科学院电工研究所在多功能集成的新型超导电力装置上取得了重大突破，在世界上首次提出集成限流和电能质量调节于一体的超导限流—储能系统的原理，并完成了世界首套 100kJ/25（kV·A）超导限流—储能系统样机和实验室测试[13,14]。2008 年年底完成了我国首套 1MJ/0.5(MV·A)高温超导储能系统的研制，该系统为世界第一台实际并网运行的高温超导储能系统，其功率调节系统采用了模块化设计，低温杜瓦实现了零液氦挥发，这些技术均达到了世界领先水平。该系统于 2011 年在甘肃省白银市高技术产业园并网运行至今，实际挂网时间超过了 2000h，验证了其有效性和可靠性。2011 年，中国电力科学研究院开发出 6kJ/20(kV·A)混合高温超导 SMES 原型，并实现动模并网调试试验[9]。

（九）超级电容器储能技术

近几年我国在超级电容器技术研发方面十分活跃，研究重点在电极材料、制备、组装工艺、成组技术、储能系统等，而超级电容器的电极材料研究主要集中在金属氧化物、活性炭材料和导电聚合物及以上三种材料的混合物上[9, 15]。从事超级电容器研发的机构很多，如清华大学、中科院电工所、中科院物理所、中国人民解放军防化研究院、北京理工大学等。从事小容量超级电容器生产的厂家有二三十家，然而，能够批量生产大容量超级电容器并达到实用化水平的厂家只有上海奥威、江苏双登、北京集星、锦州凯美、洛阳凯迈嘉华等几家超级电容器生产厂家。以上所有厂家均生产 C/C 有机体系超级电容器，上海奥威和江苏双登同时也生产 C/Ni（OH）$_2$ 混合型超级电容器。目前，国内 C/C 有机体系超级电容器的能量密度和功率密度分别达到 4.8W·h/kg 和 4.3kW/kg，C/Ni（OH）$_2$ 混合型超级电容器的能量密度和功率密度分别达到 6W·h/kg 和 1kW/kg。总体上讲，我国超级电容器的研发水平与国外还有一定的差距。在超级电容器储能系统研发与示范应用方面，国内也开展了相关的研发与示范工作。超级电容器储能系统的主要应用领域为：电动车、电气化轨道交通、电能质量控制、UPS 等。中国科学院电工研究所成功开发了 70kV·A 基于超级电容器储能的动态电压恢复器，并在国家科技部科技支撑计划的支持下成功开发了 500（kV·A）/ 5（kW·h）的用于磁悬浮列车制定能量吸收和启动支撑的超级电容器储能节电系统。上海润通电动车技术有限公司整体承担、上海奥威科技开发有限公司等多家企业共同参与研发了 10 辆超级电容器公交车，用于上海 11 路公交线路，该公交车上超级電容器的储能规模为 75kW/6.4（kW·h），一次充电公交模式续行里程 7.9km，平均车速 22km/h。

三、国内外发展比较

储能技术种类多，各种储能技术特性和适宜的应用场合各不相同，各国在发展储能技术的过程中，根据各自电网的需求、市场的需求、资源特点等，采取了各自的发展战略。

（一）技术研发重点

从技术角度来看，关键材料、制造工艺和能量转化效率是各种储能技术面临的共同挑战，在规模化应用中还需进一步解决稳定、可靠、耐久性问题。一些影响储能技术规模化应用的重大技术瓶颈还有待解决，比如大型抽水蓄能机组国产化程度较低，关键核心技术仍然掌握在外国厂商手中；压缩空气储能中高负荷压缩机和膨胀机技术，我国尚未完全掌握，系统研发尚处于示范阶段；飞轮储能的高速电机、高速轴承和高强度复合材料等关键技术尚未突破；化学电池储能中关键材料制备与批量化/规模化技术方面同国际先进水平差距较大，包括电解液、离子交换膜、电极、模块封装和密封等；超级电容器中高性能材料和大功率模块化技术以及超导储能中高温超导材料和超导限流技术等均尚未突破。

（二）主导性技术路线

大规模储能技术在全球还处在发展初期，目前市场上约有十几种储能技术，每种技术都有各自的优点和缺陷，还没有形成主导性的技术路线。从美国、日本这一领域过去 20 年的发展来看，各自因地制宜建立不同的机制。日本属于资源缺乏国家，最终选择 NGK 的钠硫电池作为主要的支持技术，其原因之一是钠和硫在海水中就可提取，没有资源限制，适合日本发展。而美国属于资源丰富型国家，电力市场化程度高。因此选取了多种技术共同发展，强调互补性，从应用领域加大支持力度，特别是电力辅助服务与分布式发电应用领域成为了政策的支持重点。我国国内已形成多种技术路线并存的格局，但都缺乏应用实践，能交付成熟产品的公司不多。目前储能技术正处在一个关键时期，一方面大量技术急需应用检验，另一方面应用侧在选择应用不同技术路线时又倍感困惑，这对储能技术的不断创新提出了更高要求，迫切需要开展相关的技术发展路线研究，对储能技术的发展提供指导。

（三）应用示范项目

目前市场上约有十几种储能技术，除抽水蓄能外，当前并没有某一种技术在成本、安

165

全、稳定性等各项指标上占明显优势。我国在储能产业化的领域刚起步，示范项目数量少，规模有限，应用场景不够丰富，应用时间短，缺乏对储能经济性的论证。由于中国电力系统的改革尚未完成，还没有真正形成一个具有市场化运作模式的电力体系。在现有的电力系统模式下，就更难界定储能在发电、输配电和用电环节的应用中到底会给各个参与方带来多少效益，也就无法确定谁应该为储能系统的安装使用来付费。因此，经济性也成为各种技术流派选择的关键问题，成本过高是目前限制各种储能技术推广应用的共同挑战，包括由于不同应用场合对产品的性能、寿命、可靠性要求不同，对关键材料的规格要求也不同，进而存在成本制约；制造工艺的复杂性将增加成本下降的难度；较低的能量转换效率会提高用户的运营成本，降低客户使用的经济性。我国储能投资回报机制体系尚未建立，建设储能设施的成本与运行费用在现有的电价体系中无法找到合理的回报渠道。加之我国各种储能技术示范项目非常少，因此迫切需要开展大量的技术示范研究，以推动储能技术大规模应用和产业化发展。

（四）国内外技术对比

各类储能技术研发与应用情况对比如表 2[16-18]。

表 2　各类储能技术研发与应用情况

类别	国际发展状况	国内发展状况
抽水蓄能	国外技术相对成熟，有健全的配套电价机制。技术水平上日本领先，在高水头水泵水轮机设计技术研究方面取得良好的进展，抽蓄电站机电设备可靠性和自动化水平高，并具有高管理水平	国内的发展主要体现在高水头、高转速、大容量化抽水蓄能机组以及分档或连续变速抽水蓄能机组上、同时发展抽水蓄能电站无人化管理以及集中式管理控制技术
压缩空气储能	全球只有德国 Hundtorf 电站和美国的 Mclntosh 电站实现商业化运行，日本和瑞士等国家在进行小规模示范。国外技术与主要部件均成熟，美国、日本、欧洲在系统设计和运营经验上处于领先地位	目前没有专门的 CAES 设备提供商和建设、运营单位，但核心设备如压缩机、高压气体储罐、蓄热/换热器以及膨胀透平、发电机等制造业已具备相当规模，基本满足发展需求。以中科院工程热物理研究所为代表对超临界空气储能和液化空气储能进行研究
飞轮储能	以应用于 UPS 的小容量商业化产品为主。永磁和电磁轴承的研究和应用已经比较成熟。产业与技术多集中于美国，在调频市场有商业应用；英、法、德、美在列车制动能量回收领域有研发与应用	国内在轴承和转子等关键技术的研究取得了一些成果，一些公司已经开展了飞轮储能系统关键部件中的壳体、转子、轴承以及机组集成系统的自主研发或引进吸收，但大部分停留在小容量的原理验证阶段，还没有成熟的装置和产品
锂离子电池	美国和日本等少数国家掌握了电池隔膜的制造工艺。目前磷酸铁锂的呼声最高且北美的产品性能最好，已有很多兆瓦级的应用示范。钛酸锂尚没有克服工艺问题，成本较高	只有少数公司生产隔膜，产量小且主要集中在中低端隔膜制造领域；电解液配套基本实现国产化，只有少部分使用进口电解液；国内已经建立锂离子电池的研究与测试平台，以张北国家风光储输示范工程为代表，在全国范围内有超过 20 个电池储能项目

类别	国际发展状况	国内发展状况
钠硫电池	钠硫电池是全球应用最多的电池，日本NGK技术领先和垄断，在全球电网级市场中有数百个项目，且没有明显的竞争者。目前该技术正通过研发新的密封材料和抗腐蚀电极材料，进一步降低成本	目前正处于产业化前期的关键研发阶段，有基础研究成果，上游资源产业较成熟，生产制备环节技术和电池系统集成技术与国际相比仍有差距，目前只有2010年上海世博会成功并网运行的一个100kW/800kW·h项目
液流电池	全球液流电池处于产业化发展的初期阶段，技术趋于稳定成熟。国外较多基础研究，应用则多在日本，典型企业如住友电工，美国也有一些商业化应用项目，主要用于风电输出平滑，延缓电力线扩容，电信基站等	我国基本掌握了关键生产技术，已经开始了产业化进程，一些公司的产品已经开始兆瓦级的开发与应用（如普能）。但存在关键原材料大部分进口，成本较高，测试系统和管理系统硬件的供应商大多来自国外等问题，目前正集中研究性能更好的离子交换膜、电池批量化生产的一致性和稳定性以及电网匹配的系统集中控制等
其他先进电池技术	国外有金属空气电池、全固态电池等，但均处于基础研发阶段且面临自身特有的技术瓶颈。当前技术水平下，大多数新兴技术只能用于一些特定场所，如锌空气适用于低放电倍率或不要求回收的场所	铅碳电池是国内研发的一大热点，且已经有一些相关专利，浙江南都，哈尔滨工业大学，解放军防化研究院等机构在技术研发与产业化推广方面较为活跃与典型，且在东福山岛等项目中有示范与应用

资料来源：根据《储能产业研究白皮书2011》《我国大规模电力储能技术和政策发展路线图》等报告整理完成。

四、我国发展趋势与对策

未来几十年我国经济将持续快速发展，电力需求必将快速增长。同时，由于资源的限制和环境的压力，实施节能减排也已成为我国能源发展的重要战略，大力发展可再生能源发电及新能源汽车是实现节能减排的重要内容，这将为储能技术提供巨大的市场和发展空间[19]。

（一）技术发展趋势

目前，虽然我们已经有多种电力储能技术具备推广或示范应用的条件，然而市场仍然很小，全球电力储能容量几乎都来自抽水蓄能电站。一些先进的电力储能技术，特别是飞轮和超级电容器储能，都非常适合电网调节的应用，这一市场正在逐渐增长，这些先进储能技术开始被广泛地接受，未来对用于移峰和支撑可再生能源发电的大规模电力储能技术的需求将更加迫切。

电力储能技术的市场必定快速增长，但哪些储能技术将获得成功应用，目前还很难预测。在目前研发的电池技术中，钠硫电池和液流电池看来都具有良好的发展应用前景，液流电池可能更具经济吸引力。最便宜的大规模储能技术是抽水蓄能，但其进一步发展将受到电站选址和环境的制约，基于人工蓄水的模块化的抽水蓄能电站可能成为一种解决途径，但对这种做法能否推广应用还缺乏实践的验证。压缩空气储能技术成熟，在世界各地也有较多的适宜场址来发展压缩空气储能电站，然而压缩空气储能需要燃烧化石燃料，并且效率低，使其缺乏吸引力。就目前的大规模储能技术发展现状来看，压缩空气储能仍可以为大规模储能技术的需求提供解决方案，未来随着压缩空气储能技术的进步及其效率的提高，该技术可能会面临新的发展机遇。

随着可再生能源发电份额的迅速增加，以及未来电网向着智能电网的方向发展，电力储能的市场也将迅速发展。按基于常规发电的电力系统考虑，最佳存储容量的比例达到现有总发电能力的 10% ~ 15% 计算，全球范围内储能总容量需 200 ~ 400GW。如果考虑可再生能源发电对储能的需求和发电总量的增长，电力储能技术市场将是巨大的。

（二）应用发展前景

在未来的电力系统中将广泛应用储能技术，储能的峰谷调节作用将使发电机效率大大提高。对适合于基荷运行的核电站，储能电站将起到很好的调峰作用，使核电站运行在最佳状态。储能对可再生能源发电的波动性起到的平抑作用，将有效提高可再生能源发电特别是风力发电的可调度性，从而提高其并网比例。

储能将成为未来电网经济调度的重要技术手段，储能电站可以由发电、电网、用户和非电力企业等多种类型经营，储能电站运营商从电价谷底时购买电力或储存来自可再生能源的电力，然后在用电高峰时出售电力，从中获取利润，尽管其技术经济性取决于一系列复杂因素，如果电力储能可以提高可再生能源的利用率，那么未来将更具经济吸引力。从储能技术获利最大的应该是电网公司，由于分布式储能可以实现电能的就地应用，当用电需求增加时，可以通过利用储能装备推迟输电或配电系统的升级，同时，应用储能装备有利于提高电网稳定性，改善电能质量，由此带来的经济效益也将非常显著。

除了平衡和负荷转移外，储能技术最重要的应用是支持电网短期负荷的波动，若负荷或发电单元快速变化，或出现故障时，储能系统可以提供有功或无功支持，以维持电网电压或频率稳定。此外，在长时间电网故障下，存储单元可以为发电单元提供黑启动。

配电系统中应用电力储能的优势仅仅是刚刚开始体现，随着分布式发电和微型电网的发展，中小型分布式电力储能技术将具有广阔的市场空间。

将风电场以各种形式与储能技术集成，将大大提高风电场输出的稳定性，这一方面更加有利于风电上网，另一方面，也使风电场的收入大大提高。电力储能与风电场的集成方式有多种选择，可以建立集中的储能电站与风电场的并网母线集成，也可以采用分布式储能系统与风电机组集成，两种储能集成方案各有其优缺点，需进一步研究和示范来获取实际运行经验，为大规模的应用和推广奠定基础。

（三）面临问题与对策

目前，大容量电力储能技术的发展滞后于新能源发电技术的发展和应用需求，各类大容量储能技术均面临一些问题。

抽水蓄能：目前面临的主要问题是大容量抽水蓄能机组主要依靠引进，还没有实现国产化。应重点研发抽水蓄能电站流体机械的先进设计技术、抽水蓄能机组整机制造技术、复杂地质条件下高坝/超大地下洞室群开挖与支护等关键技术。

压缩空气储能：目前面临主要问题是传统压缩空气储能技术效率低和依赖特殊地质条件，而先进压缩空气储能技术不成熟且成本高。应重点研发高温储热技术、新一代液化空气储能技术、超临界压缩空气储能技术。

飞轮储能：目前面临的主要问题是未系统地掌握高速飞轮转子和轴承的设计与制造技术。应重点突破磁悬浮轴承、高速飞轮转系材料及转子设计等关键技术。

锂离子电池：目前面临的主要问题是寿命短、稳定性低、存在一定安全性问题。应进一步深入研究高性能锂离子电池正、负极材料及安全电解液的制备技术。

钠硫电池：目前面临的主要问题是电池单体的一致性低、电池系统成本高等问题。应进一步深入研发钠硫电池电极材料、电解液、制造工艺等关键技术，实现百 kW–MW 级钠硫电池的工程示范与商业应用。

液流电池：目前面临的主要问题是电池单体的一致性低、电池系统成本高等问题。应进一步深入研发液流电池电极材料、电解液、制造工艺等关键技术，实现百 kW–MW 级液流电池的工程示范与商业应用。

铅酸电池：目前的主要问题是深层循环寿命短、可靠性低、电池单体一致性低等。应进一步研发阀控密封铅酸（VRLA）电池技术，研发新一代免维护、可循环、绿色环保型铅酸电池。

超级电容器：目前面临的主要问题是能量密度低、单体一致性低、成本高等。应进一步深入研究高能力密度电极材料、超级电容器新体系、大功率模块化技术等，实现超级电容器在电网中的示范及应用[5]。

超导储能：目前面临的主要问题是运行中需要保持低温，使运行成本高、装置复杂，此外，还有制造成本高的问题。应进一步深入研究新型超导材料及液氮与200K温区超导带材技术，并突破超导限流–储能系统等先进超导电力装备的大型化技术，向原理多样化、功能集成化方向发展[4]。

参 考 文 献

[1] C. N. Rasmussen. Energy storage for improvement of wind power characteristics [C] //Proceedings of 2011 PowerTech Conference, 2011: 1–8.

[2] Mundackal, J., Varghese, A.C., Sreekala, P., et al. Grid Power Quality Improvement and Battery Energy Storage in Wind Energy Systems [C] //Proceedings of 2013 International Conference on Microelectronics, Communication and Renewable Energy, 2013: 1–6.

[3] Aghaebrahimi, M.R., Amani-Shandiz, V. Using Energy Storage in Grid-connected Wind Farms for Improving Economical aspects of Wind Farm Utilization [C] //2012 16th IEEE Electrotechnical Conference (MELECON), 2012: 58–62.

[4] Chen Haisheng, Thang Ngoc Cong, Wei Yang. Progress in electrical energy storage system: A critical review [J]. Progress in Natural Science, 2009, 19 (3): 291–312.

[5] 郝荣国. 抽水蓄能电站的发展与规划布局 [A] //抽水蓄能电站工程建设文集 (2009). 北京:中国电力出版社, 2009.

[6] 陈海生, 刘金超, 郭欢, 等. 压缩空气储能技术原理 [J]. 储能科学与技术, 2013, 2 (1): 69–74.

[7] 温兆银, 俞国勤, 顾中华, 等. 中国钠硫电池技术的发展与现状概述 [J]. 供用电, 2010, 27 (6): 25–28.

[8] 张华民, 张宇, 刘宗浩, 等. 液流储能电池技术研究进展 [J]. 化学进展, 2009, 21 (11): 2333–2340.

[9] 中关村储能产业联盟储能专委会. 2011 储能产业研究白皮书 [R]. 2011.

[10] 中关村储能产业联盟储能专委会. 2012 储能产业研究白皮书 [R]. 2012.

[11] 张维煜, 朱煜秋. 飞轮储能关键技术及其发展现状 [J]. 电工技术学报, 2011, 26 (7): 141–146.

[12] 戴兴建, 张小章, 姜新建, 等. 清华大学飞轮储能储能技术研究概况 [J]. 储能科学与技术, 2012, 1 (1): 64–68.

[13] 肖立业, 林良真, 龚领会, 等. 超导电力技术 [A] //中国电气工程大典. 北京:中国电力出版社, 1123–1192.

[14] 肖立业, 林良真, 戴少涛. 新能源变革背景下的超导电力技术发展前景 [J]. 物理, 2011, 40 (8): 500–504.

[15] 胡毅, 陈轩恕, 杜砚. 超级电容器的应用与发展 [J]. 电力设备, 2008, 9 (1): 19–22.

[16] Chris Naish, Ian McCubbin, Oliver Edberg, et al. Outlook of Energy Storage Technologies [R]. 2008.

[17] Paul W. Parfomak. Energy Storage for Power Grids and Electric Transportation: A Technology Assessment [R]. 2012.

[18] Kyle Bradbury. Energy Storage Technology Review [R]. 2010.

[19] 中关村储能产业联盟储能专委会. 2013 储能产业研究白皮书 [R]. 2013.

撰稿人: 齐智平　陈海生　张　静

超导电力技术

一、引言

    当今电网是经历 100 多年逐渐发展起来的，其基本形态没有根本性的变化，即电网以铜铝等为基本导电材料、以可调度能源（如化石能源、水力和核能等）作为电力的主要一次能源来源和以交流为运行模式的基本形态没有发生根本性变化。但在电网的发展过程中，电网规模发生了很大的变化，即从最初的局域小规模电网发展到区域中等规模电网，进而发展到今天的跨区互联大电网。

    现有大电网主要存在以下重大问题亟待解决：一是由于缺乏快速有效的短路故障电流限制措施和高功率快速响应能力的储能系统等原因，致使现有交流大电网存在安全稳定性问题。电网一旦失去稳定，将导致电网瓦解和大面积停电事故，其社会经济影响十分巨大。例如，2012 年 7 月，印度发生的大停电使约 6 亿人在数天内失去电力供应，造成了很大的社会影响和经济损失。二是由于缺乏快速响应能力的能量管理系统，致使所供应的电力由于各种原因而偏离标准要求，从而导致电能质量问题，进而影响设备的安全可靠运行。当今，越来越多的数字化智能化生产设备以对电能质量十分敏感的计算机、微处理器作为核心部件，任何一个环节的电力质量事故都有可能对整个生产系统造成严重的后果。

    然而，对未来电网发展更为根本性的严峻挑战将来自能源结构的调整。随着可再生能源越来越多地接入电网，将对电网带来一系列新的重大挑战，这主要是由可再生能源的特点决定的。根据欧洲、美国和国际能源署的研究与预测，到 2035 年，可再生能源发电量将与煤炭发电量基本接近[1]。可再生能源的大量接入，将主要带来以下重大问题：第一，由于电力资源与负荷地理分布不一致，远距离输电和区域电网互联的大电网架构不会改变，且由于能源结构调整，电力将在终端能源消费结构中所占比例越来越高，电网规模将会进一步扩大。同时，可再生能源还具有间歇性和波动性的特点，如何维持电网的动态功率平衡并保障超大规模电网的安全稳定性将是一项艰巨的任务；第二，由于太阳能和风能等可再生能源不能借助普通交通工具输送，而只能通过电网输送，这对传统电力输送方式带来了很大的挑战。据预测，我国 2050 年将有大约 6 亿千瓦的电力需要从西部或北部向东部或南部输送[2]；第三，电网损耗随着电网规模的扩大将进一步扩大。以 2050 年我国发电装机为25亿千瓦计算，如果电网损耗没有根本性降低措施，网络损耗将达到1.75亿千瓦，大致相当于我国1994年全国总装机容量，损耗将十分惊人。

超导电力技术是基于超导体的零电阻高密度载流能力以及超导态－正常态转变特性等发展起来的新兴电力技术。由于超导体的特殊物理特性，使得超导电力技术在提高电网安全稳定性和电能质量、大容量远距离输电、大量接入可再生能源、降低电网损耗和电力设备用地等方面具有显著优势。例如，利用超导体的无阻高密度载流能力，可以发展低损耗大容量的超导输电电缆和变压器，从而大大降低网络损耗和节约输电走廊用地，并可实现大量可再生能源的远距离输送；利用超导态—正常态转变特性，可以实现对短路电流的有效限制，从而显著提高电网的安全稳定性，大大降低电网瓦解的风险；利用超导体的无阻高密度载流能力，可以研制成超导储能系统，从而实现对电网瞬态功率不平衡的快速补偿与能量管理，这对于提高电网的安全稳定性、电能质量和平滑可再生能源的功率输出等都具有重大意义。

综上所述，如果超导电力技术能够在未来电网中实现广泛应用，其对电网的影响将是革命性的，对于促进新能源变革具有重大意义。因而，超导电力技术被认为是未来电网技术的重要发展方向。美国能源部（DOE）将超导电力技术视为21世纪电力工业唯一的高技术储备，可见其对该技术所寄予的厚望和重视程度。

二、我国超导电力技术的发展现状

自从1911年发现了超导体以后，人类就开始探索超导体在电力方面的应用。20世纪60年代以后，随着低温超导体开始走向实用化，我国就启动了超导电力技术的研究，但是，比较全面系统地开展超导电力技术的研究是1995年以后的事情了。1987年，氧化物高温超导体发现以后，使得超导电力应用可以在液氮温度实现，因而具备了实用化的可能。90年代中期以来，高温超导导线实现了小规模产业化，从此，我国开展了超导电力技术的研究开发与工程示范。

（一）高温超导材料的研究开发现状

目前，用于电力技术的高温超导材料主要包括铋（Bi）系高温超导带材（包括 $Bi_2Sr_2Ca_2Cu_3O_{10}$ 即 Bi-2223、$Bi_2Sr_2Ca_1Cu_2O_8$ 即 Bi-2212，也称为第1代高温超导带材）和以 YBCO（$YBa_2Cu_3O_{7-x}$ 即 Y-123）的123相高温超导带材（也称第2代高温超导带材）。2008年初，日本科学家发现了一种新的超导材料，即 LaOFeAs（临界温度 T_c 约为26K），中国科学院物理研究所赵忠贤院士成功合成出这类超导体，并将其 T_c 提高到了55K。

1. 第1代高温超导带材

目前，长度达数千米、工程临界电流密度 J_c 大于 $10^4 A/cm^2$（77K、自场）的实用化超导带材已实现了一定规模的生产。国外主要有美国超导公司、德国先进超导技术公司和日本住友电气公司等机构生产商业化的 Bi 系超导带材，我国北京英纳超导技术有限公司、西北有色金属研究院等单位也具有提供商业化 Bi 系超导带材的能力，如表 1 所示[3, 4]。

表 1　我国主要生产厂商提供的 Bi 系超导带材的典型性能

研究开发或生产单位	超导带材所达到的技术水平
中国西北有色金属研究院（NIN）	10 ~ 200m，J_e>80A/mm²
北京英纳超导技术公司（INNOST）	100 ~ 400m，J_e>100A/mm²

基于目前世界范围内的技术水平和制备工艺，商业化的 Bi 系高温超导带材从长度和载流性能等方面基本能够满足部分超导电力装置的应用要求（如高温超导电缆等）。然而，由于 Bi 系高温超导带材在 77K 下的不可逆场大约只有 0.4T，临界电流易受磁场影响，在较小磁场下其临界电流衰减很快；另一方面，由于采用银套管等成本很高的原材料，Bi 系高温超导带材的生产成本将始终成为其大规模应用的一大障碍。

2. 第 2 代高温超导带材

在第 2 代高温超导体系中，以 YBCO 为代表的 123 相高温超导材料比 Bi 系超导材料具有更高的不可逆场，在 77K 下的载流能力远优于后者。由于第 2 代高温超导材料不需要贵重金属作为基体材料，具备实现更低成本的可能性，因而成为高温超导材料制备的主导发展方向，有可能将取代 Bi 系超导材料，进而实现大规模应用。

目前，国际上至少有 7 家单位都制备出了长度超过 100m、临界电流（I_c）超过 150A 的 YBCO 超导带材。我国在 YBCO 超导带材制备上也取得了重要进展，北京有色金属研究总院制备出临界电流超过 200A 的米级 YBCO 超导带材，而上海交通大学采用全 PLD 在 RABiTS 基带上进行过渡层和超导层的生长研究，获得了长度 100m、I_c 达到 170A 的 YBCO 超导带材。

3. 其他新型超导材料

2001 年发现的二硼化镁（MgB_2）超导材料是迄今为止临界温度最高的金属化合物超导体，其超导转变温度达 39K。MgB_2 超导材料具有较高上临界场、结构简单、成本低廉等优点，有可能在超导限流器或超导储能系统中得到应用。目前，中国科学院电工研究所和西北有色金属研究院均可制备百米量级的 MgB_2 均匀长线。

2008 年初，日本科学家发现一种新型超导体——铁基超导体，在世界范围内兴起了一股研究热潮，中国科学院物理研究所赵忠贤院士分别在高压和常压条件下成功合成出这类超导体，并将其 T_c 提高到了 55K[5]。2008 年，中国科学院电工研究所率先制备出铁基超导带材[6]，2010 年制备的带材的临界电流达到了 37.5A，但其能否成为下一代新型高温超导材料，依然有待于实践检验[7]。

新型超导体的不断发现，突破了人们对超导机制的传统认识，表明了超导电性仍然是一片有待于大力开发和探索的前沿领域，并可能存在重大突破的机遇。实际上，具有更高转变温度的超导材料探索和研究（例如，200K 超导材料直至室温超导材料），始终是人类的不懈追求。

（二）我国超导电力装置的开发与示范

目前，在全球范围内超导电力技术研究开发在各个方面都取得了很大进展，全面进入到了示范运行阶段，小型超导储能系统已经有商品出售。总体而言，超导电力技术正在加速向取得实际应用的方向发展。

1. 超导输电电缆

由于超导材料的载流能力可以达到 $100 \sim 1000 A/mm^2$（大约是普通铜或铝载流能力的 $50 \sim 500$ 倍），且其传输电阻为零，因此，超导输电电缆与常规输电技术相比具有显著优势，主要可归纳为：一是容量大。例如，一回 $\pm 800kV$ 的超导直流输电线路，如果其传输电流为 $10 \sim 20kA$，则其输送容量可达 1600 ~ 3200 万千瓦，是普通特高压直流输电的 2 ~ 4 倍以上；二是损耗低。对于超导直流输电电缆，其损耗仅仅来自循环冷却系统和电流引线，因此，其输电总损耗可以降到使用常规电缆的 1/4，甚至更低。对于交流输电电缆，虽然超导电缆将产生磁滞、涡流等损耗，即交流损耗，但只要长度超过一定值，即使考虑交流损耗和低温冷却所需的电能，超导电缆的总输电损耗仍比常规电缆低 50% 左右；三是体积小。由于载流密度高，超导输电电缆的安装占地空间小，土地开挖和占用减少，征地需求小，可以使用现有的基础设施敷设超导电缆。例如，随着大城市用电量日益增加，亟须大容量电力电缆将电能输往城市负荷中心，采用超导电缆具有明显优势；四是重量轻。由于导线截面积较普通铜电缆或铝电缆大大减少，因此，输电系统的总重量可以大大降低；五是如果采用液氢或液化天然气等燃料作为冷却介质，则超导输电电缆就可以变成"超导能源管道"（Superconducting Energy Pipeline），从而在未来能源输送中具有更大的应用价值。例如，从新疆向中东部地区供应液化天然气和可再生能源电力，就可以采用这样的超导能源管道。

由于上述重大优越性，超导输电电缆可为未来电网提供一种全新的低损耗、大容量的电力传输方式。随着技术的不断发展，可望取得重要应用。

我国自"九五"以来，即开展高温超导电缆的研究。1998 年中国科学院电工研究所与西北有色金属研究院和北京有色金属研究总院合作研制成功 1m 长、1000A 的 Bi 系高温超导直流输电电缆本体，被评为当年度我国十大科技进展之一。在此基础上，2000 年又完成 6m 长、2000A 高温超导直流输电电缆的研制和实验。"十五"期间，在国家"863"计划支持下，中国科学院电工研究所于 2003 年研制出 10m、10.5kV/1.5kA 三相交流高温超导输电电缆。在此基础上，2004 年中国科学院电工研究所与甘肃长通电缆公司等合作研制成功 75m、10.5kV/1.5kA 三相交流高温超导电缆，并安装在甘肃长通电缆公司为车间供电运行，安全运行超过了 7000 小时。2011 年 2 月，中国科学院电工研究所在甘肃白银市政府支持下，在白银市建成 10.5kV/630（kV·A）超导变电站，该 75m、10.5kV/1.5kA 高温超导电缆随即移装在超导变电站中运行至今[8]。

2001 年云南电力公司与北京英纳超导公司合资成立云电英纳超导电缆公司，从事高温超导电缆的研究开发，2004 年完成 33m 长、35kV/2kA 高温超导交流电缆的研制，安装在云南普吉变电站试验运行。

由于直流输电的优势以及发展新能源的需求，近年来，超导直流输电技术的研究开发备受重视。2007 年 8 月，中国科学院电工研究所与河南中孚公司合作，在中孚铝冶炼厂建成 360m 长、电流达 10kA 的高温直流超导电缆[9]。该电缆将采用架空方式布线，跨越公司绿化带和内部马路，连接变电所的整流装置，将电流输送到电解铝车间的直流汇流大母线。该电缆已于 2011 年在中孚铝冶炼厂安装完成，随后进行了三次液氮冷却实验，2012 年底已经投入运行，到目前为止，已经安全运行了近半年的时间。

2. 超导限流器

由于电力设备在短路状态经受的电流是正常运行时的 20 倍左右，其经受的暂态电动力和热损耗功率将达到正常时的 400 倍左右，因而可能会造成设备的损坏，从而对电网安全稳定运行带来很大的风险。此外，短路还会引起以下严重后果：①母线电压骤然大幅度下降，导致异步电动机因转矩下降而减速或停转，造成产品报废甚至设备损坏；②引起系统中功率分布的突然变化，可能导致并列运行的发电厂失去同步，破坏系统的稳定性，造成大面积停电，这是最严重后果；③短路电流还将在其周围空间产生很强的电磁场，尤其是不对称短路时，不平衡电流所产生的不平衡交变磁场，将对通信网络、信号系统、晶闸管触发系统、自动控制系统产生干扰。

通过安装限流器可以大大降低短路电流的影响，超导限流器被认为是最为有效的故障电流限制技术。面对电力需求不断增长、电网容量不断扩大、电网短路故障的危害性以及紧迫性日益严重的局面，超导限流器已经开始显现出巨大的应用价值和市场前景。

超导限流器的原理结构有多种类型，但真正用于电网示范的主要有桥路型、饱和铁心电抗器型以及电阻型。中国科学院电工研究所在新型超导限流器的原理上取得了突破，并于 2005 年将我国首台（国际上第四台）10.5kV/1.5kA 改进桥路型高温超导限流器投入湖南省娄底电业局所属变电站，示范运行超过 11000 小时；2009 年，云电英纳超导电缆公司将一台 35kV/90（MV·A）饱和铁心型高温超导限流器投入云南省普吉变电站试验运行。近年来，中国科学院电工研究所与云电英纳超导有限电缆公司分别开展了 220kV 超导限流器的研究开发工作。2012 年 12 月，由天津百利机电控股集团主导与北京云电英纳超导电缆有限公司、保定天威集团特变电气有限公司、天津市电力公司合作研制的世界首台 220kV 饱和铁心电抗器型高温超导限流器，在国家电网天津石各庄变电站正式挂网运行。该 220kV/800A 超导限流器是目前世界上在电力系统实际应用的电压等级最高、容量最大、响应时间最快、励磁恢复时间最短的同类产品。中国科学院电工研究所拟开展的220kV电阻型限流器将在南方电网公司进行示范。这些研发示范工作的目的是实现超导限流器在输电电网中的应用。

3. 超导储能系统

由于超导体的电阻为零，因此利用超导体研制而成的超导线圈的电阻也为零。如果将超导通上电流以后，将超导线圈闭环运行，则超导线圈中的电流不会衰减。这就相当于把能量以磁场的形式储存在线圈中（储存的能量为 $0.5LI^2$），而当外部电网需要时，可以将该能量释放出来回馈给电网，这就是超导储能（SMES）的基本原理。

由于可关断器件得到了很快的发展，使得 SMES 装置可以实现电压电流四象限运行。由于其响应速度快的特点，可在瞬间输出大功率，在大范围内对系统无功功率和有功功率进行调节。因此，SMES 不仅可以用于改善电网的暂态稳定性，也可以用于改善电能质量。特别是在波动性可再生能源飞速发展的当今，SMES 还可以用于平滑可再生能源的瞬态波动性，对于可再生能源并网具有现实意义。

储能系统有多种多样，如抽水储能、飞轮储能、化学储能、压缩空气储能、电容器储能等，但超导储能是唯一具备高功率快速响应能力的一种储能系统，对于平滑电网瞬态功率不平衡具有重大的应用价值，因而受到电力工业界的高度重视。

中国科学院电工研究所完成了 1MJ/0.5（MV·A）高温超导储能系统的研制，并于2011年初投入实际配电网进行试验运行，是世界上第一套并网运行的高温超导储能系统。2005年，清华大学研制成一套 500kJ/150（kV·A）的超导储能系统并通过了试验，华中科技大学研制出 35kJ/7（kV·A）的微型高温超导储能系统并用于电力系统动态模拟研究。

4. 超导变压器

超导材料具有零电阻高密度载流能力，在减小变压器体积和损耗、提高单机容量方面具有很大优势，因而超导变压器具有体积小、能耗低、效率高、单机容量大、过载能力强等优点。此外，在发生短路故障时，可以导致超导线圈失超从而快速限制短路电流，因而也起到了变压器的自我保护作用。由于采用液氮冷却，超导变压器还是一种天然的环保型、阻燃型变压器。中国科学院电工研究所与特变电工股份有限公司合作，于2005年11月研制成功我国首台 630kV·A/10.5kV/0.4kV 三相高温超导变压器，该变压器还采用非晶合金铁心，从而可以有效地降低铜损和铁损。该变压器在特变电工的总部投入实际配电网试验运行。

5. 功能集成的新型超导电力装置

功能集成的新型超导电力装置基于超导体的无阻高密度载流特性以及超导态/正常态转变特性，可以在一种超导电力装置上实现两种或以上超导电力装置的功能，从而可以优化系统结构、降低超导电力装置成本。

中国科学院电工研究所在多功能集成的新型超导电力装置上取得了重大突破，在世界上首次提出集成限流和电能质量综合调节功能于一体的超导限流—储能系统的原理，并于2005年完成了世界首套100kJ/25（kV·A）超导限流—储能系统样机的研制和实验室测试；中国科学院电工研究所完成了世界首座10kV级超导变电站的研制和建设（该超导变电站包括高温超导电缆、高温超导限流器、高温超导变压器、超导储能系统等多种超导电力装置），并于2011年初在甘肃省白银市投入工程示范运行，为下游多家企业提供高可靠性和高质量电能。该项成果被两院院士评为我国2011年度十大科技进展之一。

三、国内外进展比较

经过10多年的发展，我国的超导电力技术研究开发已经取得了长足的发展，与国际先进水平相比，我国的主要差距体现在基础能力和核心技术突破方面，而在系统集成与工程示范方面，我国则占有一定的优势。主要体现在以下几个方面：

1）在实用化高温超导材料的制备方面，我国的Bi-系高温超导材料在长带的均匀性和一致性方面与国际差距较大，而由于"木桶效应"，长带的性能往往取决于其"薄弱点"的性能，因此我国开发的Bi-系高温超导材料在总体性能上与国际先进水平有差距。例如，日本住友电气已经能提供单线长达1km、临界电流达180A的导线，而我国大致只能提供单线长为300m、临界电流约为100A的导线。在YBCO导线方面，我国与国际先进水平差距更大。例如[10-16]，美国Superpower公司采用离子束辅助沉积（IBAD）和金属有机物化学气相沉积（MOCVD）法已经可以批量化制备千米级YBCO超导带材，最长单根超导带材到达1311m，临界电流约300A；美国超导公司（AMSC）采用轧制辅助双轴织构基带（RABiT）/金属有机物化学溶液沉积（MOD）技术，制备出YBCO超导带材的最大长度为520m，可以采用344法切割成超过3000m的超导带材；日本Fujikura公司与国际超导技术研究中心也已经联合研制成功长度为504m、临界电流为350A/cm的YBCO超导带材；欧洲高温超导公司（EHTS GmbH& Co.）设计了可以在2000m基带上连续制作织构层的装备，生长速率为70～75m/h，然后采用高速脉冲激光沉积（PLD）进行CeO_2过渡层和YBCO超导层的沉积，设计速率达到35m/h，具备了制备百米级YBCO超导带材的能力。以上这些差距，一方面是由于设备水平和工艺水平的差距导致的，另一方面则是由于对影响材料性能的一些基础认识上的差距导致的。

2）在低温高电压绝缘材料方面，我国基本上还没有相关的研究基础，而国际上已经实现了产业化。由于超导电力装置需要工作在较低的温度环境，因此，高温超导电力装置需要实现在低温下的高电压绝缘，这就需要发展低温高电压绝缘材料。例如，在超导电缆制造方面，低温绝缘电缆型超导电缆是未来的主要发展方向之一，国际上目前示范的超导电缆多为低温绝缘型。但由于我国还没有掌握低温高电压绝缘材料制备技术，我国示范的超导电缆一般都为常温绝缘型。

3）在制冷技术方面，由于超导电力设备需要制冷系统维持其工作环境，因此制冷系统的工作效率、工作寿命及其可靠性在很大程度上决定了超导电力设备的工作效率及可靠性。为了满足超导电力装置的需求，制冷系统应具有以下特点：制冷量大，需要在20～77K制冷温度下提供50～5000W（甚至更高）的制冷功率；低温制冷机或低温制冷系统运行可靠性高，无维修连续运转时间需达1万小时（甚至更高）以上；低温制冷系统还需要操作维护简单、且在运行和成本两方面均具有良好的经济性。

虽然国际上的制冷机在工作效率、工作寿命及其可靠性方面与超导电力设备的要求还有一定差距，但我国现有技术水平与国际先进差距还很大。目前，国际上已有多种实现批量化商业生产的低温制冷机产品出售，我国则大都处于研究开发或试制产品阶段。近些年来，在77K温区下大冷量单级G-M制冷机和单级脉管制冷机的制冷量已经从300W提高到600W，甚至千瓦量级，取得了良好进展。日本住友公司生产的低温小型蓄冷型低温制冷机（如G-M制冷机）在77K下的制冷量则可达数百瓦甚至上千瓦[17]；荷兰斯特林低温与制冷技术公司生产的斯特林制冷机则可在77K提供数千瓦的制冷量。因此，制冷系统的制冷功率基本上已经可以满足超导电力技术的发展需求。但是，从超导电力技术的实用化和产业化角度来看，目前的制冷系统在制冷效率（例如，在液氮温区其制冷效率普遍在卡诺效率的0.1左右，较大型制冷机其制冷效率也仅在卡诺效率的0.15左右）、价格、使用寿命、可靠性等方面还有待提高。

4）在一些原理结构和系统集成示范方面，我国有一定的特色和优势。例如，在新型超导限流器的原理结构（包括改进桥路型和限流—储能系统）方面，中国科学院电工研究所提出了一些新型拓扑结构，形成了自身的特色。在工程示范方面，中国科学院电工研究所建成了世界首座超导变电站示范系统，集成了主要的超导电力设备；在超导电缆方面，中国科学院电工研究所研制成世界上输电电流最大的高温超导电缆（达10kA），且该电缆也是世界上首条并入电网示范运行的直流超导电缆，为发展超导直流输电技术奠定了基础。同时，我国在输电级超导限流器方面的研究开发与示范也走在国际前列，220kV超导限流器的研制和示范工作已经启动，500kV级的超导限流器示范工程也有计划，这些超导限流器的电压等级都是世界上最高的。

四、未来发展趋势及展望

（一）超导电力技术未来发展趋势

经过10多年的发展，超导电力技术已经从全面实现了由实验室进入实际电网示范运行。从当前的发展现状及现实需求来看，超导电力技术将主要呈现以下发展态势：

1）向更高电压等级或更大容量方向发展：超导电力技术示范均从配电系统开始，为了发展更有替代优势的应用技术，目前超导电力装置研究示范均向更大容量或更高电压等级方向发展。

2）向原理多样化和功能集成化方向发展：超导电力技术的原理，特别是超导限流器的原理，一直在不断发展，并在近些年来出现了多功能集成化的趋势。实现多种功能集成化也成为近些年来的发展趋势。在一种超导电力装置上实现两种及以上超导电力装置的功能，可以优化系统结构、降低超导电力装置成本。

3）为可再生能源的发展服务：例如，超导直流输电技术的发展主要是面向未来大容量可再生能源的输送问题，而超导储能的研究也开始更多地向解决可再生能源的波动性问题方向发展。

4）超导输电电缆向直流输电方向发展：考虑到未来大规模的电力输送，直流输电更具优势。因此，近些年来，超导直流输电技术日益受到重视。美国、日本、德国等国家均在探索长距离超导直流输电的可行性。在超导直流输电方面，中国科学院电工研究所已经处在国际前沿。

（二）超导电力技术的发展前景

由于超导电力技术具有常规电力技术不可比拟的优势，是一项革命性的前沿技术，因而成为当今电力技术最活跃的前沿研究领域之一，在未来电网中具有广阔的应用前景。

（1）超导输电电缆将为未来电网提供一种全新的低损耗、大容量的远距离电力传输解决方案。随着可再生能源的发展，在不远的将来，我国需要将包括可再生能源发电在内的约6亿千瓦的电力由西部向东部输送。尽管特高压输电技术在大容量、远距离输送方面与传统高压输电方式相比具有较大优势，但如果全部采用特高压，则可能需要上百条输电线路，从而占用大量的输电走廊。高温超导电缆（特别是直流电缆），利用超导体的零电阻和高载流密度的特性，可以实现比特高压更大的传输容量（例如 ±500kV 的高温超导直流电缆可以实现 20 ~ 50GW 的输送容量），可降低 50% ~ 80% 的传输损耗，还可以大大地节省传输走廊，因此，高温超导电缆是实现大容量输电和打造未来电力传输网的重要技术选择。

（2）超导限流器和超导储能系统将大大提高未来电网的安全性和稳定性。随着电网容量增加和规模不断扩大，电力系统短路容量越来越大，不加限制的短路电流对电气设备和正常工业生产带来了很大危害，并可能导致电网的崩溃。目前，电网尚缺乏成熟的故障电流限制技术，短路电流限制问题已经日益成为电网发展的重大瓶颈。目前主要是使用六氟化硫（SF_6）断路器开断短路线路，其缺陷是响应时间和开断容量有限，难以满足电网发展需求。例如，我国三峡电站可能的最大短路电流周期分量达到了惊人的 300kA，而上海电网 2020 年发展规划的 500kV 网架，其短路容量将超过开关的开断能力。超导限流器，利用超导体的超导态和正常态转变特性，具有响应速度快、自动触发和复位等显著优势，可以实现在扩大电网输送容量与规模的同时，提高电网安全性和可靠性，因此，是实现未来电网的坚强和安全可靠性的重要技术保障。同时，由于现有电网的"电能存取"这一环节还非常薄弱，使得电力系统在运行和管理过程中的灵活性和有效性受到极大限制；另一方面，电能在"发、输、供、用"运行过程中必须达到"瞬态平衡"，如果出现失衡就可能会引起电力系统的稳定性问题，甚至造成重大停电事故。超导储能系统利用超导线圈作为储能单元和电力电子变换装置实现控制，具有响应速度快、响应功率高、输出功率可在四象限内灵活控制的优点，其应用可望大幅度提高大电网的安全稳定性，并在平滑可再生能源功率输出的波动性方面具有重大应用价值。

（3）超导储能系统可为保障高质量的电力供应提供重要的技术手段。可再生能源的间歇性和不稳定性特点，决定了电能储存系统将成为未来电网不可或缺的关键环节。从长远看，解决未来电网的储能问题可能需要一种综合性的互补解决方案，即多种储能方式联合发挥作用。超导储能系统具有多方面的优点，结合日益发展的电力电子技术，可望衍生出一系列的应用（基于超导储能线圈的新型灵活输电装置），并用于解决未来电网的暂态电能质量问题，成为提高供电品质综合解决方案的重要组成部分之一。

（4）超导电力技术的广泛应用，对于降低未来电网的输配电损耗具有不可替代的作用。如前所述，现有电网的损耗较大，如不采用有效的技术创新，未来电网的损耗将达到惊人的程度。由于超导体具有零电阻特性，因此，超导电力技术在降低电网损耗方面将具有不可替代的作用。除了超导输电电缆，超导变压器、超导发电机、超导电动机等均具有比常规设备更为明显的运行效率和节能优势，高温超导变压器还是一种理想的环保阻燃型变压器，可减少对环境的影响。

总之，以可再生能源发展为主导的能源结构变革以及全球气候变暖趋势的加剧，无疑对未来电网的输送容量、安全稳定性、电力质量、综合效率等提出了更高更为迫切的需求，而基于超导体的独有特性而发展起来的超导电力技术，对于应对这些重大挑战将发挥巨大的作用，具有重大应用前景。

五、发展我国超导电力技术的对策与建议

超导电力技术是超导技术、低温与传热技术、高电压技术、电力系统、电力电子与控制技术、材料科学等在内的多学科和技术领域交叉，是一项革命性的前沿技术。为加速我国超导电力技术的发展、促进超导电力技术的产业化，以最短时间缩小我国和国际间的差距，进而成为引领国际超导电力技术发展的主力国家，特提出以下建议：

（一）国家应该在超导电力技术的研究发展中起主导作用

在未来很长的一段时间内，以国家投入和政策扶持为主，用国家意志实现超导电力技术的发展。在国家层面成立专家组，专家组由相关部门领导、超导技术、电力技术、电力电子技术、材料制备技术和低温制冷技术等方面专家组成，专家组对超导电力技术的发展

态势进行研究，提出国家超导电力技术发展战略及相应的实施措施，并对技术发展和实施过程进行全程跟踪和动态调整。

（二）设立"新型超导体行动计划"

由于超导技术的发展依赖于超导材料的发展，而更高转变温度直至常温转变温度的超导材料的探索研究更具有国家战略意义，因此建议国家设立"新型超导体行动计划"，整合国内优势资源，集中优势力量，在一个较长时间内予以持续资助，以运行于液化天然气温区的新型超导体的探索研究及其实际应用为突破口，确保新型高温超导材料的研究不断实现重大进展和实用化发展，在此期间有可能产生新的重大科学发现或发展。该计划重点开展以下研究工作：

1）探索具有更高临界温度、更好电磁特性和更广应用前景的实用化新型超导材料（例如，运行于液化天然气温区的高温超导材料乃至临界温度达 200K 以上的新型超导材料）；同时，超导材料研究是以提高材料载流能力、改善机械性能、降低成本为宗旨，研究超导材料的磁通运动与钉扎机制、成材机理、各种物理场对材料特性的影响、多股超导线 / 带材内部的电磁耦合及新型超导材料等。

2）开展实用化高温超导材料制备技术：YBCO 高温超导带材在柔性金属基带、阻隔层和超导层的合成工艺及制备技术，形成千米量级长度的高温超导带材批量生产能力。

（三）设立"超导电力技术行动计划"

建议国家设立"超导电力技术行动计划"，制定超导电力技术研究开发及其产业化的全面目标和远中近期目标，并且在人才、资金、科技政策、产业政策、行业准入、高新技术应用、配套设施等方面统筹规划，国家给予持续支持，尽快实现超导电力技术的产业化发展及其推广应用。该行动计划主要开展以下研究工作：

1）超导线圈的基础科学研究：超导线圈是绝大多数超导电力装置的核心部件，因此保障超导线圈的安全稳定是研究的重点。主要科学问题包括：第一，交流损耗：超导体的交流损耗与外部电磁场、应力 / 应变、温度、电流频率及带 / 线材的结构和本征特性关系密切，其表现为热损耗，因而对超导磁体的稳定性影响较大，故交流损耗一直是超导电力技术中的重要基础问题。第二，疲劳效应：由交变电磁场、热循环、电流冲击及机械扰动等引起的超导材料的疲劳效应将导致钉扎力、载流能力、机械性能等的退化，因此，开展疲劳失效机理和规律、抗疲劳方法、超导装置的寿命评估等研究尤其重要。第三，稳定性：稳定性研究旨在获得超导线圈的失超触发能量、建立稳定性判据、保障线圈出现局部失超时能够恢复到安全工作状态，内容包括超导线圈的最小失超传播区和失超能量、失超传播速度、冲击电流作用下线圈的稳定性、失超预警与保护方法等。

2）超导电力装置中的基础科学研究：第一，超导电力应用新原理探索：研究可实现多功能集成的超导电力装置，如将超导电缆、变压器、储能系统与限流器集成，形成多功能超导电力装置；探索新型高效低成本超导限流器及基于超导储能的 FACTS 技术等。第二，超导电力装置的动力学建模：由于超导电力装置（特别是多功能超导电力装置）与传统电力装置的动态特性有根本性差异，需要研究其稳态、暂态和动态过程的动力学特性，建立其动力学模型，为电力系统稳定性研究奠定基础。第三，超导电力装置的相关问题：包括超导电力装置的热损失机制、热损失计算模型，超导装置用结构材料的低温特性，低温容器用真空材料的失效机制等。

3）含超导装置的电力系统的基础科学：由于超导电力装置与传统电力装置对电力系统的稳定性影响不同，需要研究超导电力装置的电磁兼容、谐波治理、动态特性与电力系统稳定性之间的相互作用与影响；电力系统对超导电力装置动态特性的要求和多台超导装置在电力系统中的协调运行；含超导电力装置的电力系统的动态稳定性、超导电力装置在电力系统中的优化配置等。

4）关键技术攻关，主要包括以下内容：a. 大型高温超导磁体制造技术：大电流冲击和快速充放电超导磁体的优化设计、均流方法、失超保护等涉及超导磁体运行稳定性的关键技术。b. 低温高电压绝缘技术：重点解决在低温和高电压环境下具有良好绝缘性能的低温绝缘材料的研究开发及其制备关键技术，解决超导电力装置在低温高电压环境下的绝缘工艺和绝缘技术。c. 超导电力装置的终端和电流引线技术：终端和电流引线是超导电力装置与外部设备过渡和连接部位，需要在确保终端和电流引线实现与外部良好过渡的同时大幅度地降低其损耗，需要重点解决终端和电流引线热力学优化、结构优化、制造等关键技术。d. 长距离低温杜瓦管的连接技术：长距离超导电缆存在长距离低温杜瓦管的连接问题，重点突破长距离低温杜瓦管的热力学优化设计、最佳分段长度、连接结构优化、电和热绝缘技术等一系列关键技术，减少长距离低温杜瓦管因为连接而引致的热损耗和电场不均匀问题。e. 大冷量制冷技术：突破大功率、高效率、长寿命、低成本的低温制冷技术，重点解决可靠的交变流动和稳定流动制冷机的新流程和新方法、大尺度回热器的交变流动及能量转换机制、大功率直线压缩机技术（10～20kW）、液氮温区（50～80K）大功率单级回热式低温制冷技术、液氢温区大功率双级（20～40K）回热式低温制冷技术、无磁低漏热低温流体传输和储存关键技术、低温制冷系统的流程及其优化设计技术、低温制冷系统制冷量自适应控制技术等。

参 考 文 献

［1］http://www.sgcc.com.cn/ztzl/newzndw/zndwzx/gwzndwzx/2013/02/288005.shtml.

［2］周孝信，等. 能源革命中电网技术发展预测和对策研究［R］. 2012.

［3］http://www.c-nin.com/.

［4］http://www.innost.com/c_products_htswires.asp.

［5］A Yamaoto, A A Polyanskii, J Jiang, et al. Fridence for two distinct scales of current polycrystalline Sm and Nd iron oxypnictides〔J〕. Supercond. Sci. Technol., 2008, 21（9）.

〔6〕 Yangpeng Qi, Lei Wamg, Dongliang Wang, et al. Transport critical currents in the iron pnictide superconducting wires prepared by the *ex situ* PIT method〔J〕. Supercond. Sci. Technol., 2010, 23（5）.

〔7〕 X.Y. Zhu, H. Yang, L. Fang, et al. Upper critical field, Hall effect and magnetoresistance in the iron-based layered superconductor $LaO_{0.9}F_{0.1-\delta}FeAs$〔J〕. Supercond. Sci. Tech, 2008: 105001.

〔8〕 L.Y.Xiao, S.T.Dai, L.Z.Lin, et al. Development of a the world's first HTS power substation〔J〕. IEEE Transactions on Appl. Supercon, 2012, 22: 5000104.

〔9〕 L.Y.Xiao, S.T.Dai and L.Z.Lin, et al. Development of a 10kA HTS DC Powe Cable〔J〕. IEEE Transactions on Appl. Supercon, 2012, 22: 5800404.

〔10〕 V. Selvamanickam, J. Dackow. Progress in SuperPower's 2G HTS Wire Development and Manufacturing〔C〕// 2010 DOE Advanced Cables & Conductors Peer Review, 2010.

〔11〕 M.W. Rupich, X. Li, C. Thieme, et al. Advances in second generation high temperature superconducting wire manufacturing and R&D at American Superconductor Corporation〔J〕. Supercond. Sci. Technol. 2010（23）: 14-15.

〔12〕 T. Izumi, Y. Shiohara. R&D of coated conductors for applications in Japan〔J〕. Physica C, 2010（470）: 967-970.

〔13〕 H. Kutami, T. Hayashida, S. Hanyu, et al. Iijima, T. Saitoh. Progress in research and development on long length coated conductors in Fujikura〔J〕. Physica C, 2009（469）: 1290 - 1293.

〔14〕 Y. Shiohara, M. Yoshizumia, T. Izumi, et al. Current status and future prospects of Japanese national project on coated conductor development and its applications〔J〕. Physica C, 2008（468）: 1498 - 1503.

〔15〕 http://www.bruker-est.com/ybco-tapes.html.

〔16〕 http://www.shicryogenics.com/index.php?option=com_content&task=blogcategory&id=22&Itemid=169.

〔17〕 http://www.stirlingcryogenics.com/products.html.

撰稿人：肖立业　林良真

纳秒脉冲气体放电等离子体

一、引言

　　脉冲功率技术是 20 世纪 30 年代产生，60 年代 J.C.Martin 作出独特贡献而后迅速发展，逐步形成由电物理技术、高电压技术及应用物理等学科交叉融合的研究领域，已成为"当代高科技的主要基础之一"，在国防军事、科学实验等领域起着非常重要的作用，是当前比较活跃的前沿科学技术之一。由于国防科研需求，各大国纷纷追求最大化的脉冲装置，现在的技术参数已达到极值。与此同时，脉冲功率技术为民用领域开辟了全新研发方向[1]。事实上，脉冲功率的基础是脉冲放电，而脉冲放电应用研究早已开始。现在除了高功率粒子束、高功率微波、电磁发射、核聚变等应用继续推动脉冲功率技术的新发展之外，民用脉冲功率技术和脉冲放电还涵盖相当广阔的领域。如废固、废液、废气处理，辐射改性，纳米制造，中等平均功率激光，生物医学中消毒杀菌和疾病治疗等也得到了发展[2]。纳秒脉冲下气体放电作为一项重要的应用基础研究工作，其发展源于脉冲功率技术的需求。在脉冲功率技术设备中最基本的电介质仍然是气体，其一是电绝缘对脉冲功率系统安全及运行性能至关重要。比起在直流、工频交流和雷电波、操作波等冲击电压下的击穿特性研究，纳秒脉冲气体击穿特性研究较少。其二是实际应用考虑，如气体开关以其响应快、损耗小、传导电流大、低抖动、寿命长等优越特性在大型脉冲功率装置中的地位还无可替代。在材料表面改性、环保的废水废气处理等应用领域，窄脉冲下的气体放电应用仍是重要的发展方向。

二、国内最新研究进展

（一）纳秒脉冲气体击穿机理研究进展

　　脉冲放电等离子体及其应用是脉冲功率技术民用领域极具前景的发展方向。纳秒脉冲能够提供高功率密度、高折合电场强度以积累高能电子电离空气，激发出具有高反应效率活性粒子的大气压等离子体[1, 2]。其超短的上升沿能够有效地抑制火花通道的形成，有利于在大气压空气中产生均匀的放电，具有广阔的应用前景。但是窄脉冲条件下放电物理过程十分复杂，具有与常规放电交流、直流不同的放电特性，如电压持续时间短、流注不能充分发展、窄脉冲击穿电压较高；时间尺度限制，产生电弧的热电离条件受限，不易形成电弧通道；高能电子出现使得不单依靠空间光电流，放电可直接进入高能量、高密度的模式；高能电子逃逸存在随机性与统计性，放电会出现多通道交叠的弥散现象。此外，纳秒脉冲气体放电过程与施加脉冲的参数（幅值、上升沿、重复频率和脉宽等）密切相关。

Paschen 定律、Townsend 理论、Raether 和 Meek 流注理论等经典理论是研究常规气体放电机理的主要依据。图 1 给出了不同放电机理在不同 Pd（气压与气隙距离的乘积）下的适用范围，可见虽然经典的 Townsend 放电机理和流注理论是研究气体放电的基础，但在纳秒脉冲下 Townsend 放电机理和流注理论都存在一定缺陷，尤其是过电压倍数超过两三倍的气体放电机理仍未定论。一些关于纳秒脉冲气体放电的机理假说认为纳秒脉冲气体放电由电子崩发展时产生的高能量快电子和 X 射线主导，由于高能量电子的放电发展更快、更迅速，可以达到经典流注机理无法解释的领域，但对二次电子崩产生和流注发展过程尚未达成共识。近年来，关于逃逸电子击穿机理和弥散放电的理论和应用成为研究热点。

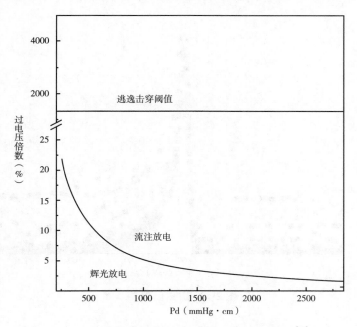

图 1　各种放电机理在不同 Pd 下的适用范围[3]

1. 逃逸电子击穿机理

逃逸电子概念最早由 Wilson 于 1924 年提出，但由于脉冲发生器和相关测量技术的限制，逃逸电子在研究中一直停留在概念阶段。直到 20 世纪 60 年代，美国和苏联的研究人员相继在纳秒脉冲气体放电中发现了 X 射线，X 射线的辐射特性能够反映出放电过程中高能电子的存在及能谱范围，使得探索逃逸电子过程有了间接手段。X 射线的成功测量证实了 Wilson 的假想，也使有关纳秒脉冲气体放电的机理得到了持续推进[3-9]。国内对逃逸电子的研究开展较晚，有关逃逸电子的研究主要集中在核聚变领域，中国科学院等离子体所、高能物理所、北京大学、中国工程物理研究院等机构都开展过托卡马克等大型装置中逃逸电子的研究。此外，雷暴是典型的气体放电过程，Wilson 提出逃逸电子概念的对象就是雷暴。近年来，中国科学院寒区旱区环境与工程研究所开展了雷电中的逃逸电子特征研究，利用闪烁体计数探测器观测雷暴条件下的高能电子辐射，观测结果表明雷暴条件下的辐射能量比晴天条件高出 6000 ~ 10000 keV，为传统的先导放电机理提供了补充。上述研究均属于平衡等离子体范畴，而我国在非平衡等离子体，尤其是低温等离子中逃逸电子现象的研究在 2008 年以后才开展起来。2008 年以来，中国科学院电工所对大气压空气中重复频率纳秒脉冲放电特性进行了深入研究，采用低能 X 射线探测技术，对纳秒脉冲放电中电子逃逸行为进行了初步探索[10-15]，首次在大气压空气中测得了上升沿 15ns，脉宽 30 ~ 40ns 脉冲高压下的 X 射线辐射特性，如图 2 所示。研究结果表明，X 射线能谱为 10 ~ 130keV 范围内的连续谱，并对 X 射线的时间积分内的辐射计数进行了探测，验证了纳秒脉冲气体放电中存在高能逃逸电子。

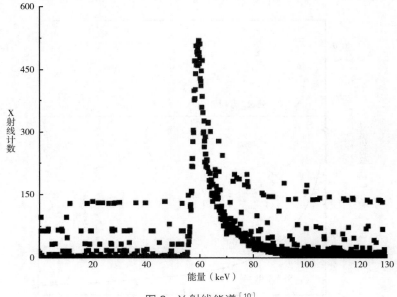

图 2　X 射线能谱[10]

2. 弥散（diffuse）放电

弥散放电是纳秒脉冲放电等离子体研究中的热点，通常在较高电场强度下形成，但不产生电弧，具有较高电子密度和较大放电体积等特点。图 3 给出了极不均匀电场下管板电极结构纳秒脉冲放电的典型的弥散放电图像。对弥散放电目前没有确切的定义，一般认为放电通道贯穿电极且表现大面积弥散的形式，既不同于没有贯穿电极通道的电晕放电，也不同于明显收缩通道的火花／丝状放电，是电晕放电进一步发展并贯穿电极两端[17, 18]。

国内对弥散放电研究也在近年来开展起来。中科院电工所研究了上升沿 15ns，脉宽

30 ～ 40ns 脉冲源激励的极不均匀电场下的大气压空气放电特性，实验中获得了典型的放电模式（电晕、弥散和火花等）。测得 X 射线能谱表明，弥散放电模式时 X 射线辐射达到峰值，峰值能量约为60% ～ 70% 的 eU（U 为外加电压），如图 4 所示[11, 20, 21]。还研究了上升沿 25ns，脉宽40ns 的单极性重复频率纳秒脉冲激励的弥散放电特性及其影响因素，结果表明，气隙距离影响弥散放电的稳定性，气隙距离过大或过小时，放电易出现电晕放电或火花放电，如图 5 所示，压缩脉冲上升沿有利于获得大面积弥散放电。此外，极不均匀电场下大气压空气中重频纳秒脉冲放电也存在极性效应，电极的小曲率半径处在施加正脉冲时，能够在较大气隙下形成稳定的弥散放电，而在施加负极性脉冲时，弥散放电在较小气隙内获得，且稳定性较正极性时差。大连理工大学等近年来也研究了纳秒脉冲电源激励的介质阻挡放电，发现了放电中的 diffuse 模式[22]。电气与发射光谱结果表明，弥散放电受脉冲幅值影响限制，而受重复频率影响不大。

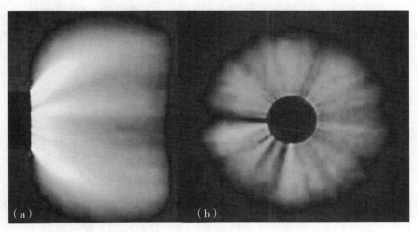

图 3 弥散放电 [（a）侧面;（b）正面][16]

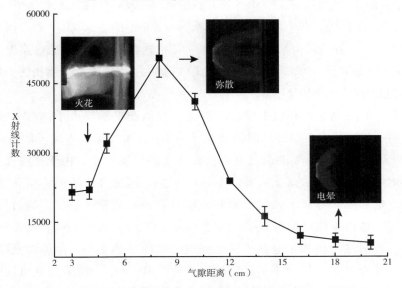

图 4 X 射线辐射计数、放电模式与气隙距离的关系[11]

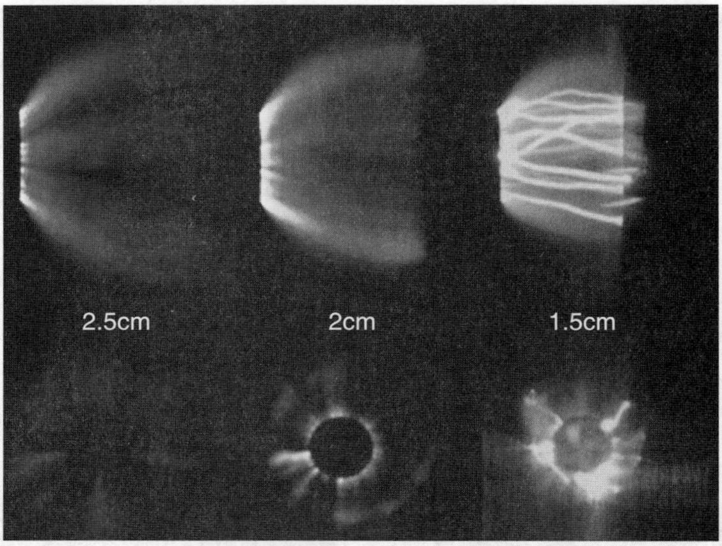

图 5　气隙距离对弥散放电的影响[16]

（二）放电等离子体应用

高压放电产生低温等离子技术早在 20 世纪 70 年代就成为治理环境污染的一门新型节能技术，是 21 世纪环境科学中四大关键技术之一，在治理污染、节能减排上起到了积极的作用[23]。特种脉冲电源技术作为一种新型的低温等离子体产生技术，显示出无比广阔的应用前景[24, 25]。高压放电等离子体技术与传统的化学、辐射技术相比具有处理条件简单、耗能少、处理时间短、效率高、无污染等优点。在材料表面处理领域，产生的等离子体对材料表面的作用仅涉及表面的几十至几百纳米，在改善材料表面性能的同时又不影响材料的基体性能。因此，非平衡态等离子体作为一种新型的能源载体，符合国家节能减排的战略需求[24-26]，在生物医学应用、新能源太阳电池背膜、柔性薄膜电路板、纳米光电子学、自由电子激光器、等离子体推进器等高科技领域到废气废水及有机污染物等环保处理都呈现出越来越广阔的应用前景。

根据不同的放电电极和放电特性，产生大气压非平衡等离子体的方式包括了介质阻挡放电（DBD）、表面介质阻挡放电（SDBD）和大气压等离子体射流（APPJ）等。DBD 通常由高压电源驱动覆盖有阻挡介质层的电极产生，由于绝缘介质的阻挡，限制了放电电流的增长，阻止火花和电弧的产生，是适合大规模连续化工业应用的一种气体放电形式。等离子体射流通常采用开有通孔的管状设备，通过气流将放电产生的等离子体由喷嘴处向外发展成射流形式，实现了放电区域和工作区域在空间上的分离，将活性物质和带电粒子输运到被处理样品的表面，能够对复杂形状的样品表面进行处理，非常适合于实际应用。表面 DBD 也是介质阻挡放电的一种形式，所产生的等离子体对表面气流有控制作用。上述等离子体技术的应用近些年都得到

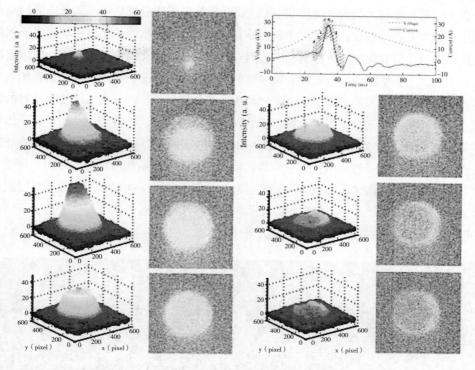

图6　空气中纳秒脉冲 DBD 发展 ICCD 图像（二维与三维结构，2ns 曝光时间）[25]

了广泛的关注。

中科院电工所利用类三角波的纳秒脉冲产生的 DBD 特性，发现纳秒脉冲 DBD 也存在均匀和丝状放电模式[27]。大气压空气中的 DBD 电流超过 300A，并用于聚对苯二甲酸乙二酯和聚酰亚胺材料的表面亲水改性，获得良好效果[28, 29]。最近使用自主研制的磁压缩纳秒脉冲电源，利用清华大学电力系统国家重点实验室的 2ns 高速摄影系统，研究了纳秒脉冲 DBD 的均匀性，如图6所示[25]。利用该均匀 DBD 对有机玻璃材料表面进行改性，有效地提高了有机玻璃表面的憎水性。南京工业大学研究了微秒的脉冲电源激励大气压空气下中和 Ar 气中大面积均匀 DBD 的特性，如图7所示[30-32]。此外大连理工大学、中国工程物理院等也采用纳秒级脉冲电源激励的大气压 DBD 中获得过大致均匀的放电模式[22]。

脉冲激励 APPJ 的研究在国内研究较为广泛。华中科技大学近些年来对 APPJ 的形成

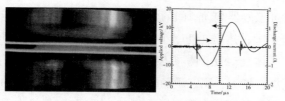

图7　空气中 μs 脉冲均匀 DBD 发光图像和电压电流波形[30]

和传播机制进行了深入研究，并使用 ICCD 观测到等离子体射流是由一系列离散的高速运动的小体积发光物质构成，呈现"子弹"状[33, 34]。通过对脉冲和交流驱动等离子体射流特性进行的对比研究发现：脉冲驱动的等离子体射流长度是交流驱动的两倍；放电电流比交流驱动约大两个量级，这也意味着脉冲驱动产生更多的电子，等离子体的活性相应地会更高，光谱测量结果表明脉冲驱动时各种活性粒子的辐射强度明显高于交流驱动时的辐射强度；当采用脉冲驱动时，等离子体射流的气体温度为常温，但交流驱动时等离子体射流的气体温度升高了约 25℃。中科院电工所使用纳秒脉冲电源，对射流的电气和外部特性进行观测实验，总结了施加电压，工作气体流量和不同电极结构对射流的影响，如图 8 所示[35, 36]；清华大学从气体动力学及亚稳态电离过程的角度，阐述了不同参数对射流外形特征的影响机制[37]。此外，大连理工大学、中国科学院等离子体所等也进行了不同条件下的射流特性以及阵列中射流相互影响的研究。

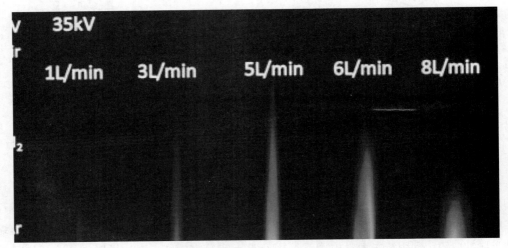

图 8　不同输入气体的射流及不同流速的 He 射流结构[36]

　　基于 SDBD 技术的等离子体激励器研究在我国尚在起步阶段。中科院电工所设计了不同的表面介质阻挡放电结构，对其电气特性进行了研究，如图 9 所示[38]。研究结果表明：纳秒脉冲表面介质阻挡放电的本质是丝状放电，放电集中在电压脉冲的上升沿；激励电压和脉冲重复频率越高，放电越强烈，越接近均匀放电，但电压的作用更侧重于均匀性，而频率的作用则侧重于放电的强度；电极间隙的优化可以使表面介质阻挡放电特性最好。空军工程大学分别对毫秒脉冲、微秒脉冲和纳秒脉冲等离子体激励器的放电功率和效率进行了研究，发现纳秒脉冲激励器起动瞬间的强度最大，但功率最小；能量利用率、单脉冲功率、最大瞬时功率等最大；热损耗功率小发热量小，可以耐更高的电压[39]。他们进行了静止空气条件下等离子体气动激励诱导体积力实验研究，结果表明：固定激励频率，体积力随激励电压增大而线性增大；固定激励电压，体积力受激励频率的影响不大；等离子体气动激励器布局对诱导的体积力有重要影响[40]。中科院工程热物理所对介质阻挡放电等离子体发光特性进行了光谱分析，发现等离子体发光强度与电源电压是线性关系而频率对发光强度影响不大；发光强度沿弦向变化规律近似为高斯分布；降低气压、冲入氦气都可增强等离子体发光强度[41]。但目前相关研究然以实验研究探索其特性和放电机制为主，对其放电机制的理解以及实际用于航天器等流动控制尚少涉及，对一些实验发现的现象也缺乏有力的理论解释，尚有大量理论和实验方面的研究工作要做。

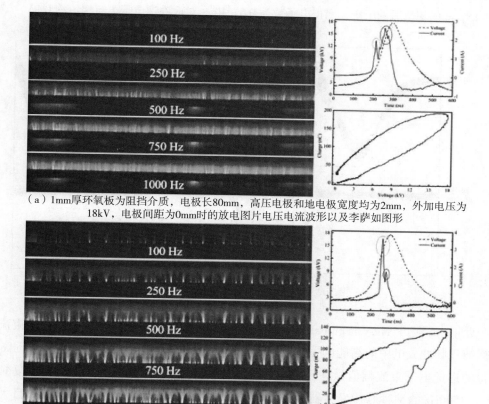

（a）1mm厚环氧板为阻挡介质，电极长80mm，高压电极和地电极宽度均为2mm，外加电压为18kV，电极间距为0mm时的放电图片电压电流波形以及李萨如图形

（b）1mm厚环氧板为阻挡介质，电极长80mm，高压电极和地电极宽度均为2mm，外加电压为18kV，电极间距为3mm时的放电图片电压电流波形以及李萨如图形

图9　大气压空气中纳秒脉冲表面介质阻挡放

三、国内外发展比较

（一）纳秒脉冲气体击穿机理研究进展

1. 逃逸电子击穿机理

基于高能快电子的逃逸击穿成为能够对纳秒脉冲下放电现象解释的主要依据，国外研究人员就其放电机理提出了多种假说。如 Mesyats 的电子崩链模型、Kunhardt 的快电子和慢电子两组模型、Babich 的电子倍增模型和 Vasilyak 的快速电离波击穿模型等[3]。近年来，

Mesyats 等使用上升沿 ~ 100ps，脉宽为 0.15 ~ 5ns 的亚纳秒脉冲发生器，采用飞行时间法测量逃逸电子流，脉宽 ~ 50ps。实验验证了逃逸电子与阴极光电效应在纳秒脉冲放电发展过程中的作用，如图 10 所示[42]，图中（a）~（c）分别为临界电压条件下测得逃逸电子流的波形。Babich 等也测量了放电中的逃逸电子，验证连续倍增模型。他们采用电子收集器测量 15μm 的铝箔后的电子，测得电子数为 0.6×10^9，对应逃逸电子电流幅值约 0.1A[43]。

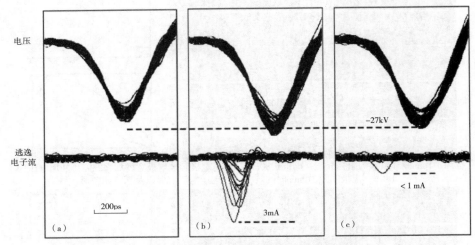

图 10　Mesyats 等测得的逃逸电子流[43]

近年来，除了 Mesyats 和 Babich，其他研究人员尝试采用直接测量逃逸电子束流来掌握纳秒脉冲放电中的高能电子逃逸行为，其中俄罗斯科学院大电流所的 Tarasenko 等测得的逃逸电子束流幅值最高。Tarasenko 等采用上升沿 <1.5ns，脉宽 <5ns，重复频率 0.5 ~ 1500Hz 的纳秒脉冲发生器，测量阳极薄膜后的电子束流，测得的电子数目大于 5×10^{10}，电流密度超过 $100A/cm^2$，并对逃逸电子在阳极附近的空间分布进行了定性测量[44]。他们还研究了不同气体环境和气压对于逃逸电子特性的影响。实验结果表明气压降低会导致逃逸电子流的增大：实验中分别采用氦气、氢气和氮气环境，气压分别在 20 ~ 60Torr、10 ~ 30Torr、3 ~ 10Torr 之间变化；逃逸电子的脉宽在 100ps 到 500ps 连续变化，逃逸电子流的幅值可以增大 1.5 ~ 3 倍。

2. 弥散放电

Macheret 等通过实验和仿真研究了重复频率纳秒脉冲放电中空气等离子体的特性，获得了大面积辉光放电，计算得到新产生的电子能量为 100 eV，比直流和射频放电的结果高两个数量级。Pai 等研究了加热空气的纳秒脉冲放电，他在加热至 1000 K 的大气压空气重频纳秒脉冲放电中发现了三种不同模式，分别定义为类电晕（corona-like）放电、似弥散放电（diffuse-like）和似丝状放电（filamentary-like）模式[18]。实验中脉冲重复频率为 10kHz，上升时间 5ns，脉宽 10ns，气隙距离为 4.5cm，类电晕、似弥散、似丝状放电的施加电压分别为 5kV、5.5kV 和 6kV。通过电气特性和光学特性诊断结果分析，似弥散放电具有低光辐射、低电子温度和低电流的特点，计算得到的电子密度最大可达 $10^{13}cm^{-3}$，而与之相对应的似丝状区放电，发光强烈，电子密度达到 $10^{15}cm^{-3}$。Tarasenko 等研究了大气压空气中极不均匀电场下的脉冲放电特性，采用尖—尖，管—板等构成极不均匀电场，获得了大气压下弥散放电[45]。实验中施加电压 150kV 以上，脉冲上升时间小于 1.5ns，脉宽小于 5 ns，重复频率 0.5 ~ 1500 Hz。与常见的多射流（multi-jet）模式的弥散放电不同，Tarasenko 获得的弥散放电更均匀，面积更大，但随着气压或者间隙距离的变化，也会出现丝状放电。针对这种放电模式，Tarasenko 等认为与逃逸电子和 X 射线辐射有关，并提出放电中出现的高能快电子会预电离气隙，从而点燃弥散放电。

（二）放电等离子体应用

大气压下 DBD 通常表现为丝状流注放电模式，这种形式的 DBD 在放电空间存在大量高能量密度的电流细丝，其不均匀性及能量密度集中限制了其在很多工业领域的应用。但是丝状放电并不是 DBD 在大气压下的唯一表现形式，在一定条件下，DBD 也可以表现为均匀、稳定的无细丝出现的放电模式，被称为大气压均匀 DBD 或"大气压辉光放电"。近年来很多研究者通过改变电极结构、电源频率或阻挡介质材料等方法来产生大气压空气均匀 DBD，是目前均匀 DBD 领域研究的重点[23, 27, 46]。尤其是脉冲 DBD 放电技术在近几年也成为国际上放电等离子体领域的研究热点，脉冲高压在近几年被用于激励 DBD。研究人员采用持续时间为微秒和纳秒脉冲电源激励已成功在大气压 He、Ar、N_2 以及空气下产生大面积均匀 DBD。Walsh 等采用重复频率为千赫兹的微秒和纳秒脉冲在大气压 He、Ar 和空气中实现了大面积均匀 DBD。

国外研究人员对均匀 DBD 的机理研究。传统的 Townsend 理论和流注放电理论并不完全适用于大气压条件下放电，因此，大气压均匀 DBD 的产生机理目前尚未达成共识。关于氦气等惰性气体中均匀放电产生，潘宁电离和阻挡介质表面解吸附电荷被证实对均匀放电的产生起主要作用。然而，在空气中 DBD 电离产生少量的激励态粒子会与电负性的氧气分子发生反应而快速消失。因此，在大气压下惰性气体中产生均匀 DBD 的"激励态机理"对于空气不再适用，空气中均匀 DBD 的放电机理仍需要进一步研究。此外，Palmer 等提出"多电子崩耦合"理论，Roth 等提出"离子捕获机制"，Rahel 等结合"流注理论"来解释均匀放电的形成，然而这些理论的提出大多建立在自身实验的基础上，有一定的局限性。

近年来 APPJ 也获得了国外研究人员的极大关注。等离子体射流通常采用开有通孔的管状设备，通过气流将放电产生的等离子体由喷嘴处向外发展成射流形式，实现了放电区域和工作区域在空间上的分离，将活性物质和带电粒子输运到被处理样品的表面，能够对复杂形状的样品表面进行处理，非常适合于实际应用[47, 48]。最早的等离子体射流装置是日本研究人员于 1992 年研制的，之后美国、捷克、日本和德国等国的研究人员设计并研究了不同结构的射流。为了实现大面积处理，研究人员设计出射流阵列装置，Walsh J.L. 等人采用环形铜电极结构，研究了一维等离子体射流阵列管管之间的相互作用关系，研究发现，在高压电极与电源之间串联一个电容镇流器可以提高射流等离子体羽的一致性和均匀性。通过纹影拍照技术观察气体流量对等离子体射流阵列的影响，在层流状态下，阵列式等离子体射流的长度受到放电和气体温度的影响呈减小趋势。Kim J.Y. 等人做了一系列关于类蜂巢二维等离子体射流阵列的实验，从实验结构对比、分析、材料改性等方面做了全面的介绍。比较了石英玻璃管内径大小、个数以及气流对等离子体射流阵列的影响，研究结果表明，蜂窝状四周管内射流对中心管内的等离子体射流有耦合作用，且随着电源频率、电压幅值的增大，耦合作用越强。射流之间的相互耦合影响导致放电阵列的工作状态很不稳定，这使得对等离子体射流机理的了解和控制更加迫切。

基于表面 DBD 的等离子体气动激励特性的实验研究主要包括电、光、声、力和流场特性的测试诊断等。美国空军学院是从事等离子体气动激励特性测试诊断研究的代表性单位，与加州大学、科罗拉多大学和圣母大学等单位合作，在等离子体气动激励器的放电特性、电场特性、发光特性、声特性和力特性等方面进行了大量的研究。美国田纳西大学Roth 等利用大气压均匀辉光放电等离子体的专利技术，开展了边界层控制、紊流减阻、翼型大攻角分离等方面研究。Pavon 等人研究了气流对 SDBD 的影响，发现流速为 4.6 ~ 6.4m/s时体积力不受自由流速度影响。Takashima 等讨论了电极长度对放电特性的影响，并通过高速摄影研究了表面 DBD 的放电过程和形态。Hoskinson 等对不同电极结构参数下的体积力进行了仿真分析，认为在单电极封装结构下高压电极尺寸越小，体积力越大。目前等离子体流动控制领域，实验报道和理论数值模拟分析居多，对各种未来激励器可能应用的各种环境条件（如临近空间条件下，温度、气压和相对湿度等都明显不同于大气压环境）下的放电特性研究很少，关键的机理问题有待解决。

（三）国内外研究对比

经典的 Townsend 理论和流注理论发展已经有近 100 年的历史，两种理论能够很好地解释常规条件下的放电现象，但自 20 世纪 20 年代以来，纳秒脉冲放电的机理研究却仍停留在理论探索阶段。六七十年代放电中发现 X 射线，为探索纳秒脉冲放电机理提供了有效途径，因此，纳秒脉冲放电机理的探索迎来了一个发展的时期，国外以俄罗斯科学院和美国德州技术大学为代表的多家研究机构提出了多种机理假说，推动了纳秒脉冲气体放电机理的进展。进入 21 世纪，随着纳秒脉冲气体放电应用领域的不断拓宽，应用需求再一次掀起了纳秒脉冲气体放电机理研究的高潮，相关研究机构也大大增加，如美国、英国、法国等和中国工程物理研究院、清华大学、中国科学院电工所等国内机构。纳秒脉冲下的放电特性研究已经积累了一定的研究结果，并取得了一些重要的理论进展。此外，脉冲功率电源技术还远不成熟。小型化、重频化、长寿命和高性价比等是脉冲电源技术发展方向，但储能和开关技术是制约民用脉冲功率源发展的瓶颈，开关固态化、电容器储能和功率高密度化都是需要进一步研究的问题。

大气压低温等离子体由于其独特的物理和化学特性，被广泛应用于臭氧形成、废气处理、等离子体辅助燃烧、表面改性和医用灭菌等领域。在材料改性方面，大气压冷等离子体作用于材料表面时，其电子能量高于聚合物中常见的化学键能，因此具有足够的能量打破原有化学键，引发断裂和重组，对材料表面作用深度为几十到几百纳米，改变表面样貌和功能基团的同时不影响基体性能，而且相比于传统改性方法省去了很多处理工序，不污染环境，近些年来得到了广泛的研究。等离子体对材料表面的作用包括了等离子体刻蚀、等离子体交联和引入官能团。中国科学院电工所近年来采用上升沿和脉宽在几十纳秒的脉冲电源激励 DBD，并将均匀 DBD 用于处理多种聚合物材料，提高了材料表面的亲水和憎水性。南京工业大学使用多种形式的大气压均匀放电等离子体处理多种聚合物薄膜和太阳能电池板背膜，引入含氧基团，增加了薄膜的亲水性，并分析了改性前后薄膜表面物理结构和化学性质的变化。目前文献关于等离子体表面改性的应用和效果评测较多，但等离子体与物质的相互作用的反应机理，改性的有效调控以及改性工艺的优化等需要进一步研究。目前国际上对大气压等离子体材料表面改性的研究还不完善，对适合工业应用的高稳定性、高活性和大功率密度等离子体研究进展缓慢，对改性机理、参数优化及有效控制方法等研究较少，尚需大量的实验和理论研究加以充实。

等离子体射流的研究主要从产生机理、电学参数和化学特性几个方面进行，电子能量损失机制、电子逃逸、光电离机制和电子密度温度等属于基础理论的研究。电学参数方面主要包括了不同驱动电压类型、脉冲宽度、重复频率和电压电流特性等，化学特性包括不同放电媒介中各活性粒子的成分及密度等。目前华中科技大学已设计出多种不同的等离子体射流发生装置，如何改进和优化射流源，一直是等离子体研究的重要方向。但对等离子体射流关键参数的控制仍处于研究阶段，其产生机理和推进机制也是国内外研究有待解决的重要问题。

等离子体医学是近几年发展起来的一门新兴交叉学科，主要研究等离子体对生物体的作用效应，包括了对口腔、皮肤或器械的灭菌消毒和对生物细胞的处理，利用等离子体中富含的自由基，带电粒子和活性氧化物在生物体的分子层面上引发一系列反应。无论是国内还是国外，等离子体医学均刚刚起步，有关等离子体与生物体相互作用机制仍然不是很清楚，如带电粒子、亚稳态粒子、激发态粒子和电场等所起的作用的了解还很少，对活性粒子中在分子层面上是如何起到作用，等离子体对各种致病微生物、癌细胞等可能产生的处理效果等，这些都有待于进一步研究。此外，如何增强等离子体射流的活性，提高处理效率，以及如何利用阵列来获得均匀的处理效果都是值得研究的课题。总之，尽管等离子体医学还面临着诸多问题，但其在临床医学上的应用前景是巨大的。

大气压等离子体流动控制技术正成为国际上空气动力学领域新兴的重要研究课题，美国空军学院、空军研究实验室、普林斯顿大学、凯特林大学，俄罗斯科学院等单位针对改善飞行器外流和推进系统内流空气动力特性的需求，在等离子体流动控制的物理过程分析、建模仿真、实验、硬件实现等多个方面开展了大量的研究工作，其中美国、俄罗斯、法国最具有代表性。而较长一段时间以来，国内普遍对等离子体隐身技术比较感兴趣，而对等离子体流动控制关注较少。近年来，国内等离子体流动控制的研究工作开始逐渐兴起，一些大学和科研单位都相继开展了部分研究工作。目前国外的研究发展趋势是：一方面加强基础研究，例如大量进行等离子体流动控制建模仿真研究；探索提高控制能力和能量转化效率的机制、原理和方法；进行等离子体气动激励改善高速气流，以及高、低压环境气流气动特性的基础研究等；并不断扩大等离子体流动控制应用基础的研究范围。纳秒脉冲放电等离子体流动控制的研究从 2005 年才大量开始，国外以莫斯科物理技术学院、普林斯顿大学等为代表进行了初步实验研究。国内以空军工程大学、装备学院、中国科学院电工所等对表面介质阻挡放电的气动激励电特性、发光特性、体积力特性、流动特性、发射光谱特性等进行了实验和模拟研究，但与国外还有一定差距。

放电等离子体的应用前景非常广泛，但目前相当多的研究还处在实验室阶段，其中最关键的问题有如下几个：如何高效的产生密度、能量等都合适的等离子体，如何得到性能最优化、效率最高的等离子体反应器，以及各种不同的激励源。随着脉冲电源技术的发展，高压脉冲电源越来越多地应用到放电反应器中，已有的大部分研究成果主要关注常规电源激励下的结果及应用，对脉冲放电（尤其是纳秒脉冲放电）的特性和放电机理研究得不够，而气体放电的经典理论也不能很好的解释纳秒脉冲下的气体放电过程。因而，研究纳秒脉冲放电机理和等离子体产生机制，对于等离子体的应用和推广有着重要的意义。

采用脉冲放电方式激励等离子体，脉冲功率电源是核心。目前脉冲功率源主要有电容储能和电感储能两种方式。根据储能的方式的不同，相应选择的开关也有所不同。开关是决定脉冲电源输出电压、频率、脉宽等参数的重要器件。目前最为成熟的开关有气体火花开关，相对通流能力也较大，但缺点是重复频率不高、电压调节困难和选择性较小，另一种伪火花开关也是国外研制脉冲电源较为常用的一种开关器件，并且在等离子体射流中获得较好的应用。目前在脉冲电源领域，最广泛使用的是采用半导体开关，如 IGBT、MOSFET 等器件的串并联形成的开关电源，目前国外已有相关市场化的产品。另一种重要的开关是磁开关，由于无需复位的磁芯技术的发展，磁开关形式的脉冲电源重新获得了大量研究，且效率较高。基于单级和多级磁压缩电源，可以输出不同脉冲和电压的高压，但一般输出频率一般在 2kHz 以下，由于磁开关电源是负载决定输出，因此，负载的形式等都会影响脉冲电压输出，因此应用时，一般会将放电回路并联一定阻值的纯电阻负载。目前中国科学院电工所已研制了上升沿 40ns，半高宽 70ns 的 30kV 脉冲磁压缩电源，和上升沿 25ns，半高宽 40ns 的 50kV 脉冲磁压缩电源，并对纳秒脉冲下气体、液体和固体介质的绝缘特性试验和机理进行了一定的研究，同时开展了纳秒脉冲下介质阻挡放电、等离子体射流、表面等离子体等不同形式的等离子体特性研究[49，50]。

四、发展趋势及展望

脉冲功率技术应国防需求而迅速发展起来，而现在的世界多极化和网络时代则迫切要求把这种技术及时又理智地转移到民用领域去造福于人类。但此时，民用脉冲功率源技术却面临着许多全新的科学技术问题需要探索解决，其中根本的是脉冲功率系统小型化、重频化、高平均功率、长寿命、安全可靠性和高的性价比等。这涉及更基础的一个大科学系统问题，要靠许多相关领域协同作战才能解决。在众多民用领域中，目前商业化的应用还不多，这与脉冲功率源有待于再重频化、小型化、固态化、多样化和高性价比、安全可靠及长寿命等方面发展密切相关。但有理由相信，随着脉冲功率技术的飞速发展，必将带动脉冲功率技术的民用化，必然也会极大地促进放电等离子体技术的发展。

随着脉冲功率技术与气体放电技术越来越密切的结合，国内外研究人员均认识到纳秒脉冲气体放电的广阔应用前景。国外研究由于起步较早，目前对纳秒脉冲气体放电机理认识比较深入，但与成熟的脉冲气体放电理论尚有距离。这主要是因为直接测量逃逸电子很困难，且阳极附近测量的电子束流及能量分布，和临界电子雪崩区域的电子能量分布仍有差别。此外，由 X 射线（主要是韧致辐射产生）只能间接证明逃逸电子现象。总之，脉冲放电超短的时空演化过程加大了放电特征参数测量的难度，远比常规气体放电研究困难，还有不少亟待解决的问题。国内目前相关领域的研究还处于跟踪研究阶段。此外，由于脉冲电源关键器件比常规气体放电的复杂，且成本昂贵，研究门槛较高，限制了纳秒脉冲气体放电机理的研究热度。

目前，大气压下均匀 DBD 研究仍为热点问题，但是研究成果还停留在实验室阶段，并未扩展到工业应用。国内外对交流和脉冲 DBD 的研究无论是在机理方面还是诊断技术，参数优化以及应用方面都取得了相当的进展，但是也存在一些问题：学界对 DBD 机理的看法不一，特别是对均匀和脉冲 DBD 机理的研究较少，还没有建立起一种能够适用各种情况，被广泛接受的严谨的理论。但均匀和脉冲 DBD 的应用前景已获得大多数科研机构的认可，其机理和应用研究有助于完善脉冲放电产生低温等离子体技术的研究，推动脉冲功率技术在气体放电领域的发展，具有实际意义。

参 考 文 献

［1］ 张适昌，严萍，王珏，等. 民用脉冲功率源的进展与展望［J］. 高电压技术，2009，35（3）：618-631.

［2］ 卢新培，严萍，任春生，等. 大气压脉冲放电等离子体的研究现状与展望［J］. 中国科学：物理学、力学、天文学，2011，41（7）：801-815.

［3］ 邵涛，严萍，张适昌，等. 纳秒脉冲气体放电机理探讨［J］. 强激光与粒子束，2008，20（11）：1928-1932.

［4］ Mesyats G A，Yalandin M I，Reutova A G. Picosecond runaway electron beams in air［J］. Plasma Physics Reports，2012，38（1）：29-45.

［5］ Levko D，Tarasenko V F，Krasik Y E. The physical phenomena accompanying the sub-nanosecond high-voltage pulsed discharge in nitrogen［J］. Journal of Applied Physics，2012，112（7）：073304（4p）.

［6］ Gurevich A，Mesyats G，Zybin K，et al. Observation of the avalanche of runaway electrons in air in a strong electric field［J］. Physical Review Letters，2012，109（8）：085002（8p）.

［7］ Levko D，Krasik Y E，Tarasenko V F. Present status of runaway electron generation in pressurized gases during nanosecond discharges［J］. International Review of Physics, 2012, 6（2）: 165-195.

［8］ Tarasenko V F, Rybka D V, Burachenko A G, et al. Measurement of extreme-short current pulse duration of runaway electron beam in atmospheric pressure air［J］. Review of Scientific Instruments, 2012, 83（8）: 086106（2p）.

［9］ Oreshkin E V, Barengolts S A, Chaikovsky S A, et al. Bremsstrahlung of fast electrons in long air gaps［J］. Physics of Plasma, 2012, 19（1）: 013108（5p）.

［10］ Zhang C, Shao T, Yu Y, et al. Detection of X-ray emission in a nanosecond discharge in air at atmospheric pressure［J］. Review of Scientific Instruments, 2010, 81（12）: 123501（5p）.

［11］ Zhang C, Shao T, Tarasenko V, et al. X-ray emission from a nanosecond-pulse discharge in an inhomogeneous electric field at atmospheric pressure［J］. Physics of Plasmas, 2012, 19（12）: 123516（7p）.

［12］ Shao T, Tarasenko V F, Zhang C, et al. Repetitive nanosecond-pulse discharge in a highly nonuniform electric field in atmospheric air: X-ray emission and runaway electron generation［J］. Laser and Particle Beams, 2012, 30（9）: 369－378.

［13］ Shao T, Tarasenko V F, Zhang C, et al. Runaway electrons and X-rays from a corona discharge in atmospheric pressure air. New Journal of Physics, 2011, 13（11）: 113035（19p）.

［14］ Shao T, Zhang C, Niu Z, et al. Diffuse discharge, runaway electron, and X-ray in an atmospheric pressure air in an inhomogeneous electrical field in repetitive pulsed modes［J］. Applied Physics Letters, 2011, 98（2）: 021513（3p）.

［15］ 章程, 邵涛, 牛铮, 等. 大气压尖板电极结构重复频率纳秒脉冲放电X射线辐射特性研究［J］. 物理学报, 2012, 61（3）: 035202（9p）.

［16］ Zhang C, Shao T, Niu Z, et al. Diffuse and filamentary discharges in open air driven by repetitive high-voltage nanosecond pulses［J］, IEEE Transaction on Plasma Science, 2011, 39（11）: 2208-2209.

［17］ Shao T, Zhang C, Niu Z, et al. Runaway electron preionized diffuse discharges in atmospheric pressure air with a point-to-plane gap in repetitive pulsed mode［J］. Journal of Applied Physics, 2011, 109（8）: 083306（7p）.

［18］ Pai D Z, Lacoste D A, Laux C O. Transitions between corona, glow, and spark regimes of nanosecond repetitively pulsed discharge in air at atmospheric air［J］. Journal of Applied Physics, 2010, 107（9）: 093303（15p）.

［19］ Shao T, Tarasenko V F, Zhang C, et al. Diffuse discharge produced by repetitive nanosecond pulses in open air, nitrogen, and helium［J］. Journal of Applied Physics, 2013, 113（9）: 093301（10p）.

［20］ Shao T, Tarasenko VF, Zhang C, et al. Generation of runaway electrons and X-rays in repetitive nanosecond pulse corona discharge in atmospheric pressure air［J］. Applied Physics Express, 2011, 4（6）: 066001（5p）.

［21］ Shao T, Tarasenko VF, Zhang C, et al. Spark discharge formation in an inhomogeneous electric field under conditions of runaway electron generation［J］. Journal of Applied Physics, 2012, 111（2）: 023304（10p）.

［22］ Zhang S, Wang W, Jia L, et al. Rotational, vibrational, and excitation temperatures in bipolar nanosecond-pulsed diffuse dielectric-barrier-discharge plasma at atmospheric pressure［J］. IEEE Transaction on Plasma Science, 2013, 41（2）: 350-354.

［23］ 王新新. 介质阻挡放电及其应用［J］. 高电压技术, 2009, 35（1）: 1-11.

［24］ Iza F, Walsh J L, Kong M G. From submicrosecond- to nanosecond-pulsed atmospheric-pressure plasmas［J］. IEEE Transactions on Plasma Science, 2009, 37（7）: 1289-1296.

［25］ Shao T, Zhang C, Yu Y, et al. Temporal evolution of nanosecond-pulse dielectric barrier discharges in open air［J］. EPL（Europhysics Letters）, 2012, 97（5）: 55005.

［26］ Martens T, Bogaerts A, van Dijk J. Pulse shape influence on the atmospheric barrier discharge［J］, Applied Physics Letters, 2010, 96（13）: 131503.

［27］ Shao T, Yu Y, Zhang C, et al. Excitation of atmospheric pressure uniform dielectric barrier discharge using repetitive unipolar nanosecond-pulse generator［J］. IEEE Transactions on Dielectrics and Electrical Insulation, 2010, 17（6）: 1830-1837.

［28］ Zhang C, Shao T, Long K, et al. Surface treatment of polyethylene terephthalate films using DBD excited by repetitive unipolar nanosecond-pulses in air at atmospheric pressure［J］. IEEE Transaction on Plasma Science, 2010, 38（6）: 1517-1526.

［29］ Shao T, Zhang C, Long K, et al. Surface modification of polyimide films using unipolar nanosecond-pulse DBD in atmospheric air［J］. Applied Surface Science, 2010, 256（12）: 3888-3894.

［30］ Fang Z, Yang H, Qiu Y. Surface treatment of polyethylene terephthalate films using a microsecond pulse homogeneous dielectric barrier discharges in atmospheric air［J］. IEEE Transaction on Plasma Science, 2010, 38（7）: 1615-1623.

［31］ Fang Z, Shao T, Ji S, et al. Generation of homogeneous atmospheric-pressure dielectric barrier discharge in a large-gap argon gas［J］. IEEE Transaction on Plasma Science, 2012, 40（7）: 1884-1890.

［32］ 方志, 杨浩, 谢向前. 均匀介质阻挡放电处理聚合物薄膜表面亲水性的研究［J］. 真空科学与技术学报, 2010, 30（2）: 160-166.

［33］ Lu Xinpei, Xiong Qing, Xiong Zilan, et al. Effect of nano- to millisecond pulse on dielectric barrier discharges［J］. IEEE Transaction on Plasma Science, 2009, 37（5）: 647-652.

［34］ Xiong Q, Lu X, Liu J, et al. Temporal and spatial resolved optical emission behaviors of a cold atmospheric pressure plasma jet［J］. Journal of Applied Physics, 2009, 106（1）: 083302.

［35］ 牛铮, 邵涛, 章程, 等. 纳秒脉冲放电等离子体射流特性［J］. 强激光与粒子束, 2012, 24（3）: 617-620.

［36］ Niu Z, Shao T, Zhang C, et al. Atmospheric pressure plasma jet produced by a unipolar nanosecond pulse generator in various gases［J］. IEEE Transaction on Plasma Science, 2011, 39（11）: 2322-2323.

［37］ Li Q, Li J, Zhu W, et al. Effects on gas flow rate on the length of atmospheric pressure nonequilibrium plasma jets［J］. Applied Physics Letters, 2009, 95（14）: 141502.

［38］ Shao T, Jiang H, Zhang C, et al. Time behaviour of discharge current in case of nanosecond-pulse surface dielectric barrier discharge［J］. EPL（Europhysics Letters）, 2013, 101（4）: 45002.

［39］ 梁华, 李应红, 贾敏, 等. 等离子体气动激励的能量转化过程分析［J］. 高电压技术, 2010, 36（12）:3054-3058.

［40］ Song H, Li Y, Zhang Q, et al. Experimental investigation on the characteristics of sliding discharge plasma aerodynamic actuation［J］. Plasma Science and Technology, 2011, 13（5）: 608-611.

［41］ 李钢, 徐燕骥, 林彬, 等. 利用介质阻挡放电等离子体控制压气机叶栅端壁二次流［J］. 中国科学 E 辑: 技术科学, 2009, 39（11）: 1843-1849.

［42］ Mesyats G A, Reutova A G, Sharypov K A, et al. On the observed energy of runaway electron beams in air［J］. Laser Part. Beams, 2011, 29（4）: 425-435.

［43］ Babich L P, Loiko T V. Subnanosecond pulses of runaway electrons generated in atmosphere by high-voltage pulses of microsecond duration［J］. Doklady Physics, 2009, 54（11）: 479-482.

［44］ Tarasenko V F, Kostyrya I D, Baksht E Kh, et al. SLEP-150m compact supershort avalanche electron beam accelerator［J］. IEEE Transactions on Dielectrics and Electrical Insulation, 2011, 18（4）:1250-1255.

［45］ Tarasenko V F, Baksht E Kh, Burachenko A G, et al. High-pressure runaway-electron-preionized diffuse discharges in a nonuniform electric field［J］. Technical Physics, 2010, 55（12）: 210-218.

［46］ 高松华. CF_4 射频等离子体硅橡胶表面疏水疏油改性研究［D］. 湖南: 中南大学, 2008.

［47］ 卢新培. 等离子体射流及其医学应用［J］. 高电压技术, 2011, 37（6）: 1416-1425.

［48］ 熊紫兰, 卢新培, 鲜于斌, 等. 气压低温等离子体射流及其生物医学应用［J］. 科技导报, 2010, 28（15）: 97-105.

［49］ Shao T, Zhang D, Yu Y, et al. A compact repetitive unipolar nanosecond-pulse generator for dielectric barrier discharge application［J］. IEEE Transaction on Plasma Science, 2010, 38（7）: 1651-1655.

［50］ Zhang D, Zhou Y, Wang J, et al. A compact, high repetition-rate, nanosecond pulse generator based on magnetic pulse compression system. IEEE Transactions on Dielectrics and Electrical Insulation, 2011, 18（4）:1151-1157.

撰稿人: 严 萍 邵 涛 章 程 方 志

生物电磁技术

一、引言

  生物电磁技术主要用于研究和解决生物学和医学中的相关电磁问题，是一门综合生物学、医学和电气科学的交叉学科，其目标是研究生命活动本身所产生的电磁场和外加电磁场对生物体的作用规律，以及研究与电磁相关的医疗仪器和生命科学仪器中的电气科学基础问题。研究内容主要包括：生物电磁特性及应用、电磁场的生物学效应及其生物物理机制、生物电磁信息检测与利用、生物医学中的电工新技术等。

  电磁场与生命活动有着十分紧密的联系，许多生命活动都伴随着电磁场的产生，这些电磁信号中包含着生命活动的重要信息，是多种生理、生化现象的独特表征，探测并研究这些信息，可以更深刻地了解生命活动的本质。另一方面，在生命的起源和进化过程中总是伴随着地磁场和大量电磁辐射的存在，生物机体的各个层面，必然烙下了地磁环境和电磁辐射的痕迹。特别是随着电工和电子科技的飞速发展，电磁技术在各个领域的应用越来越广泛，导致环境中电磁场日益增强，这些电磁场对人体健康的影响问题一直受到广泛关注，相关研究也是目前的热点。外加电磁场对生物影响的研究成果，将使人们能够趋利避害，让电磁场对生物体的作用造福于人类。

  生物电磁特性是研究上述问题的基础，对生物自身电磁信息和外加电磁场对生物影响的研究都必然涉及电磁场在生物体内传播的问题，这与生物电磁特性密切相关。利用生物的电磁特性，通过在体外施加一些特定的电磁场，可以实现对生物体的检测或治疗。此外，随着经济发展和社会进步，人类改善生活和生存质量的要求不断提高，医疗仪器在保证人民健康、提高民族素质、改善生活质量中发挥重要的作用。电工技术在医疗仪器中有着广泛的应用，如磁共振成像（MRI）系统中的磁体和线圈技术、人工心脏血流泵中的磁耦合技术、靶向治疗中的磁导航和磁定位技术以及各种特殊电源技术等，利用电磁场的各种生物学效应已研制出多种新型的理疗设备。

  总之，生物电磁技术的发展会促进生命科学中的相关研究和医疗设备与新型生命科学仪器产业的发展，对诸如生命活动中电磁现象的深刻本质和电磁场对生物体起作用的内在机理、疾病诊断和治疗以及环境保护等问题的深入研究都将起到具有创新意义的推动作用。

二、我国的发展现状

生物电磁技术涉及电气工程、生物学、医学、电子和信息学等多个学科领域，从 18 世纪发现生物电现象（1780 年）、19 世纪进行电磁场生物学效应的人体试验（1893 年）至今已有 200 多年的历史，目前我国已经在生物电磁技术研究的各个方面取得了系统的研究成果。

（一）生物电磁特性及应用

生物体的电磁特性是生物电磁技术研究的基础，研究不同层次生物体及其组成成分和结构的电磁特性，对于深入了解和揭示生命活动的本质规律，分析电磁场对生命活动的作用，利用电磁场对于生物活动过程的干预（趋利），或防止电磁场对生命活动的影响（避害）具有重要意义。从生物电磁学的角度看，生物体的电磁特性一般包括电导率、介电常数、磁导率和阻抗频谱特性等。

活性组织的介电特性与组织的功能状态密切相关，生物组织的微观结构和生化反应是决定其介电特性表现的根本因素。第四军医大学通过对兔肝在离体不同时间点的电阻抗值测量，发现兔肝组织的电阻率随离体时间的延长呈现先增大后减小的趋势，从微观角度揭示了组织的介电特性与其活性程度的密切关系[1]。宁波大学医学院研究发现，大鼠腓肠肌细胞的介电常数和电导率存在频率依存性和各向异性，其介电行为存在 α 和 β 两个介电散射，并满足 Cole–Cole 数学模型[2]。人体组织、器官的电特性是阻抗成像正问题建模的基础，直接影响着成像技术的临床应用效果。但由于涉及苛刻实验条件及伦理限制，此方面研究工作面临巨大困难。第四军医大学联合天津大学、河北工业大学在国家自然科学基金重点项目的资助下，在大量临床手术中测定了人体脑组织及其他器官的电特性信息，以及颅内出血、腹腔出血等情况下人体组织的电特性变化趋势。

利用生物电磁特性变化可以反映生物体生理和病理信息这一特点，可实现疾病（尤其是肿瘤）的早期检测。基于生物阻抗特性变化的电阻抗成像技术是当前国际上的研究热点，电阻抗成像的正、逆问题是决定该技术成像速度、重建质量是否满足临床应用的重要理论问题。重庆大学在反投影方法、牛顿一步误差迭代法等经典方法的改进方面做出了很多贡献[3]。天津大学在正则化方法以及先验信息等方面提出了很多新方法[4, 5]。河北工业大学在基于反投影原理的动态算法方面提出了新算法，并在三维正问题模型上进行了数值计算研究，对有限元、边界元方法进行了正、逆问题研究[6]。

测量系统是成像技术临床应用的实施主体，其中测量电极及测量策略是数据采集准确的保证。中国医学科学院生物医学工程研究所一直致力电极阵列以及电极设计的研究。重庆大学对开放式电阻抗系统进行了深入研究，并对柔性测量系统进行了理论研究及设计制造[7]。以上两个团队，以及天津大学、河北工业大学等多个团队均拥有自主研发的电阻抗成像系统。第四军医大学的研究团队研制出了我国首台拥有完全自主知识产权的监护样机，首先在人体实现了脑、腹部的阻抗功能成像，其研制的电阻抗乳腺癌筛查仪，已获国家医疗器械注册证书并在临床应用。

除经典电阻抗成像技术之外，基于电磁原理的磁感应成像和磁探测电阻抗成像技术将激励源及测量探头进行了改进，彻底使激励－测量模式成为非接触方式。重庆大学在头部模型上进行了正问题的解析解研究，并研究了开放式磁感应成像的基础理论[8]。天津大学进行了电流密度与电导率分布之间严格数学关系的研究，以期提高成像质量。沈阳工业大学在激励线圈、逆问题算法方面进行了研究，并建立成像系统。

在多物理场耦合提高电阻抗成像质量研究方面，磁声成像较之光声成像具有独特优势。中国科学院电工研究所联合生物医学工程研究所在国家自然科学基金重点项目的资助下，对磁声成像的声源理论、磁声场耦合、检测及系统设计等方面进行了研究。浙江大学在磁声成像的提出者贺斌教授的带领下对三维情况下的算法及系统设计方面进行了研究[9]。另一方面，核磁共振与电阻抗成像的结合可重建时空分布上的生物信息，并且借助核磁共振技术对注入电流产生的偏置磁场进行检测以提高成像质量；天津大学、浙江大学在提高空间信息分辨率等方面进行了研究。

（二）电磁场的生物学效应及其生物物理机制

随着电工技术的发展，用电设施日益增多，相关的极低频电磁场对环境和人类健康的影响问题也越来越受到广泛关注[10, 11]，特别是输变电工程和磁悬浮交通工程等关系到国计民生的项目有时也受到公众质疑。导致这种局面的根本原因是，虽然极低频电磁场对健康的影响问题已研究多年，但现有研究成果还无法给出明确清晰的答案。另外，随着特高压直流输电技术的发展和应用，交直流混合的电磁场环境会逐渐增多，也使得极低频电磁场对健康影响的问题更加复杂。在此背景下，国家科技部、基金委员会以及一些相关企业对电磁场的生物学效应及其生物物理机制研究非常重视，也给予了大力支持。

国内有多家单位开展电磁场生物学效应研究，不少单位已开展相关研究多年并取得多项成果。其中，浙江大学医学院生物电磁学实验室在工频磁场对细胞间隙通讯的影响方面进行了系统研究。在国家自然科学基金重点项目的资助下，中国科学院电工研究所对内源磁性颗粒介导的极低频电磁场生物学效应机制进行了深入研究，并与国家电网公司合作在武汉特高压试验基地建设了"极低频电磁场对动植物生态效应长期观测基地"。2010年，第三军医大学联合浙江大学、第四军医大学、华东师范大学等单位申请了国家重大基础研究项目（"973"）《电磁辐射危害健康的机理及医学防护的基础研究》，计划围绕阐明电磁辐射健康危害机理这个基本点，以提出有针对性的医学防护措施为最终目标，从细胞、组织器官、人群三个不同层次，以生物组织感受并对电磁辐射产生响应的作用机制为突破口，研究阐明细胞与生物组织感受、吸收、转化、传递电磁辐射能量的规律，揭示神经系统、生殖系统对电磁辐射损伤敏感的生物学基础和分子机制，明确长期低剂量电磁辐射的遗传损伤效应，提出人群水平损伤效应的生物标志物与危害监测评估的指标，力争使我国电磁辐射生物效应研究与危害防治水平取得新的突破。

在较高强度电磁场的生物学效应的研究方面，重庆大学等单位系统研究了陡脉冲对肿瘤细胞不可逆性电击穿[12]，建立了肿瘤细胞的电路分析模型和电场计算的简化模型，发现适当剂量的陡脉冲电场对肿瘤细胞的杀伤和抑制效应，开发出相应的治疗装置并进行了初步的临床实验。利用强脉冲磁场的经颅磁刺激仪在脑功能探测方面有重要的应用，华中科技大学等单位研制的磁刺激仪于 2009 年获得国家医疗器械注册证。也有单位研究脉冲电场对促进药物经皮渗透的影响、旋转磁场对镇痛、止呕和骨质疏松的影响等，研制出一些医疗仪器但还未被市场广泛认可。

（三）生物电磁信息检测与利用

生物体是一个复杂的电磁系统，许多微观和宏观生命过程都伴随着大量的电磁活动。在能量转换、物质代谢、结构装配等基本的生命活动中，存在着大量分子层次上的电荷转移过程；亚细胞和细胞层次上膜电位变化、细胞间信息的传送等，大都通过各种细胞膜离子通道的开关调控离子电流来实现；细胞电极化效应的综合作用在组织层次上产生诸如心电、脑电、脑磁、肌电等生理电磁现象，携带有生物活体的各种生理、病理信息。检测这些生物电磁信号并据此分析其内部电磁过程，以及这些电磁过程和生命活动的关系，对于揭示生命活动本质和医学诊断治疗都具有重要意义。

1. 脑网络研究

脑电、脑磁等功能信息与 CT、MRI 等结构信息的结合为脑网络的研究奠定了基础[13]。在国内，脑网络研究学得到学术界和政府部门的高度重视，研究单位包括中国科学院自动化所、电子科技大学、河北工业大学等。2010 年，科技部启动脑网络方面的"973"项目，在此基础上中国科学院自动化研究所脑网络组研究中心等提出"脑网络组学"的概念[14]，强调脑网络研究从结构到功能、从静态到动态、从微观到宏观、从实体到仿真等不同层面研究的必要性。国家自然科学基金委医学部于 2011 年启动了"情感和记忆的神经环路基础"重大研究计划[15]，主要支持"情感"和"记忆"这两类认知功能及其障碍的脑网络表征及其相关技术的研究，中国科学院于 2012 年启动了"脑功能联结图谱研究计划"先导专项（B 类），主要支持"感 / 知觉"、"记忆"、"情感"和"奖赏"4 类认知功能及其障碍的脑网络表征及其所需要的先导技术研究。这两个重大计划侧重于脑网络组学中"脑功能及功能异常的脑网络表征"这个方向的一些特定的认知功能及其障碍，脑网络组学的其他方面有待进一步支持。

2. 脑机接口（BCI）

我国脑机接口技术研究始于 1999 年，由于其在医疗与康复、国家安全等方面具有广阔的应用前景而迅速成为神经工程领域的热点。2010 年 11 月，在清华大学举办了由国家自然科学基金委员会"视听觉信息的认知计算"重大研究计划资助的"首届中国脑机接口比赛"，来自国内及港澳地区高校的 20 多支代表队参加了比赛。

清华大学高上凯教授带领的团队选择 EEG 作为脑机接口的输入信号，在长期研究脑内电活动模式的基础上，提出了一套以"分层次、多方位整合"为指导原则的脑电信号分析新方法，解决了一系列关键技术问题，得到国家"十一五"科技支撑项目的资助，成功研制了基于稳态视觉诱发电位和基于想象运动的脑机接口系统，完成了脑控家居环境系统和脑控键盘鼠标等脑机接口样机[16]。该团队与清华大学玉泉医院、解放军总医院神经外科合作，研发了微创脑机接口新方法，相关研究成果 2013 年发表在国际神经影像学期刊《神经影像》上，在国际上引起关注。

2012 年，浙江大学求是高等研究院"脑机接口"研究团队发布了其最新阶段性研究进展：让猴子用"意念"控制机械手，实现抓、勾、握、捏 4 种不同的手部动作。此项研究成果的特别之处在于，他们捕捉到的神经信号是更为精细的手指信号，复杂性和精密性要求相对更高。

3. 电、磁刺激信号传导机理

电磁刺激技术可用于神经系统功能定位、传导检查、康复治疗等方面。电磁刺激诱发的信号传导机理是这些应用的基础。

天津大学研究了针刺对生物体的作用[17]，先后研究了针刺神经电信息的时空编码机制、针刺足三里穴对正常大鼠脊髓背根神经细束放电影响、不同针刺手法对正常大鼠背根神经细束放电序列的分析等，得到了国家自然科学基金的重点资助。

河北工业大学近几年将磁刺激技术、脑电技术和中医针灸学相结合，开展磁刺激足三里、内关穴等穴位的脑电源定位和脑电复杂度分析研究[18]，探究磁刺激穴位对人体神经功能的调节作用，进行了基于脑电 EEG 的磁刺激穴位复杂脑功能网络构建与分析等研究，得到国家自然科学基金的连续资助。

（四）生物医学中的电工新技术

近年来，随着电气工程学科在基础理论、新型材料、应用技术与装备方面的不断创新与发展，许多基于电工新技术的新型诊疗、检测、成像方法不断被应用于生物医学的临床实践当中。

1. 电穿孔与细胞内电处理

脉冲电场能够影响细胞膜的通透性和流动性，其中最重要的影响是使细胞膜发生穿孔。这种在微秒级脉冲电场作用下细胞膜出现暂时微孔的物理过程称之为电穿孔（electroporation）[19]。重庆大学在脉冲电场的生物效应方面做了大量研究。浙江大学研制了用于经皮给药的电穿孔仪，具有潜在的临床应用价值。

随着现代脉冲功率技术的发展和应用，瞬态高功率纳秒级脉冲电磁场已被应用于生物电磁效应研究。重庆大学采用激光共聚焦扫描显微镜，观察陡脉冲电场作用下细胞内线粒体跨膜电位的实时变化发现，陡脉冲电场能使线粒体跨膜电位下降，并且在停止施加陡脉冲电场后线粒体跨膜电位仍然在不断下降，进而有可能使线粒体跨膜电位崩溃，从而诱导肝癌细胞凋亡。重庆大学利用纳秒级脉冲电场作用于人卵巢癌细胞株，发现细胞凋亡率随脉冲数的增加而升高[20]。进一步研究表明，细胞的早期凋亡率同施加的脉冲电场参数存在窗口效应[12]，上述基础性研究为将来利用陡脉冲杀伤肿瘤细胞的临床应用提供了理论依据。

2. 神经电磁刺激技术

植入式神经电刺激疗法已被证实对 20 余种神经功能失调疾病具有确切疗效，且安全可逆，正在成为神经功能疾病的首选治疗方案[21]。

目前，我国有多家单位在开展相关的神经电刺激器研发工作，清华大学、西安交通大学、上海交通大学、解放军总医院、天津大学、华中科技大学、东南大学、重庆大学和中国医学科学院生物医学工程研究所等单位近年来都在开展植入式刺激器或起搏器的关键技术研究或样机研制工作。由清华大学与北京品驰医疗设备公司合作研发的脑起搏器产品已经获得生产许可，成为国内第一个植入式脑起搏产品[22]。该产品技术指标与国外同类产品相当，但价格约为国外产品的一半，将极大地推进我国脑起搏器的临床应用，惠及我国众多的帕金森患者。

研究表明，外加直流电场可促进轴突向阴极生长，而过长时间面对阳极的轴突会发生萎缩，这种发现导致了一种特殊刺激技术的发展——振荡电场刺激（Oscillating Field Stimulation，OFS）。国际上主要有美国普渡大学的 Borgens 研究团队在开展有关 OFS 在脊髓损伤修复中的基础及临床应用研究。国内，中国科学院电工研究所与中国残联康复研究中心在中科院助残项目及国家自然科学基金的支持下，开展了振荡电场刺激促进脊髓损伤轴突再生的实验研究，研制了有源和无线充电式振荡电场刺激器，完成了动物实验及刺激器生物相容性实验[23]。结果表明，振荡电场刺激可以有效促进脊髓损伤大鼠运动功能的恢复，并提出了一种脊髓损伤早期通过损伤电位补偿来抑制继发性损伤，促进轴膜修复的方法。

经颅磁刺激技术（Transcranial Magnetic Stimulation，TMS）不仅可以用在神经系统的功能定位及功能检查方面，还可用于神经系统疾病的治疗上，如耐药性的抑郁症、癫痫、脑卒中的运动康复等。2009 年，我国依瑞德公司成功开发的 YRD 系列磁刺激仪并正式上市销售，目前已成为了国内市场的主导产品。

3. 人工心脏血流泵

用于人工心脏和心室辅助的各种血流泵的研究始于 20 世纪 50 年代，其中血泵的驱动方式是该领域的核心问题。血泵外磁场驱动是新一代血泵系统研究的热点，这种无接触能量传递方式的提出有效地解决了传统血泵系统的供能问题。中科院电工研究所在国家

"863"项目和自然基金的资助下，实验验证了永磁齿轮在人工心脏设计中的适用性[24]。

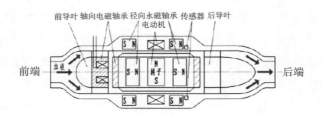

图1 轴流式磁悬浮心脏泵结构简图[25]

磁悬浮人工心脏泵采用磁悬浮轴承，消除了机械摩擦，能有效降低血栓和溶血的发生几率，成为人工心脏泵的研究热点。国内有多个小组开展这方面的研究[25]。2009年山东大学与中国医学科学院阜外心血管病医院合作，在国家支撑计划、"863"计划项目的资助下，成功研制出国内首台轴流式可控磁悬浮人工心脏泵样机，解决了轴流式磁悬浮人工心脏泵开发研究中的基础难题图1[26]。2013年，北京安贞医院与企业合作研制了国产人工心脏样机，并成功进行了动物实验。

4. 磁靶向治疗技术

磁靶向治疗是靶向治疗领域中重要的研究方向，主要有磁性药物靶向治疗和磁靶向热疗两种方法。

磁性药物靶向治疗是近年来国内外竞相发展的一种新的治疗肿瘤的方法。解放军总医院与天津大学联合研究了磁性纳米药物磁场作用下在脑内的定向分布趋向问题[27]。磁性药物在血液中的动力学问题是研究磁性药物在靶部位滞留情况的关键。中国科学院电工研究所通过仿真建模，研制了磁靶向实验所需的高梯度磁场的永磁磁体。研究表明，磁性药物在靶部位的滞留率和载液的流速、磁粒的粒径、磁粒的磁化强度和外加磁场梯度有关。

清华大学近10年来一直致力于磁感应热疗相关研究，取得了较为显著的研究进展，2010年2月，清华大学在福建省肿瘤医院和湖南省肿瘤医院完成了4例患者的磁感应热籽治疗技术临床试验，这项技术应用在全国范围尚属首次，开辟了中国肿瘤磁感应热疗的先河[28]。

上海交通大学深入研究了磁靶向热疗的相关核心问题，发现肿瘤细胞比正常细胞更易吞噬此纳米颗粒。东南大学研制了用于磁热疗的高频磁场加热装置和基于DSP的肿瘤热疗交变磁场中场强分布的测量装置，为制定精确的热疗计划提供了基础[29]。

5. 微型诊疗机器人

近年来，一些新型的电磁驱动和能量供给技术在微型机器人设备中得到了应用和发展。利用外磁场驱动微型机器人是一种有效的方案。大连理工大学研制了超磁致伸缩薄膜驱动仿生游动微型机器人[30]。

对于进入人体的微型诊疗机器人，利用磁定位是一种快捷有效的定位方式。中国科学院电工研究所在国家"863"项目和自然基金的资助下提出了一种仿趋磁细菌的微型机器人[31]，利用微型机器人主动螺旋推进结合外磁场姿态控制的新型混合驱动方式，构建了一台仿趋磁细菌的微型机器人原理样机。

重庆大学、上海交通大学、中国科学院深圳先进研究院等团队也对微型机器人的磁定位方法和图像诊断方法进行了相关的研究。

6. 磁共振成像技术

近年来，国内磁共振成像技术的发展特点是超导磁共振成像技术的研发受到了更多的关注，形成了低场永磁与高场超导技术并驾齐驱的局面。2010 年 4 月，中国科学院高能所研制的场强为 1.5T 的核磁共振成像超导磁体励磁成功，为实现该产品国产化奠定了基础[32]。中国科学院电工研究所与宁波健信机械有限公司合作，成功研制出国内首台 0.7T 开放式核磁共振成像用超导磁体系统[33]。

在超导磁共振成像方面，另一个值得关注的是超高场磁共振成像技术的发展，主要是 7T 的动物成像和 9.4T 的人体成像技术。国内在这方面均开展了研究工作，其中中国科学院主导研制的 9.4T 系统中（图 2），从磁体、梯度系统、射频系统到控制台和软件均由国内相关单位自行研制，该项目的成功将很大程度上提高我国磁共振成像的技术水平，彻底摆脱技术上受制于人的局面。

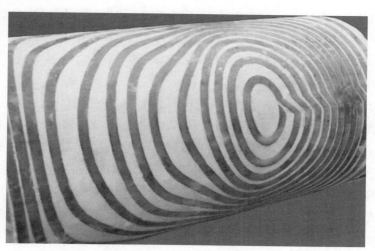

图 2　中科院电工所为 9.4T 超高场磁共振成像系统研制的梯度线圈

三、国内外发展比较

（一）生物电磁特性及应用

我国学者近年来从细胞、组织及器官等不同层次开展了生物电磁特性参数的研究，取得一定的成果。国外在此方面的研究更具有系统性，不同生物组织的电磁特性参数已形成较为完善的数据库可供查询使用。另外新型的在体电磁特性检测方法发展较快，如德国学者提出的电特性断层成像方法（Electric Properties Tomography，EPT），由于其不需电极和注入电流以及射频探头，具有更好的实用性[34]。

在 EIT 算法和成像系统方面，美国、英国、芬兰等多个国家取得了众多成果。2007年多国学者联合提出的 GREIT（Graz consensus Reconstruction algorithm for EIT）为未来 EIT 算法指出了方向。同时美国 Rensselaer Polytechnic Institute 和芬兰 Helsinki University of Technology 提出了直接重建的 D-BAR 算法，从波散射的角度拓展了 EIT 问题的研究思路。

各研究组根据研究对象（病患器官）及自身算法特点设计了不同系列的 EIT 检测系统。英国 The University of Sheffield 设计的 Mark 系列 EIT 肺部检测系统是历史最久的，目前已经发展到可商用的 Mark 3.5 系统。从疾病预防角度出发，针对乳腺及前列腺疾病的早期诊断检测系统渐渐吸引了研究者的目光。同时随着心脏导管技术的发展需求，腔内电阻抗成像技术（Electrical Impedance Endotomography，EIE）作为心脏导管手术的辅助检测也成为研究热点。

在我国，有第四军医大学、清华大学、天津大学、重庆大学、河北工业大学、中国生物医学工程研究所、中科院电工所、上海大学等 20 多个课题组从事该方面研究，并且得到国家自然科学基金委、各省市科技部门的大力支持和资助，2010 年第四军医大学、天津大学、河北工业大学合作承担了国家自然科学基金重点项目"人体活性组织介电特性与表征方法研究"。2012 年国际生物医学电阻抗成像年会首次在中国举行，由天津大学、河北工业大学、第四军医大学、中国生物医学工程研究所共同承办，也标志着我国在该领域的研究得到国际同行的认可。

EIT 技术由于单纯的电场激励，逆问题的病态性、欠定性的制约使得提高成像分辨率的研究进展缓慢。多场耦合成像是目前该领域的研究热点，其中备受瞩目的 MAT-MI 技术是由美国 University of Minnesota 的 Bin He 团队提出的耦合成像方法，其基本思想是通过磁感应涡流产生的洛伦兹力引起物体声振动进而重建内部阻抗分布，与应用于工业无损检测的电磁声发射技术有异曲同工之处。其新颖的思路受到广大研究者的青睐，同时提供了众多新的研究方向。中国科学院电工研究所、美国 University of Michigan、浙江大学等团队在涡流、洛伦兹力、声源等方面进行了大量的模型建立及硬件实现工作。

总体来说，我国目前的研究是以跟踪为主，但也有自己的创新性贡献。

（二）电磁场的生物学效应及其生物物理机制

电磁场的生物学效应研究主要涉及两个方面：环境电磁场对人体健康的影响和利用较高强度电磁场的物理治疗方法研究，均与人们的生活和健康密切相关。

在环境电磁场对健康影响的研究方面，由于问题相当复杂，需要生物、医学、物理和工程等多方面知识。国际上的相关研究更重视多领域的专家共同协商探讨，例如，世界卫生组织 1996 年启动"国际电磁场计划"对电磁场生物学效应进行全面评估，2007 年发布《极低频场环境健康准则（EHC No.238）》。而我们国家从事相关研究的单位不少，但未充分组织起来，知识背景相对单薄，因而研究未取得突破性进展。实际上这方面的研究国际上的进展也比较缓慢。

电磁场生物学效应的物理机制一般是从电场对细胞膜的影响、感应电流对神经系统的影响、电磁场导致生物组织温度的升高等角度来探讨。但对环境电磁场生物学效应来说，很难用这些物理机制来解释。国外学者提出了多种理论模型来解释弱电磁场的生物学效应的物理机制，相比较而言国内的研究尚不深入。

在较高强度电磁场的生物学效应研究方面，国内多家单位的研究重点主要还是装置的研制和临床应用，相关基础研究有待加强。另外从应用角度看，目前获得国家食品药品监督管理部门认证的重要医疗产品甚少，与国际上还有一定差距。

（三）生物电磁信息检测与利用

1. 脑网络研究

脑科学被发达国家视为科研领域"皇冠上的明珠"，并得以蓬勃发展，成为近 20 年来发展最快的学科之一。美国国会曾将 20 世纪的最后 10 年命名为"脑的 10 年"，日本制定了"脑科学时代"计划，德国、英国、瑞士等也推出了本国的神经科学研究计划。美国 2013 年公布了一项被认为可与人类基因组计划相媲美的脑科学研究计划，以探索人类大脑的工作机制，绘制脑活动全图，针对目前无法治愈的大脑疾病开发新疗法。

国外学者在大脑功能网络方面做了大量的研究工作：荷兰的 Stam 教授领导的研究组基于 EEG 进行了脑功能网络研究，发现人脑功能网络具有小世界拓扑结构，而且利用 MEG 在无任务状态下建立了健康被试不同频段内的大脑无向功能网络[35]。希腊学者 Micheloyannis 等人基于 EEG 数据比较了教育程度不同的被试在执行工作记忆任务时的大脑功能网络。意大利学者 Ferri 等人基于 EEG 研究了睡眠任务下的脑功能网络，发现睡眠任务下的网络集聚系数显著高于清醒任务。Micheloyannis 等基于 EEG 数据研究了精神分裂症患者的脑功能网路，结果也显示了精神分裂症患者的脑功能网络小世界属性异常。Ponten 等人采用 EEG 数据研究分析了癫痫患者脑功能网络属性在发病前后的变化，发现在病发中和病发后脑功能网络的集群系数增大，平均最短路径长度增长，网络有规则化的倾向。

目前，国内方面也开展了一些基于 EEG 的大脑功能网络研究。天津大学基于 EEG 构建了针刺足三里穴的脑功能网路，研究发现针刺足三里可以增强脑功能性网络的聚类系数，降低其平均路径长度，对脑疾病可能产生有益的影响。上海交通大学利用 EEG 数据建立了酒精成瘾患者的脑功能网络，发现其网络特征参数与正常人有明显不同。电子科技大学神经信息教育部重点实验室开展了脑电和功能核磁共振相融合的功能网络连接研究。河北工业大学将经颅磁刺激（TMS）、EEG 和针灸相结合，开展了基于 EEG 的磁刺激穴位诱发脑电的功能网络与神经调控效应研究。

2. 脑机接口研究

近年来，国际上脑机接口研究取得了很大进展，2004 年美国国防部在杜克大学的神经工程中心等全美 6 个实验室中展开了"思维控制机器人"的相关研究，应用脑机接口监控远距离的仪器设备，帮助飞行员在高加速度下控制飞机，让士兵远程操纵替身在战场上作战等。2008 年，位于北卡罗来纳州的科学家已能让一只猕猴在跑步机上直立行走，并从植入猕猴脑部的电极获取神经信号，通过互联网将这些信号连同视频一起发给日本的实验室，最终美国猕猴成功地"用意念控制"日本实验室里的机器人做出了相同的动作。除此之外，研究者还进行了细胞培养的脑机接口，成功研制神经芯片，试图通过在大脑中植入芯片恢复局部脑损患者对肢体的控制能力。

我国在脑机接口研究方面近年来也取得了很多成果。清华大学对基于稳态视觉诱发电位的脑机接口系统进行了长期研究，他们通过不同频率闪烁的数字产生的不同频率诱发电位信号，实现对数字的识别或是控制开关等操作，并且可以进行移动电话拨号。除此之外，清华大学也开发了基于运动想象的 BCI 系统，通过想象控制机器狗来踢足球。浙江大学脑机接口研究团队通过在一只猴子的大脑运动皮层植入两个与 200 多个神经元相连接的芯片，实时记录神经信号，并进行实时分析解读，最终控制机械手与其做着同样的抓、勾、握、捏 4 种不同动作。

（四）生物医学中的电工新技术

目前对于脉冲电场产生的相关生物学效应的认识主要是基于实验观察，相关的机理认识正在逐渐深入。麻省理工学院 Weaver 教授在电穿孔机理方面做了大量的研究工作。国内在脉冲电场生物效应机理及应用方面都有研究，但在临床应用方面研究报道较少。

在临床的植入式神经电刺激器方面，国外已经有几十家公司生产各类神经刺激器。我国目前临床上应用的植入式神经电刺激产品几乎都为进口产品，价格昂贵。国内从事植入式神经电刺激器的研究单位很多，但大都处于跟踪研究。清华大学与北京品驰医疗设备公司合作研发的脑起搏器，是国内第一个进入市场的植入式脑起搏产品。

国际上最新的心脏泵采用动力叶轮悬浮系统，克服了以往心脏泵复杂磁轴承装置的缺点，产品有 Ventra Assist、NEDO 回转式永久移植式心脏泵等。近年来，国内一些高校和科研院所联合医疗单位陆续开始了心脏泵的研发，如山东大学与阜外医院联合研制的国内首台轴流式可控磁悬浮人工心脏泵样机，推进了我国人工心脏的技术发展。

在磁靶向的癌症治疗领域，美国圣地亚哥的 FeRx 是国际上最早开发用于磁靶向药物治疗纳米磁颗粒的公司。我国开展磁靶向治疗研究已有多年，从磁纳米材料、药物磁靶向到磁靶向热疗都有研究团队在开展研究。从近年发展看，国内研究大都处于实验室或动物实验阶段，能够进入临床前期的很少。

胶囊内窥镜微型诊疗机器人使得以往让患者望而生畏的内窥镜检查变得很易于让人接受。以色列 Given 影像公司、日本 RF System Lab、日本 Olympus（EndoCapsule）公司、韩国 Intromedic（MiRo capsule）公司都有类似的胶囊内窥镜产品[36]。2005 年，我国重庆金山科技集团研制成功的胶囊内窥镜获国家药监局颁发的生产许可进入市场，其产品较以色列的产品在电池续航能力上更强。在诊疗用微型机器人研究方面，美国在设计和研究领域处于世界领先水平。我国在纳米机器人研究方面也有多家单位在开展，如北京国家纳米中心、清华大学、沈阳自动化所、上海交通大学等。

我国在磁共振成像的核心技术领域与国外有较大的差距。低场永磁磁共振成像系统由于技术门槛较超导系统低、维护费用低等特点，近年来在我国得到了较快的发展。在超导系统方面，国内有待加速发展。

四、我国发展趋势与对策

生物电磁技术主要研究生物医学与电气科学交叉的问题，其中许多问题涉及生物（特别是生物物理学）和医学的前沿，因此，发挥电气科学和电工技术领域人才的特长，从电气科学角度出发，与生物和医学专家紧密配合，无论从理论研究还是从实际应用方面，都可以取得重大成果。今后的发展目标是：从电气科学的原理和方法出发，结合生物医学的最新研究进展，为研究生命活动中电磁现象的本质和电磁场对生物体作用的内在机理提供理论依据，为环境电磁防护提供技术指导；利用电工技术的优势，为研制具有自主知识产权的新型高档医疗仪器和生命科学仪器提供技术支撑。

（一）生物电磁特性及应用

在体的生物组织电磁特性检测是生物电磁技术深入应用的前提和基础，发展无创和便捷的检测方法将是未来研究的主要方向。

在生物电阻抗特性重建领域，多物理场耦合及多种成像技术融合的研究是提高检测图像分辨率的一个有益的探索方向。引入的物理场为 EIT 问题提供了更多约束条件，降低了逆问题的欠定性。同时通过增加新的物理信息，缓解了 EIT 本身存在的由少量部分逆推大量全体的信息不对等问题。从物理和数学的角度考虑，增加可用已知量是将生物电特性成像技术推向实用的根本途径。

研究在体条件下的生物组织电阻抗频谱特性规律、求解电磁场逆问题及新型的成像算法以及引入其它的物理场以提高成像速度和精度、高精度的数据采集与成像系统、图像结果的病理生理学解析等均为生物电阻抗特性检测与应用的有益研究方向，也是这项功能性检测技术进入临床应用的主要关键之所在。

（二）电磁场的生物学效应及其生物物理机制

国际上大量研究表明，较高强度的极低频电磁场对生物体的影响是明确的，因而可能对健康产生危害（相应地，也可能有一些治疗效应），但是较低强度（包括环境中）的极低频电磁场对健康的危害尚存在争议，值得持续关注。特别是工业和民用设施对电力的需求日益增大，电网公司也进一步加快了跨大区联网步伐，积极实施"西电东送"、"南北互供"、"全国联网"工程，以实现更大范围内的能源资源优化配置和提高电网的整体经济效益并推进跨省、跨区之间的电力交易。大型电力系统互联的目的是提高发电和输电的经济性和可靠性，然而电网的互联又引发了一些新的问题。特别是由于输电线路走廊资源的紧缺，超/特高压直流线路与交流线路平行架设或共用走廊已不可避免。这种交直流混合的电磁环境对生态的影响受到广泛关注，值得深入研究。

环境电磁场生物学效应的生物物理机制研究非常复杂，但又非常重要。值得重点关注的是：内源磁性颗粒介导的电磁场生物学效应机制、在生物地磁定向研究中提出的自由基对机制以及神经网络机制等，相关研究可以为环境电磁场对健康影响的评估提供坚实的基础，为我国输变电工程和高速轨道交通等重要工程中电磁环境问题的解决提供一定的科学依据。

在较高强度电磁场的生物学效应的研究方面，重点是面向临床实际需求，从探索作用机制角度出发研究外加电磁场用于疾病防治的有关基础问题，特别是电磁脉冲技术在重大疾病防治中的生物学效应及治疗机制研究、纳秒脉冲电场下细胞膜结构变化与编程死亡机理研究、经颅磁刺激用于神经及精神系统疾病治疗的机理研究、低强度脉冲磁场对生物神经传导影响的机理研究等。

（三）生物电磁信息检测与利用

1. 基于脑电、脑磁逆问题和脑功能网络的脑计算模型研究

当前的脑成像技术只能提供中尺度神经元集群和大尺度功能脑区或功能子脑区的脑活动信息，因此基于脑成像技术的脑电、脑磁、脑网络研究也只能在中尺度或大尺度上进行，无法研究更小的微尺度上脑源定位、脑功能和脑因效连接网络的机制。而且，脑成像数据的采集也受受试者、时间、设备等方面的限制。基于脑计算模型的研究将为基于脑电、脑磁逆问题和脑功能网络的研究提供重要补充。基于计算模型的研究可考察更大规模的脑网络的层级结构、模块结构、动力学特性等，探索基于脑成像数据所无法研究的问题。主要包括多种脑成像数据的融合，解剖结构意义的三维真实头模型构建，脑电正逆问题的数值求解，不同结构层次的脑电动态信息求解与分析，多维脑网络构建等。脑计算模型和基于脑成像数据的联合研究目前已有一些研究结果，其更深度的结合将是一个非常重要且非常有挑战性的研究方向。

2. 基于 EEG 和 ECoG 的脑机接口与控制系统及其应用研究

虽然科学家已经取得了一定的突破，但是脑机接口系统离实际应用和产品开发还有一定距离，待解决的关键技术以及面临的挑战还很多，具体包括：提高系统的信息传输率和实用性；发展适应不同应用环境和目标的神经信息采集技术；开展脑—机接口与神经系统可塑性相互影响的研究；探索脑—机接口的新模式、新应用等。未来当脑机接口技术发展到一定程度后，将不但能修复残疾人的受损功能，也能增强正常人的功能，例如深部脑刺激（DBS）技术可以用来治疗抑郁症和帕金森病，将来也可能用来改变正常人的一些脑功能和个性；也可以通过生物反馈训练改善脑功能机制、研究大脑工作的动态机制；开发建立"生物智能系统"与"人工智能系统"协同工作的全新的智能系统，实现"脑控制机"、"机控制脑"以及"脑—机交互适应"的功能。

3. 基于生物电磁信息传递与抗扰机制的电磁仿生防护研究

随着电磁环境愈发复杂多变，应用于电子系统的传统电磁抗扰方式的不足正日渐突出。相比之下，生物却在可靠性、抗扰性、自适应和自修复等方面表现出明显的优势。通过研究生物系统运行机理，用电磁仿生的概念将人工电子系统在一定条件下转化为像生物一样的自组织系统，使其具有一系列生物的优良特性，从而更好地适应复杂多变的电磁环境。该方向主要研究内容包括：生物组织电磁信息传递的主要特征及机理分析、生物体的抗扰仿生理论模型建立与计算机仿真分析、仿生抗扰电路物理模型建立与硬件原型实现。该研究可为复杂电磁环境下提高电子装备的电磁兼容及防护技术提供新的途径。

（四）生物医学中的电工新技术

脉冲电场作用于细胞所产生的生物学效应是多方面的，我国今后在脉冲电场效应研究方面应注重机理性研究的系统化，同时推进自主研发设备的临床应用研究，关注脉冲电场对于特定细胞的"窗口效应"。

在植入式神经刺激器研究方面电极的生物改性以及可充电式供能是今后发展的必然趋势。

我国在今后的人工心脏研发方面，应完善和提高三代磁悬浮式轴流泵的技术水平，使其尽快进入临床应用。开展四代血泵的研究，优化血泵的结构设计，改善剪应力对血细胞的影响，深入研究无缆供能的外磁驱动或感应充电式人工血泵关键技术。

在磁靶向治疗技术领域，应重点发展将载药磁靶向与磁靶向热疗相融合的方法，并加快研究成果的临床转化问题。基础性研究应更多关注磁纳米材料的毒理学研究，技术方面应关注深部肿瘤磁场调控装置的研发及磁靶向热疗中温度场控制与检测方法研究。

胶囊式机器人进入临床已有多年，今后的发展方向应是主动式胶囊系统，解决主动驱动、定位、姿态调整、组织取样、药物投放等核心问题。利用外磁场驱动及磁定位的方法将是一种发展趋势。

在磁共振成像技术方面，今后我国还需要在超导磁体、梯度线圈技术方面做大量的工作，特别是在绕线工艺、超导接头、超导开关、低温容器技术等方面进行突破。永磁磁共振成像系统将更多移植中高场系统的功能将是今后永磁系统发展的一个趋势。

参 考 文 献

［1］ 朱建波，史学涛，尤富生，等. 生物组织活性与介电特性关系的探索研究［J］. 医疗卫生装备，2013，34（1）:1-3,11.

［2］ 马青，王力，陈林. 大鼠腓肠肌细胞介电谱测量和 Cole-Cole 数学模型分析［J］. 中国生物医学工程学报，2009,28（5）:686-690.

［3］ 罗辞勇，朱清友. 改进的电阻抗反投影成像算法［J］. 重庆大学学报，2009, 32（3）: 243-246.

［4］ 王化祥，范文茹，胡理. 基于 GMRES 和 Tikhonov 正则化的生物电阻抗图像重建算法［J］. 生物医学工程学杂志，2009，26（4）: 701-705.

［5］ 范文茹，王化祥，马雪翠. 基于先验信息的肺部电阻抗成像算法［J］. 中国生物医学工程学报，2009, 28（5）: 680-685.

［6］ Wang Hongbin, Xu Guizhi, Zhang Shuai, et al. Implementation of Generalized Back Projection Algorithm in 3-D EIT［J］. IEEE Transactions on Magnetics，2011, 47（5）: 1466-1469.

［7］ He Wei, Li Bing, Xu Zheng, et al. A combined regularization algorithm for electrical impedance tomography system using rectangular electrodes array［J］. Biomedical Engineering - Applications, Basis and Communications，2012, 24（4）: 313-322.

［8］ 何为，李倩，徐征，等. 头部分层球模型磁感应成像正问题的解析解［J］. 计算物理，2010，27（6）: 912-918.

［9］ Li Xun, Li Xu, Zhu Shanan, et al. Solving the forward problem of magnetoacoustic tomography with magnetic induction by means of the finite element method［J］. Physics in Medicine and Biology，2009, 54（9）: 2667-2682. 中华人民共和国环境保护部.《电磁环境公众曝露控制限值》（征求意见）［EB/OL］. http://www.zhb. gov.cn/gkml/hbb/bgth/201204/t20120409_225789.htm. 2012.

［10］ ICNIRP. ICNIRP guideslines for limiting exposure to time-varying electric and magnetic fields（1 Hz ~ 100 kHz）［Z］. 2010.

［11］ 文燕青，姚陈果，唐均英，等. 纳秒级脉冲电场诱导肿瘤细胞凋亡的窗口效应［J］. 高电压技术.2010,36（11）:2797-2802.

［12］ 尧德中，罗程，雷旭，等. 脑成像与脑连接［J］. 中国生物医学工程学报，2011, 30（1）: 6-10.

［13］ 蒋田仔，刘勇，李永辉. 脑网络：从脑结构到脑功能［J］. 生命科学，2009，21（2）: 181-188.

［14］ 国家自然科学基金委员会，中国科学院. 未来 10 年中国学科发展战略——脑与认知科学［M］. 北京：科学出版社，2011.

［15］ 高上凯. 神经工程与脑——机接口［J］. 生命科学，2009, 21（2）: 177-180.

［16］ 李诺，王江，邓斌，等. 针刺对脑功能性网络连接的影响［J］. 针刺研究，2011, 36（4）: 278-287.

［17］ 尹宁，徐桂芝，周茜. 磁刺激穴位复杂脑功能网络构建与分析［J］. 物理学报，2013, 62（11）: 118704.

［18］ 段君，刘雯，郑雷蕾，等. 脉冲电场的生物效应与相关应用［J］. 中国激光医学杂志,2011,20（4）:259-263.

［19］ 文燕青，唐均英，姚成果. 纳秒级脉冲电场对 SKOV3 细胞的凋亡诱导作用及对凋亡相关蛋白 Bcl-2 和 Bax 表达的影响［J］. 现代妇产科进展，2011,19（12）:885-888.

［20］ 李路明，郝红伟. 植入式神经刺激器的现状与发展趋势［J］. 中国医疗器械杂志.2009, 33（2）:107-111.

［21］ http://www.pinsmedical.com.

［22］ Pan, SY, Zhang, GH, Huo, XL, et al. Injury potentials associated with severity of acute spinal cord injury in an experimental rat model［J］. NEURAL REGENERATION RESEARCH，2011，6（23）：1780–1785.

［23］ Dong Xia. A Bionic Artificial Heart Blood Pump Driven by Permanent Magnet Located outside Human Body［J］. IEEE Transactions on Applied Superconducting，2012，22（3）：4401304.

［24］ 关勇，李红伟，刘淑琴.轴流式磁悬浮人工心脏泵磁悬浮轴承系统设计［J］. 山东大学学报（工学版）.2011,40（1）:151–155.

［25］ http://news.sciencenet.cn/htmlnews/2009/6/219857.html.

［26］ 闫润民，梁超，赵明，等. 磁性紫杉醇－四氧化三铁－载药脂质体复合体微粒磁靶向脑内分布的实验［J］. 生物医学工程与临床. 2011, 15（2）:103–106.

［27］ 王旭飞，王晓文，赵凌云，等. 磁感应治疗研究和临床试验［J］. 科技导报. 2010, 28（16）:97–105.

［28］ 汪长岭，徐睿智，顾宁. 肿瘤热疗交变磁场中场强分布测量装置［J］. 东南大学学报（自然科学版）. 2009, 39（4）:795–798.

［29］ 嵇萍，刘泗岩. 微型机器人驱动技术发展综述［J］. 微电机. 2009, 42（8）:88–90.

［30］ 杨岑玉，王铮，王金光，等. 仿趋磁细菌的微型机器人研究［J］. 机器人，2009，31（2）：146–150.

［31］ http://news.sciencenet.cn/sbhtmlnews/2010/4/231624.html?id=231624.

［32］ http://www.cas.cn/ky/kyjz/201205/t20120502_3569371.shtml.

［33］ Ulrich Katscher, Tobias Voigt, Christian Findeklee, et al. Determination of Electric Conductivity and Local SAR Via B1 Mapping［J］. IEEE TRANSACTIONS ON MEDICAL IMAGING,.2009,28（9）:1365–1374.

［34］ Stam C, De Haan W, Daffertshofer A, et al. Graph theoretical analysis of magnetoencephalographic functional connectivity in Alzheimer's disease［J］. Brain, 2009, 132（1）: 213–224.

［35］ Gastone Ciuti, Arianna Menciassi, Paolo Dario. Capsule Endoscopy: From Current Achievements to Open Challenges［J］. IEEE REVIEWS IN BIOMEDICAL ENGINEERING, 2011, 4:59–72.

撰稿人：宋　涛　徐桂芝　霍小林

电磁环境与电磁兼容

一、引言

　　存在于给定场所的电磁现象的总和称为电磁环境（Electromagnetic Environment，EME）。可以简单地理解成电磁场现象，即环境中普遍存在的电磁感应，干扰现象。伴随着电气工程技术的发展，电气与生活生产紧密相关，其电磁环境问题受到了众多的关注。一方面，随着科学技术的发展和生活水平的不断提高，人们对电磁环境的要求越来越高；另一方面，随着电气设施的广泛分布，电压等级和输送能量的提高，新型电气设备的普及应用，电磁环境问题更加严重。随着自动化、信息化、智能化程度逐步提高，电子和微电子设备比例的增加，给电气工程的电磁环境提出了更高的要求，电磁环境的重要性不断提高，电磁兼容性问题也日益突出。电磁兼容性（Electromagnetic Compatibility，EMC）是指设备或系统在其电磁环境中符合要求运行并不对其环境中的任何设备产生无法忍受的电磁骚扰的能力。研究和解决电磁环境中设备之间以及系统间相互关系的问题，促进了电磁兼容技术的迅速发展。电磁兼容和电磁环境是一门涉及物理学、环境科学、动力与电气工程、电子与通信技术等多个一级学科的交叉性学科，研究体系如图 1 所示。

　　电气工程中的电磁环境和电磁兼容问题，呈现空间分布广、频率分布宽、骚扰能量大的特点。首先，为了满足生产生活的基本需要，交直流输电网络、电气化铁路、独立电源系统等分布非常广泛，处处都有骚扰源，而且直流输电系统的直流电流可以影响到地中周围上百公里远。其次，如图 1 所示，电气工程中的骚扰源从直流一直到上吉赫兹，传统的交、直流输电系统以低频为主，电力电子器件的开关频率在几十到几百千赫兹，传统的电晕放电频率在数百千赫兹到近百兆赫兹，而 GIS 设备产生的快速暂态在百兆赫兹以上（图 2）。由于电气设备通常为能量传输或转换设备，其工作电压高，电流大，产生的骚扰能量非常大。

　　目前国际上在电气工程中的电磁兼容领域具有影响力的权威组织主要有：国际电工技术委员会 IEC、国际无线电干扰特别委员会 CISPR、国际电信联盟 ITU、IEEE 电磁兼容专业学会 IEEE EMC-S。国内相关组织包括：中国电机工程学会电磁干扰专业委员会、中国电工技术学会电磁兼容专业委员会、中国电工技术学会电工产品环境技术专业委员会等。目前，国内在电磁环境和电磁兼容领域开展研究较多的机构包括：清华大学、华北电力大学、北京邮电大学、中国计量院、中国电力科学研究院和南方电网科学研究院。

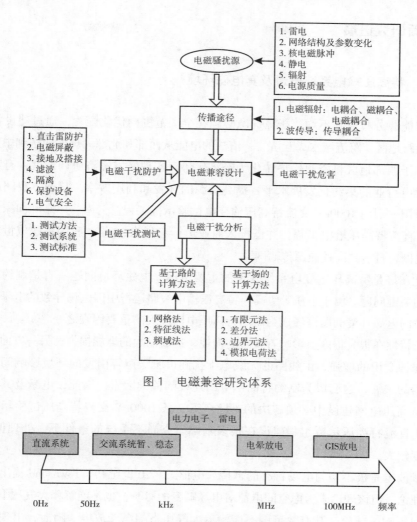

图 1　电磁兼容研究体系

图 2　电气工程电磁兼容技术的频谱分布

　　电气工程电磁兼容技术的发展，一方面与电磁理论、测量、仿真分析技术等密切相关；另一方面，随着理论、测量、仿真手段的日益成熟，电气工程电磁兼容技术的发展更呈现出与不断出现的新输变电技术、设备的开发与应用密切相关的特点。传统的电磁环境与电磁兼容问题如输变电工程的电磁环境问题、变电站电磁兼容技术问题、电能质量问题等国内外已经开展了大量的研究工作，已经从特性、机理、仿真预测以及抑制措施等方面有比较成熟的研究基础。但是随着输电电压的不断提高，智能化设备的不断涌现，以及以大量电力电子器件为基础的电气设备的应用，以交直流特高压输电线路电磁环境、智能电网电磁环境与电磁兼容以及电力电子装置的电磁兼容等为代表的新问题不断出现，并且越来越成为影响电气设备环保、安全、可靠运行的关键，成为电气工程学科电磁环境与电磁兼容技术的新的研究方向。

二、最新研究进展

（一）特高压输电系统电晕及其电磁环境

我国能源分布极其不均，能源资源必须在全国范围内优化配置，通过建设特高压电网，实现跨地区、跨流域水火互济，将清洁的电能从西部和北部大规模输送到中、东部地区，有利于西部地区将资源优势转化为经济优势，实现区域经济协调发展；有利于提高煤炭、发电行业的集约化发展水平，提高资源的开发和利用效率。目前，我国已建成晋东南—南阳—荆门 1000kV 交流特高压输变电试验示范工程、云南—广东和向家坝—上海 ±800kV 直流特高压输电工程，并已投入商业运行。到 2020 年，我国将建成世界上首个特高压电网，打造"高速能源传输网"。

环境友好是特高压输变电系统建设的重要目标，电磁环境问题一直是制约输变电工程建设的关键问题。由于电压等级高，特高压输电线路运行中因电场导致的电晕放电以及由此引发的电磁环境问题已经成为制约特高压电网发展的重要因素之一[1-5]。一方面，线路的电晕特性在很大程度上影响着线路的损耗，造成巨大的电能损失；另一方面，随着公众环境保护意识的增强，由线路的无线电干扰和可听噪声等引发的环境影响问题越来越受到人们的关注，这已成为制约特高压电网建设的关键因素，因此，电晕及其电磁环境问题是特高压电网建设中必须解决的难题。第一条 1000kV 交流特高压试验示范工程和 ±800kV 直流特高压示范工程建设在很多基础研究尚不系统的条件下，处理偏于保守，设计裕度较大。

电晕放电是极不均匀电场特有的自持放电形式。20 世纪初，Townsend 提出了电子碰撞增值理论，但该理论未考虑空间电荷对电场畸变的影响，也不能解释大气压下放电不受阴极材料影响等现象，其有效范围不能涵盖大气压下的电晕放电。随后，出现了流注理论，该理论考虑了空间电荷的影响，并认为电子碰撞电离及空间光电离是维持自持放电的主要因素，流注的形成条件即是放电自持的条件，一定的放电时延后，完成击穿（当然流注理论仍不能解释长空气间隙放电现象）。但是，大气压下的电晕放电虽已出现放电自持，却并未实现击穿，自持放电（电晕起始）电压与击穿电压有明显差距。因此，流注理论也不能完全有效地解释电晕放电现象，只能定性认识到流注理论中的电子碰撞电离及空间光电离是维持电晕自持放电的主要因素。因此，在流注理论基础上，深入认识电晕放电的物理过程和机理，获得放电的定量数学物理描述（模型）是有效解决特高压工程电磁环境实际难题的理论基础和发展趋势。

针对高压输电线路电晕效应及其电磁环境问题，国际上已经开展了大量的研究工作[1-5]。对于导线表面电晕起始场强、地面标称电场、合成电场、离子流密度等电磁环境参数，已经有半物理、半经验公式。通过与电磁场数值计算理论相结合，国际上已经可以数值仿真交直流下考虑电晕放电时的空间电场、离子流场等问题。电晕放电所产生的无线电干扰最根本原因是由导体附近空气电离出的空间电荷在电场作用下运动而引起的。1956 年，G. E. Adams 将电晕流注自身特性决定的那部分称为"激发函数"。1972 年，Gary 利用激发函数完善了超高压输电线路无线电干扰的计算方法，并提出基于大雨下的激发函数预测高压输电线路无线电干扰的方法。20 世纪 60 年代末，法国 EDF 通过理论建模提出了高压输电线路电晕无线电干扰的预测方法。从 1967—1971 年，美国完成了特高压 5 年计划，重点研究了 1000 ~ 1500kV 级交流特高压输电线路的电晕损失及可听噪声和无线电干扰等电晕效应问题。以 IREQ 为代表，加拿大从 20 世纪 70 年代开始结合长期的双极直流试验线段试验研究给出了 ±600kV 至 ±1200 kV 直流线路电晕效应研究报告。70 年代初开始，日本基于超高压线路的试验线段数据并结合理论研究提出了无线电干扰的计算方法，并论证了特高压电晕笼用于预测直流线路可听噪声和无线电干扰的可行性。国外对于电晕效应问题的研究均是通过电晕笼和试验线段的试验来完成的，很多国家对得到的大量试验数据进行数理统计提出了适合各自国家的可听噪声和无线电干扰预测公式。

为此，中国电力科学研究院、国网电力科学研究院、清华大学、华北电力大学、重庆大学等单位结合我国实际，对输电线路的电晕机理及其电磁环境特性开展了初步研究和探索。目前，我国已经建成了交直流特高压电晕笼、不同海拔高度的交直流特高压试验场和试验线段、1000kV 交流特高压试验示范工程，±800kV 直流特高压输电工程也于 2009 年底投运，这些为交直流特高压线路的电晕机理和电磁环境特性的研究提供了重要的研究手段，目前，我国已经获得了大量宝贵的基础实验数据，相关研究正在积极开展。

（二）智能电网电磁环境与电磁兼容

智能电网的重要目标是实现从电厂到终端用户整个输配电过程中所有节点之间的信息和电能的双向流动，需要大量电网各节点参量的监测、传输和处理。因此，智能电网技术对一次设备和二次系统的电磁兼容提出了更高的要求。智能电网的智能组件由测量、控制、监测、计量和保护等智能电子装置 IED（Intelligent Electronic Device）集合而成，承担设备智能化的核心功能，通过电缆或光纤与本体连接成一个整体。由于数字化电站以实现高度的"网络化"、"智能化"、"保护、控制、测量和数据通信一体化"为目标，设备使用了大量的电子元件，以完成数据及控制指令的收发和处理等功能，致使硬件、软件设计越来越复杂，且自身又处于高压设备旁，电磁环境严酷，面临复杂的电磁兼容问题。

变电站和换流站正常运行下的电磁环境是所有电气设备的综合效应，通常用电场效应、磁场效应、无线电干扰（Radio frequency Interference，RI）和可听噪声（Audible Noise，AN）来表征。这方面研究与特高压交直流输电线路的电磁环境研究紧密结合，这里主要分析智能化变电站中 IED 电磁环境研究进展。

智能电网中的电磁兼容问题，主要研究高电压、大电流干扰源对二次设备 IED 的影响[6-9]。现代电力系统有两种趋势使 EMC 问题更加突出，一是输电电压的提高，当开关操作或发生故障时，在空间会产生更强的电磁场，开关操作时母线上会出现频率极高的快速暂态过电压，向空间辐射上升沿极陡的脉冲电磁场，成为频带很宽的强烈干扰源。另一方面，以微电子技术为基础的 IED 对暂态干扰具有更加明显的敏感性和脆弱性。目前数字化电站采用分层分布式结构，继电保护装置"下放"安装在高压开关柜内，或在超高压开关场附近，EMC 问题更加突出。

数字化电站的电磁兼容问题研究内容主要包括以下几个方面：

1）电磁兼容干扰源及干扰机制分析。此方面内容主要集中在高压开关操作、雷电、运行中的电力设备、系统短路故障、辐射电磁场、静电放电和谐波对二次设备的干扰分析。

2）电磁干扰测量。包括现场测量、实验室模拟测量等方面内容，同时考虑电磁干扰的随机性和多变性还需要运用概率统计模型，以大量测量数据作为分析判据。由于现场测量结果受到各种环境因素的影响，研究中重点考虑了如何设计测量系统、确定测量点和选取测量方法。部分研究重点描述了量化环境因素对测量准确度的影响。

3）测量准确度分析与校正。受设计因素的限制，测量中涉及的测试技术如天线、光纤、移动屏蔽车，其频率特性需要校正以减小误差，研究基于频域传递函数的数字化校正算法。建立环境因素影响和测量部件动态特性改变之间的映射关系，也是一个尚待深入研究的方向。

4）仿真建模。仿真建模研究集中在两个方面，一是开关操作的电磁瞬态仿真模型，涉及瞬态过电压过电流分析；二是考虑电磁兼容问题下的 IED 设计问题，涉及 IED 的屏蔽效能、电路和结构设计问题。

5）干扰预测。基于电磁干扰的随机性和多变性，研究使用大量实测高频干扰数据，运用概率统计法建立高频干扰随机性的合理数学描述，采用不确定性预测模型来弥补确定性预测模型的不足。除了传统的预测方法，部分研究通过引入人工智能方法，包括灰预测、神经网络预测等建立电磁干扰的多变量预测模型。

6）干扰抑制措施研究。干扰抑制措施是 IED 电磁兼容技术设计方法的重要内容，最基本的措施就是防止干扰进入弱电系统，研究主要包括：IED 的屏蔽；滤波器抑制传导干扰，主要包括对铁氧体磁环、模拟低通滤波器和去耦电路的研究，涉及电源端口、交流电压／电流端口、开入／开出端口、通信端口等方面；电源干扰抑制及电源电磁兼容的设计；IED 接地技术；等等。

（三）电力电子电磁兼容

近年来，电力电子技术取得了飞速发展，成为电工领域最具活力的学科之一，并越来越对国民经济产生重大影响。小到家用电器，大到电机控制、柔性交、直流输电等，电力电子装置正在改变着我们的生产和生活。但是，由于电力电子器件以很高的频率做开关动作，会产生很高的电磁噪声，其电磁兼容问题成为制约其可靠运行的重要约束之一[10, 11]。

电力电子装置的电磁干扰行为与其他电子设备，比如通信系统的电磁干扰行为没有本质上的区别，并且电力电子装置的开关频率远低于通信系统的信号频率，然而从应用角度考虑，电力电子装置的电磁兼容问题具有如下内在特征。

1）由于电力电子器件的工作电压、工作电流和处理的功率都更高，其产生的噪声强度更大。电力电子装置的噪声电压能达到数百伏甚至上千伏，di/dt 和 du/dt 能分别达到 $10^3 A/\mu s$ 和 $10^4 V/\mu s$。它们通过电路中寄生电感和寄生电容产生强烈的瞬态噪声。因此，主电路开关器件和相关的电路产生的电磁噪声，成为电力电子装置中的主要电磁干扰源，并主要以传导和近场干扰源的形式出现。

2）由于电力电子装置的主要电磁干扰源位于功率电路部分，噪声频谱范围非常宽，特别是在低频范围内能达到几赫兹，这使得采用传统方法如屏蔽和滤波抑制电磁噪声变得非常困难。

3）电力电子装置的功率电路部分和控制电路板通常安装于同一个箱体中，而且有时应用现场要求电力电子装置通过数十米长的电缆与其负载相连，由此引发的电磁干扰源与电磁噪声敏感电路之间的电磁噪声传播是以传导和近场耦合为主，这种电磁空间与边界条件的不规则与多样性使得电磁兼容设计变得异常复杂。

4）对于一些高频、高功率电源，诸如高频感应加热电源和等离子体电源等，也会产生强烈的辐射电磁干扰。

5）电力电子装置也会导致严重的 EMI 噪声和市电谐波电流注入电网中，不仅污染了电网，也会影响到连接在同一电网中的其他电气电子设备的正常工作。从某种意义上来说，与通信设备比较，电力电子装置产生的 EMI 问题可能会更严重。

除了上述因素，电力电子装置的电磁兼容性特征描述还存在一些其他的特别困难之处，这是因为电力电子装置通常要处理很高的功率，导致装置体积和重量都很大，这给电力电子装置 EMC 测量带来一些实际的困难。

基于上述事实，当前电力电子装置的电磁兼容研究仍然处于初级阶段。最近几年的研究工作主要集中在：功率变流器的电磁干扰建模及抑制技术、电机传动的电磁干扰建模及抑制技术、EMI 滤波器的寄生效应、PCB 优化布局以及 EMI 的数值分析技术等。需要指出的是，这些研究工作所带来的成果尚处于实验室阶段，还没有被工业界广泛采用，但是这些工作对于科学地理解电力电子装置的电磁干扰问题和将来实现产品的电磁兼容系统化设计仍具有十分重要的意义。

三、国内外研究进展比较

（一）特高压输电系统电晕及其电磁环境

基于试验数据，国外提出了大量计算导线表面电晕起始场强、地面标称电场、合成电场、无线电干扰、可听噪声以及线路电晕损失的半物理、半经验公式[1-3]。但这些成果是通过对相应电磁效应的宏观测量得到的，受导线结构和布置所限，其应用范围有很大局限性。

我国特高压研究起步晚，目前主要采用国外的经验公式来研究导线的分裂型式和电磁环境效应[1-3]。仅靠国外经验公式计算导线周围离子流场、可听噪声和无线电干扰水平来指导我国特高压线路导线选型是不合适的，原因在于：一是各国离子流场、可听噪声和无线电干扰的预测公式计算结果相差较大，并不统一；二是各国输电线路导线结构与生产工艺也不尽相同，不同国家的预测公式是利用各自国家的输电导线试验得到的，不可能适用于所有国家；三是国外研究没有考虑高海拔的影响，而我国即将建设的特高压电网要经过高海拔地区；四是目前各国输电线路的无线电干扰和可听噪声的计算方法主要采用基于激发函数的经验公式，该方法主要是根据无线电干扰和可听噪声的测试数据拟合得到的，反映的是线路无线电干扰和可听噪声的外特性，没有反映输电线路无线电干扰和可听噪声的本质特征，因此其结果对不同的导线结构并没有普适性。导致目前我国在输电线路设计中的无线电干扰和可听噪声的测试结果与计算结果相差较大。

目前，我们已拥有如图3所示的世界上最好的实验室，并有商业运行的线路，相关研究正在积极开展，已经在有重要影响力的国际刊物和会议中发表了一些研究成果，引起了国际专家的高度重视，今后对输电系统电磁环境和电磁兼容问题的研究将主要在我国开展。

（a）北京特高压试验基地　　（b）武汉特高压试验基地　　（c）昆明特高压试验基地

图3　特高压国家工程实验基地

（二）智能电网电磁环境与电磁兼容

数字化电站是伴随着计算机通信技术的兴起而发展起来的，因此其技术新兴，发展历史较短。与此同时，国外的电网建设早在20世纪90年代之前已非常成熟，有关电磁环境和电磁兼容问题的研究也集中在这个时期。因此，近年来针对数字化电站中IED的电磁环境与电磁兼容问题进行特别研究的较少，而是重点针对传统变电站的问题研究。

有关变电站电磁兼容问题的研究，工作做得最多的是美国电力科学院（EPRI），EPRI对变电站电磁干扰问题分两个阶段进行了专门的研究。第一阶段（1978—1983年）涉及测量系统的研制、变电站电磁环境测量方法及所得数据的分析方法的研究、建筑物结构的电磁散射效应等，提出了一种分析变电站瞬态电磁干扰问题的时域模型，对变电站内时域电场和磁场进行了计算，并与实测数据做了比较。研究表明，开关操作产生的电弧并非主要的电磁干扰源，电磁干扰主要通过母线与二次设备间的辐射性电磁耦合产生。变电站的开关操作、短路故障和雷击可能导致强度较大的高频电磁干扰。第二阶段（1986—1993年）对 7 座空气绝缘变电站和 2 座气体绝缘变电站进行了 13 次现场测量，测得大量的干扰波形，提出预测变电站瞬态电磁干扰的建模方法和测量技术，专用的分析预测软件包，应用到工程项目中。

国际大电网会议 1997 年 12 月 WG36.04 发布了《发电厂和变电站电磁兼容导则》，主要工作集中于高压变电站某些电磁干扰的更完整描述和变电站二次设备抗扰度特性评估。对变电站在开关操作、短路故障和雷击情况下产生的瞬态电磁环境，二次回路快速瞬态电压和共模电流方面的数据进行了更新。

俄罗斯、加拿大、法国、意大利、德国、瑞士、瑞典、日本和南非等国开展了大量的研究工作，其中俄罗斯对变电站接地故障、雷击变电站导致瞬态电位升和瞬态地电位差对二次电缆系统的干扰问题进行了研究分析，对变电站接地网的瞬态地电位分布及接地网上两点间的瞬态电位差进行了测量。

我国在电磁环境和电磁兼容问题上的研究发展起步相对较晚。20 世纪 80 年代随着微电子技术的继电保护装置的应用与推广，变电站的电磁兼容问题得到关注。大部分研究成果只是基于国外前期研究结论，然而我国的变电站在电压等级和主接线结构等方面的技术特点与国外不同，因此国外的测量与分析结果仅能作为参考，我国变电站瞬态电磁环境的实际情况需要进行独立的测量和分析。

到目前为止，以中国电力科学研究院、清华大学、华北电力大学、武汉大学、重庆大学、上海交通大学等单位为主开展了比较有成效的研究工作，主要集中在对二次设备的抗干扰问题、测量分析、数值预测、标准化研究。其中特别针对智能变电站或换流站中的 IED 设备，集中在建立 IED 电磁兼容试验模型、研究抑制电磁干扰的措施、研发相应设备上，并重点应用于微机保护装置中。

（三）电力电子电磁兼容

目前对于电力电子装置电磁兼容研究主要集中在 EMI 建模、预测、抑制等方面[10, 11]。为了实现电力电子装置电磁干扰优化设计，关键要建立功率半导体器件、PCB 板布线的 EMI 高频模型，特别是必须能提取这些元器件和 PCB 板的寄生参数，然后才能建立电力电子装置的 EMI 仿真模型，从而可以用电路仿真软件和电磁场仿真软件对电力电子装置的 EMI 特性进行评估，其结果作为电力电子装置电磁干扰优化设计的最后依据。电力电子装置 EMI 建模内容主要是元器件建模和 PCB 寄生参数的提取，国外在这些方面已经开展了大量研究工作，而国内的研究并不系统全面。

对于开关器件的建模，必须精确模拟其瞬态特性，如功率二极管的反向恢复电流以及 MOSFET 或 IGBT 开通、关断时的电压、电流变化，目前的建模方法主要是子电路模型和基于半导体物理建立的模型。

对于 PCB 寄生参数的提取，设法提取分布参数，建立线路板高频模型已成为 EMC 设计工作的重要环节。目前提取印制电路间的分布参数有两种基本方法：解析法和数值法。事实上，传导 EMI 建模除了要考虑元器件和 PCB 线路的高频特性之外，还有个重要的内容就是近场耦合的影响。

因为电力电子装置中辐射干扰的复杂性，目前有关电力电子装置辐射建模的研究工作较少。一般是建立开关电源传输线模型，通过电路仿真软件获得干扰电流和干扰电压，之后再用电偶极子和磁偶极子模拟 PCB 导线，根据磁偶极子中流过的干扰电流或电偶极子上的干扰电压计算开关电源的近场干扰。

在电力电子装置电磁干扰抑制技术方面，已经开展了有源和无源滤波技术的研究，但是对 EMI 滤波器寄生效应的研究较少，该研究不仅有利于改善滤波器本身的高频性能，而且有助于理解和掌握整体电力电子装置的 EMI 特征。

在计算电磁领域，目前涌现出大量的电磁计算技术，如何选择合适的电磁建模方法成为一项具有挑战性的工作。由于没有任何一种单独的电磁建模技术对所有的问题都是有效和准确的，因此我们所要面对的是"为确切的问题找到确切的技术方案"。

可见，电力电子装置电磁兼容是一个综合性问题，涉及多方面内容。虽然浙江大学、清华大学、海军工程大学、华南理工大学等研究机构在电力电子装置的 EMI 噪声特征、EMI 抑制技术、EMC 仿真和建模以及 EMI 测量等方面取得了许多有价值的成果，但随着我国更大容量装备和新型电力电子设备的不断开发和应用，进一步的研究和开发工作仍然非常必要。

四、发展趋势及展望

（一）特高压输电系统电晕及其电磁环境

电晕放电特性和电磁环境是输电线路设计的关键基础。电晕放电产生电晕损失、离子流场、无线电干扰、可听噪声等，影响线路运行的经济性和电磁环境。而交直流特高压输变电系统由于电压等级高，电晕及其电磁环境问题尤为突出。今后需要重点解决如下两方面的关键科学问题：

1. 交直流特高压线路的电晕放电机理及空间电场特性

从放电过程的微观描述中，可定量分析电晕放电的数学物理模型尚缺乏，电晕放电自持放电的决定条件尚不能确定，对其影响因素的微观分析也未能深入。而特高压输电线路的电晕现象更为严重，放电特性更易受外界因素影响。因此，研究交直流特高压线路电晕放电机理及空间电场特性是必须解决的关键科学问题，主要涉及以下问题：

首先，研究交直流特高压输电线路电晕放电机理。针对交直流特高压线路的特点，采用超高速照相机、光谱仪、空间电场测量仪等现代测试手段，研究电晕放电的起始、自持等过程及大气环境、导线表面物性等影响因素，描述电晕放电的微观过程，提出电晕放电的数学物理模型，获得电晕放电的自持条件。

其次，研究交直流特高压输电线路电晕放电的电场宏观等值物理模型。通过实验模型、电晕笼、实验线段和实际线路的试验，结合必要的理论和仿真分析以及电晕放电的微观过程描述，建立电晕放电的电场宏观等值物理模型。

最后，研究交直流特高压线路电晕放电空间电场的计算方法。考虑空间电荷与电场的共同作用，考虑风场、电荷扩散、迁移、复合、附着等因素，提出不同海拔及复杂气候环境中多种因素共同作用下的非线性电晕电场问题的计算方法，并研究提高计算速度的有效途径，最终提出特高压线路电晕放电的电场、电晕损失和离子流密度的计算方法，获得电晕起始场强、电晕电流、空间电场的分布特性和规律。

2. 交直流特高压线路无线电干扰和可听噪声的产生机理及本征特性

首先，交直流线路导线表面电晕放电会产生无线电干扰和可听噪声。线路导线表面电晕具有复杂性，受诸多因素影响，需要从电磁场理论、气体放电理论来解释电晕放电产生可听噪声和无线电干扰的机理，建立电晕放电与无线电干扰和可听噪声的关联特性。

其次，需要研究电晕放电的声能转换过程及声场传播特性、电晕电流传播特性及电晕电流产生的高频电磁场的传播特性。考虑导线表面物性的分布特征，基于数值计算方法和统计电磁学理论研究交直流特高压线路无线电干扰和可听噪声的统计特性，研究反映无线电干扰和可听噪声本征特性的计算方法。

另外，我国特高压线路将要经过高海拔及复杂气候环境地区，研究交直流特高压线路在这些区域的电磁环境特性，是需要研究的另一项科学问题。

（二）智能电网电磁环境与电磁兼容

综合考察国内外对智能变电站和换流站的研究情况可以发现，特别针对高压系统中低压智能设备的电磁环境和电磁兼容问题的研究尚不丰富。事实上，针对智能电站的研究还集中在解决其关键技术上，包括过程总线技术、电子式互感器技术、时钟同步技术、在线监测技术、仿真测试环境和电站的网络架构和拓扑结构设计等方面。因此，针对智能电站中的电磁兼容与电磁环境问题还需要较大的投入和深入的研究。目前的发展趋势主要表现在以下几个方面：

1）电网复杂工作环境下电磁干扰预测计算方法研究。考虑一次设备发生、二次系统特性，以及一两次系统传导和辐射耦合，研究可实现非线性、大尺寸系统中宽频电磁过程准确分析的计算方法。

2）考虑空间电荷的变电站、换流站三维电磁场计算方法研究。高压设备电晕现象会产生空间电荷，由于电站设备布局和电位分布复杂，几何电场和空间电荷作用下的复合电磁场计算是一个难点，也是实现电磁环境预测的关键。

3）智能电站的电磁环境和电磁兼容标准化研究。国际电工委员会和我国电力行业标准均对电磁环境及电磁兼容标准、通信设备电磁兼容性限值及测量方法进行过规定，但针对智能电站二次设备 IED 的相应标准还十分缺乏。因此，针对其进行的标准化研究将是一个重要的发展方向。

4）智能电站电磁环境改善方法和措施研究。与改善输电线路电磁环境相同，智能电站的电磁环境改善也是智能电网中电磁环境问题中的一个重要方面。

5）智能设备电磁兼容性研究。目前针对 IED 每类设备和器件抗电磁干扰测试、防护措施研究还较为少见，但随着智能电站的兴建，这将是首当其冲需要解决的问题。随着智能电表、智能插座、智能电器的逐渐推广，用户侧智能设备在复杂电磁环境中的可靠性和安全性将成为一个研究重点。

6）智能电网的电磁安全研究。研究确保智能电网安全性和数据安全性的基础理论，提出相应的标准体系和应对措施，确保电网在雷电、太阳风暴等自然现象以及 NEMP 等人为电磁过程中设备的安全性和网络的可靠性。

（三）电力电子电磁兼容

虽然国内外已经在电力电子装置 EMI 抑制技术、EMC 建模以及 EMI 测量等方面取得了许多有价值的成果，但是进一步的研究和开发工作仍然是非常必要的。一方面，需要对现有的 EMC 技术和理论进行改进和完善；另一方面，需要开发出新的 EMC 设计理论和方法以满足国际上越来越苛刻的 EMC 标准和要求。目前的发展趋势主要表现在以下几个方面：

1）电力电子器件传导建模。主要包括开关器件的建模、无源元件建模、PCB 寄生参数的提取、元器件之间的近场耦合。

2）电力电子器件电磁干扰抑制技术。主要包括传导干扰反相抵消技术及低共模干扰变流器研究、软开关技术研究和调制策略研究等，以及各种滤波器技术及其寄生效应的研究。

3）大型系统的辐射电磁干扰建模。对于集成的大型电力电子设备，如何考虑大尺度复杂结构下的局部精确电磁场分析与计算，是装置电磁兼容分析的难点之一。

参 考 文 献

［1］刘振亚. 特高压交流输电工程电磁环境［M］. 北京：中国电力出版社，2008.

［2］刘振亚. 特高压直流输电工程电磁环境［M］. 北京：中国电力出版社，2009.

［3］CIGRE JWG B4/C3/B2.50, Electric Field and Ion Current Environment of HVDC Overhead Transmission Lines［R］. Paris, France, 2011.

［4］ H. Yin, B. Zhang, J. He, R. Zeng. Time-domain finite volume method for ion-flow field analysis of bipolar high-voltage direct current transmission lines［J］. IET Gener. Transm. Distrib., 2012, 6（8）: 785-791.

［5］ P.S. Maruvada. Electric field and ion current environment of HVDC transmission lines: Comparison of calculations and measurements［J］. IEEE Trans. Power Del., 2012, 27（1）: 401-410.

［6］ Qiyan Ma, Xiang Cui, Rong Hu, et al.Experimental Study on Secondary System Grounding of UHV Fixed Series Capacitors via EMI Measurement on an Experimental Platform［J］. IEEE Trans. Power Del., 2012, 27（4）: 2374-2381.

［7］ Jinliang He, Zhanqing Yu, Rong Zeng, et al.Power-Frequency Voltage Withstand Characteristics of Insulations of Substation Secondary Systems［J］. IEEE Trans. Power Del., 2010, 25（2）: 734-746.

［8］ I.E.Portugues, P.J.Moore, I.A.Glover, et al.RF-Based Partial Discharge Early Warning System for Air-Insulated Substations［J］. IEEE Trans. Power Del., 2009, 24（1）: 20-29.

［9］ 黄益庄. 变电站智能电子设备的电磁兼容技术［J］. 电力系统保护与控制, 2008, 36（15）:6-9.

［10］ F. Zare. EMI issues in modern power electronic systems［J］. IEEE EMC Society Newsletters, 2009: 53-58.

［11］ E. Hoene, A. Lissner, S. Weber, et al.EMC in power electronics［C］//In Proc. of CIPS, 2008: 1-5.

撰稿人：曾　嵘　张　波　余占清

ABSTRACTS IN ENGLISH

Comprehensive Report

Report on Advances in Electrical Engineering

Electrical engineering discipline uses the generation of electrical energy, transmission, transformation, use, control, management and so on as the main object, which is closely combine with information science, computer technology, electronic technology, automatic control, system engineering, new energy and new materials application, which is a science with a long history and deep accumulation. As the national first-level discipline, the electrical engineering is one of the core subjects in the field of modern science and technology, but also an indispensable key discipline in the modern high-tech fields. Academy of engineering in the United States and more than 30 U.S. professional engineering association together took six months to have the greatest influence on 20's greatest engineering technology for human social life in the 20th century, the "electric" ranked first. There is no electric power, all of the scientific and technological achievements and economic achievements are impossible, the developed degree of the electrical engineering represents the country's scientific and technological progress level.

Seen from the electrical engineering discipline self-development, the subject research and the development of the industry dynamics has not weakened over time. The electrical disciplines run to today, which has become a many branch disciplines, root in the basic subjects of math, physics, chemistry and so on, blend in the field of materials, information, life and other disciplines. As the global gradually formed the dominate field as the center of the environment, energy, material, biological and information. The development direction of electrical engineering disciplines reflected the main characteristics by the diversification of the primary energy, the flexibility of the energy conversion and the information of power transmission control, the miniaturization of the large equipment.

The electrical engineering has five secondary disciplines, namely, Electric Machine and Electrical Appliances, High Voltage and Insulation Technology, Power Electronics and Power Drives and Theory and New Technology of Electrical Engineering. In recent years, our country the scientific research workers in various fields actively explore the integration development ways of the electrical engineering discipline and emerging discipline, interdisciplinary, overcome a number of key core technology, achieve the fruitful research results.

Written by Ding Lijian, Ma Yanwei, Mao Chengxing, Wang Zhifeng, Wang Qiuliang, Liu Guoqiang, Ji Shengchang, Qi Zhiping, Yan Ping, He Ruihua, Wu Kai, Song Tao, Zhang Guoqiang, Li Liyi, Li Xingwen, Li Zhigang, Li Chongjian, Li Shengtao, Li Peng, Yang Qingxin, Wang Youhua, Xiao Liye, Shao Tao, Chen Haisheng, Lin Shen, Zheng Qionglin, Rong Mingzhe, Zhao Zhengming, Zhao Feng, Tang Ju, Jia Hongjie, Guo Hong, Gu Guobiao, Cui Xiang, Kang Yong, Kang Chongqing, Peng Yan, Zeng Rong, Wen Xuhui, Pan Donghua, Pei Xiangjing, Dai Shaotao, Dai Yinming

Reports on Special Topics

New and Intelligent Electrical Equipment

Electrical equipment is an important content of advanced equipment manufacturing field. With the development of China's electric power system, the electrical equipment also made new demands. In this context, focusing on new and intelligent electrical equipment, related research institutes, manufacturing companies have done a lot of fruitful work, making China's basic research, the core technology and the product performance in this area overall has reached international advanced level.

This special report focuses on the development condition of new smart electrical equipment, research progress comparison at home and abroad and development trend, mainly including DC breaking technology, environment-friendly power switching devices, intelligent circuit breakers, intelligent transformers, intelligent cable, surge arresters and other critical electrical equipment.

Written by Rong Mingzhe, Li Xingwen, Wu Kai, Guo Jie, Ji Shengchang, Shi Zongqian, Liu Zhiyuan, Liu Dingxin, Yang Fei

Modern and Electrical Machine Control Technology

Electrical machine is an electromagnetism mechanical device based on the interaction between electricity and magnetism, to achieve the principle of electromagnetic energy conversion and transfer mechanism, which supports the national economic development, is an important energy power equipment and key components of the national defense building. More than 90% of energy in our country is converted from the generator, but 60 % of the energy is consumed by the electrical machine.

In recent years, with the development of the power electronic devices, computers and modern control technology, it promotes the improvement upon the electrical machine technology. DC electrical machines are gradually replaced by brushless DC electrical machine being adopted electronic commutator, the application of the frequency control devices and vector control technology fundamentally changes the characteristics of the induction electrical machine, and the application of the rare earth permanent magnet materials, power electronics and modern control technology, which has more significant development impact for the synchronous electrical machine, there has been a series of new special synchronous electrical machines. The development of the Modern electrical machine technology, whose characteristics is closely integrated by electrical machine and control system, the electrical machine has been expanded from the traditional stand-alone device to the electrical machine system, the control determines the electrical machine operation performance has also become an important part of the electrical machine system. The topic of the "modern electrical machine and control technology" is aimed at break through the traditional concept of the electrical machine segment, explains the new progress of the electrical machine and control technology from the perspective of modern electrical machine system.

Written by Wang Fengxiang, Li Liyi, Li Weili, Qu Ronghai, Shen Jianxin, Hua Wei, Sun Yutian, Wang Shanming, Wang Dong, Zhang Fengge, Kou Baoquan, Pan Donghua, Guan Chunwei, Wang Likun, Wang Jin, Miao Dongmin, Zhang Gan, Cao Jiwei, Liu Jiaxi, Zhang Chengming

Electric Drive Technology of Electric Vehicle

In recent years, the electric vehicles with the energy conservation and environmental characteristics, which has been obtained the world's attention, and is causing a auto industry revolution in the world. The core problem of the electric vehicles is used the electric drive system to replace its heat engine propulsion system, with a batteries instead of gasoline as a vehicle of energy, in the premise of achieving zero emissions or less emissions, meet the requirements of the various performance fuel vehicles, the price index. Regardless of the fuel cell electric vehicles, the pure electric vehicles or the hybrid electric vehicles, the electric driving technology are both key and the common technologies. The electric drive technology of the electric vehicle involves the power electronics technology, the inverter technology, the automatic control theory, and the electrical machine learning and so on the different subject areas, and the difference of the motor drive systems using in general industrial, the vehicle electrical machine drive system is working in a severe environment conditions, which requires high performance, low costs, R&D is more difficult.

On the whole, the development of the electric vehicle electric drive technology show the following trends: the motor power density and operating speed are increasing, the application range of the permanent magnet motor is expanding; electric vehicle drive control system is further miniaturization, lightweight, integrated and digitization; the mixing degree of the electric drive system and electric power proportion is increasing, the efficiency zone is continuing broaden, the trend of the integration and integration is more apparent.

Written by Wen Xuhui, Lu Haifeng, Wang Youlong

Distributed Generation and Micro-grid

For the basic state policy of "resource−saving and environment−friendly society", in recent years, our country is developing wind energy, solar energy and other new renewable energy power generation. Despite the huge amount of the renewable resources in our country, but the distribution is very uneven, large capacity renewable energy generation base often require access through the weak links of the power grid to the power system; while wind and solar power has obvious characteristics of the intermittent and random, the security and stability of the economy operation be connected to the power grid affect the adverse effect, these factors constitute the main obstacles of China's new renewable energy development for the scale utilization. Therefore, under ensuring the safe power operation, to achieve new renewable energy sources large−scale efficient development and effective marketing, has become a hot issue in this area.

This report aims at the domestic distributed generation and the latest research of the micro−grid to analyze the situation, discusses the specific content and technology status of the key technologies of the current distributed power generation and micro−grid system, combined with foreign research progress in comparison, summarize our country Micro−grid development prospects, promote and regulate the relevant suggestion of the distributed generation and micro−grid development and application.

Written by Jia Hongjie, Li Peng

New Material of Electrician

With the rapid development of China's national economy and modern science and technology, the electrical materials and related application technology has undergone the profound changes. In recent years, researching micro and nano structures, especially the surface and interfacial structure for the electrical materials dielectric breakdown and aging characteristics, has becoming the forefront and hot spots of the electrical materials development.

With the improvement of the electrical machine voltage rating and capacity, the increasing of the electronics integration density, the increasing of the LED packaging power, using the effective ways to solve the structure radiating and developing thermally conductive and insulating materials become a top priority, and the research focus of the world electrical insulation materials including nanometer heat conduction filler and the dispersed technology, high orientation heat conduction filler, new thermally conductive resins, fillers modification and heat transfer structure design and so on. With the gradual strengthening of the environmental awareness, the environmentally friendly electrical materials research is also a frontier. This report focuses on the insulating materials, conductive materials, magnetic materials, semiconductor materials and new energy materials and some aspects introduces the latest research of the electrical materials, and compares research advances at home and abroad, proposes need to focus the development orientation in the future.

Written by Li Shengtao, Li Jianying, Xu Man,
Zhao Xuetong, Yu Shihu, Jia Ran, Lin Jiajun

The Storage Technology of Electrical Energy

Restrictions on the fossil energy reserves, the environmental pressures, the rapid increase in electricity demand and other factors, promote diversification development of primary energy for power generation, the renewable energy generation and the efficient power generation based on the fossil energy will be widely used in the power system, this trend will lead to the power grid of the grid structure, operation, management and control occur change, the energy storage systems will become the key equipment of the future power grid. The energy storage technology in the power system will play the following effects: Stopping the fluctuations, random and intermittent of the wind, solar and other renewable power; Reducing the difference between peak and valley of the load, Improving system efficiency, the utilization of the transmission and distribution equipment; Making power supply to be flexible, improve power supply reliability and power quality, to meet the user's personalized and interactive energy demand; Increasing the system spare capacity, improve grid security and stability margin.

On the various existing electrical energy storage technology, storage technology has its each applicable occasions. When the complementary applications of the multiple energy storage technologies in grid, It's potential can be fully realized, which is a more ideal application way; we also deal with the research and exploration direction of the expanding grid, a lot of access of the renewable energy generation, the security and stability of the grid and increasing the power quality prominent problems and other issuess.

Written by Qi Zhiping, Chen Haisheng, Zhang Jing

Superconductivity Power Technology

The present power grid exists the following major problems to be solved: AC power grid security and stability problems, the power quality problems, the safe and reliable operation issues of the equipment caused by the lack of the energy management system of the rapid response capability.

Superconducting power technology based on the zero resistance, high–density current–carrying capacity and superconducting state–normal state transition characteristics and so on develop the new power technologies. Due to the superconductors, special physical characteristics, the superconducting power technology has a significant advantage in the aspects of improving the grid stability and power quality security, high–capacity long–distance transmission, access to a large number of renewable energy, reducing the power loss and power equipment land and so on. Superconducting power technology is considered as an important development direction in the future grid technology, which will produce an revolotionary impact on the grid, will have a great significance for the promotion of the new energy revolution, if it can be achieved in a wide range applications in the future grid.

Written by Xiao Liye, Lin Liangzhen

The Pulse Power and Discharge Plasma

Pulsed power technology is one of the main basis of contemporary high-tech, which plays a very important role in the field of the national defense, scientific experiments and so on, Which is one of the current more active cutting-edge science and technology. The base of the pulse power is the pulse discharge, and it's research already begun. Now in addition to high-power beam of particles, high power microwave, electromagnetic emissions, nuclear fusion and other applications continue to drive new developments in pulsed power technology, the civilian pulsed power technology and pulse discharge also covers very broad areas, such as solid waste, liquid waste, waste gas treatment, radiation modification, nano-manufacturing, moderate average power lasers, biomedical sterilization treatment, et al, have also been developed.

The gas discharge in the nanosecond pulses use as an important basic application research, and its development stem from pulsed power technology needs. The most basic dielectric in the pulsed power technology equipment is still gas, one of which is that the electrically insulation for the security and operational performance of the pulse power system is critical, and the second is the actual application consideration. So this topic chooses two aspects of "the nanosecond pulsed gas breakdown mechanism research" and "discharge plasma applications" to make a brief description.

Written by Yan Ping, Shao Tao, Zhang Cheng, Fang Zhi

The Electromagnetic Technology of Biology

The biological electromagnetic technology is mainly used to research and solve the related electromagnetic problems of the biological and medical, which is an integrative biology, medicine and electrical interdisciplinary science. The goal is to study living organisms generating electromagnetic fields and the additional electromagnetic fields for the law of function of the organism, as well as research about the electric science basic issue of the related medical instruments with the electromagnetic and electrical life science instruments. Research mainly include: biological electromagnetic characteristics and applications, biological effects of the electromagnetic fields and biophysical mechanisms, biological electromagnetic information detection and utilization, electrician new technology in the biomedical.

The development of the bio—electromagnetic technology will promote the development of the research in life science, medical devices and new life science instrumentation industries, such as the profound nature life of electromagnetic phenomena in the life activities and the internal mechanism of the organism acted by electromagnetic fields, disease diagnosis and treatment, environmental protection and other issues, in—depth study, and it will play an innovative role in promoting.

Written by Song Tao, Xu Guizhi, Huo Xiaolin

The Electromagnetic Compatibility and Electromagnetic Environment

The electromagnetic compatibility and electromagnetic environment is a cross—discipline, which involving many multi first—level in disciplines, such as physics, environmental science, power and electrical engineering, electronics and communications technology and so on. The electromagnetic environment and electromagnetic compatibility problems in the electrical engineering show the characteristics of the wide spatial distribution, the width frequency distribution, the large harassment energy.

Along with the development of the electrical engineering, the electromagnetic environmental issues have been get a lot of attention. On the one hand, with the development of scientific and technological and the continuous improvement of living standards, people have an increasingly demand for the electromagnetic environment. On the other hand, with the wide distribution of electrical facilities, voltage levels and popularization and application of new electrical equipment, the electromagnetic environmental problem becomes worse. Electromagnetic compatibility refers to the equipment or system meeting the requirements not face any equipment generates unbearable the capability of intolerable electromagnetic disturbance. With the gradually improvement of the automation, information, intelligence degree, the increasing of the electronic and microelectronic devices proportion propose the higher demand for the electromagnetic environment of the electrical engineering, electromagnetic compatibility problem has become even more prominent.

Written by Zeng Rong, Zhang Bo, Yu Zhanqing

索 引

C

超磁致伸缩材料　44–45, 60, 72

超大容量电力变压器　13

超导变压器　42, 176–177, 180

超导储能系统　42, 164, 172–174, 176–177, 179–180

超导磁体　41–42, 47, 59, 71–72, 181–182, 207, 214

超导电机　42, 97, 102–103

超导电缆　42, 148, 173–175, 177–179, 182

超导电力技术　42, 59, 72, 171–172, 174, 177–181

超导限流器　26, 42, 68, 173, 175–179, 182

超高压直流输电　38

超级电容器　43, 153, 160, 164–165, 167, 169

抽水蓄能　72, 92–93, 103, 160–161, 165–169

磁靶向治疗　206, 210, 213

磁共振成像　41, 44, 200, 207, 211, 214

磁流体　22, 30, 45, 47, 61, 73–74, 80, 98

磁耦合谐振　46, 60

磁性液体　45, 60, 72–73

磁阻电机　7–8, 39, 58, 63, 91, 93–94, 113, 116, 124

D

大气压等离子体　184, 188, 195

大容量电弧放电　30

导热绝缘材料　144, 155

低效电机永磁化再制造　10

低压电器可通信技术　17

电磁发射　31, 46–47, 61, 71, 184

电磁环境　23, 58–59, 69, 72–73, 82, 212–213, 216–219, 221–226

电磁兼容　17, 67, 70–71, 73, 82, 88, 127, 182, 213, 216–217, 219–226

电磁声发射　45–46, 208

电动汽车电机技术　114, 123

电机在线检测技术　101

电晕放电　186–187, 216, 218–219, 224–225

多功能超导电力装置　42, 182

多回路分析技术　7, 98

多时空高维复杂电力系统　24

多相多绕组感应电机　92

多自由度电机　95

F

发电机 – 变速箱一体化技术　8

放电等离子体　31, 56, 69–70, 184, 186, 188–190, 193–197

飞轮储能　43, 59, 96, 103, 160, 163–166, 169, 176

非晶合金牵引整流变压器　15

分布式发电　22, 26, 42, 53–54, 96, 102, 131–136, 138–141, 165, 168

G

高分子导电材料　148

高介电常数材料　70, 146, 152–153

高速电机　96, 102–103, 115, 165

高效节能电机　9, 61

高压直流输电　25–27, 29, 33, 35, 37–38, 71, 87, 174, 202

H

海洋能发电技术　22, 53

J

金属氧化物避雷器　85

巨型全空冷水轮发电机组　6

K

宽范围调速技术　119

宽禁带半导体材料　36, 57, 70, 150

L

锂离子电池　28, 43, 54, 59, 72, 139, 160, 162–163, 166, 169

M

脉冲功率技术　31, 55–56, 68–69, 184, 196–197, 205

弥散放电　32, 185–187, 192–193

N

纳米电介质　32, 144–145, 151–152

钠硫电池　28, 43, 72, 160, 162, 165, 167, 169

P

平面电机　95

Q

铅蓄电池　43, 160

R

融冰整流变压器　14–15

柔性交流输电　26–27

柔性直流输电　27–28, 54

S

神经电磁刺激技术　205

生物电磁信息　200, 203, 209, 212–213

生物学效应　59, 200–203, 208–210, 212–213

矢量控制技术　40, 57, 91, 118

双馈式变速恒频风电机组　39

T

太阳能热发电　21–22, 53, 62, 106

特高压变压器　14, 29, 38, 49–50

特高压交流输电　50

特高压套管　29–30

特高压直流输电　29, 33, 38, 174, 202

特种电机　63, 91, 105

W

万能式断路器　16–17, 51, 65

微电网　22, 43, 59, 67, 131–141

无刷双馈电机　92

无刷直流电机　57, 91, 94, 101, 104, 113, 116

无速度 / 位置传感器控制技术　120

无线电能传输　46, 60–61, 73

无轴承电机　95

Y

压缩空气储能　43, 160–161, 165–166, 168–169, 176

液流电池　28, 43, 68, 72, 160, 162, 167, 169

永磁电机　8–9, 12, 39, 63, 93–97, 100–103, 105, 113–115, 118–120, 124–126

Z

兆瓦级变速恒频风电机组　6–7, 93

真空灌封工艺　97

蒸发冷却技术　4–5, 99–100

直接转矩控制技术　40, 118

直流开断技术　79, 85–87

直线电机　7, 40, 62, 95, 101, 103, 106

直线旋转永磁电机　95

植物绝缘油　32–33, 146

智能变压器　63, 83, 86, 88

智能电缆　84

智能电器　16, 20, 52, 65–66, 226

主动配电网　132–133, 137